수학으로 배우는

파동의
법칙

수학으로 배우는 **파동의 법칙**

ⓒ Transnational College of LEX, 2010

초 판 9쇄 발행일 2020년 4월 1일
개정판 1쇄 발행일 2021년 7월 26일

지은이 Transnational College of LEX
옮긴이 이경민
펴낸이 김지영   펴낸곳 지브레인Gbrain
편 집 최윤정   본문 디자인 양정호

출판등록 2001년 7월 3일 제2005-000022호
주소 04021 서울시 마포구 월드컵로 7길 88 2층
전화 (02)2648-7224   팩스 (02)2654-7696

ISBN 978-89-5979-650-2(04410)
      978-89-5979-651-9(SET)

• 책값은 뒤표지에 있습니다.
• 잘못된 책은 교환해 드립니다.

수학으로 배우는

파동의 법칙

Transnational College of LEX 지음

이경민 옮김

지브레인

추천의 글

우주와 우리 일상은 **파동**으로 꽉 차 있습니다. 실제로 **파동**은 이론물리학을 비롯하여, 음향학, 광학, 우주물리학, 전자공학, 진동해석, 신호처리, 화상처리, 데이터압축, 통신공학 등 실로 많은 분야에서 밤낮을 가리지 않고 이용되고 있습니다. 그뿐 아니라 **파동**은 현대 임상진단의학의 기둥인 초음파, 전산화단층촬영, 자기공면촬영, 펫PET을 포함한 영상의학에도 폭넓게 이용되고 있습니다.

그럼에도 불구하고 **파동**은 현실적으로 고등학교 교과과정에서 깊이 있게 다뤄지질 않는다고 합니다. 그중에서도 **파동**의 핵심이라 할 수 있는 푸리에Fourier 변환은 고등학교에서 정식으로 가르치지 않는 것으로 알고 있습니다. 그러다 보니 대학에서 본격적인 수학 공부를 시작하려 할 때, 고등학교에서 수리 공부를 잘 하던 학생들마저도 **파동**에 대한 지식이 모자라 고생을 한다고들 합니다.

이 책은 그토록 소중한, 그러면서 결코 만만치 않은 푸리에 변환을 이해하고 정복할 수 있도록 아주 자상하고 친절하게 가르치고 있습니다. 숫자나 공식을 무서워하는 사람에게도 친근감을 가지고 다가옵니다. 기본을 깨우치면 나머지는 큰 어려움 없이 터득할 수 있도록 정성껏 안내를 하고 있는 좋은 책이라고 생각합니다. 예를 들어, 푸리에 급수를 배우는 데 필수적인 삼각함수와 미분·적분이 쉽고도 부드럽게 해설되어 있는 점이 돋보입니다. 뿐만 아니라 이 책은 자가학습을 할 수 있도록 대화법을 활용하면서, 실제 간단한 실습까지 곁들여 놓고 있습니다.

이 책이 나온 지 22년이 지났으나, 지금도 일본이나 미국에서 푸리에에 관해 가장 쉬운 입문서 중의 하나로 알려져 있습니다. **파동**에 관심이 많으나 수학이 무서워 주저하고 계시는 분들께 이 책을 권합니다. 특히, 큰 꿈을 지닌 젊은 학생, 과학도, 의학도 그리고 과학에 흥미를 느끼고 계신 일반인에게도 좋은 읽을거리가 되리라 믿습니다. 이 책이 한국의 과학 수준을 드높이는 데 일조할 수 있기를 기대해 마지않습니다.

핵의학 박사 박 용 휘

 **들어가는 글**

　우리는 소리가 있는 세계에서 태어나 사물의 소리나 목소리, 음악에 둘러싸여 자란다. 그리고 들려오는 소리와 그 소리에 담긴 의미와의 연결 고리를 자기 안에 만들어간다. 그중에서도 '말을 할 수 있게 된다'라는 인간 고유의 현상은 유난히 흥미를 잡아끌었다. 우리는 일본어가 들리는 환경에서 태어나면 아무 어려움 없이 일본어를 구사한다. 하지만 영어가 들리는 환경에서 자라면 영어를, 한국어가 들리는 환경에서라면 한국어를 구사하게 된다는 건 누구나 아는 사실이다. 복수의 언어가 사용되는 환경이라면 마찬가지로 그 모든 언어를 구사하게 된다.

　위와 같은 이야기는, 한 가지 언어만 구사하던 시절에는 채 생각이 미치지도 않았던 부분이었다. 그러나 우리는 히포HIPPO: 언어 습득의 독자적인 이론을 실천하는 프로그램. TCL은 그 교육기관에 해당의 다언어활동을 통해, 인간은 환경만 갖춰지면 여러 언어를 자연히 습득한다는 사실을 체험했다. 그리고 "인간은 어떻게 언어를 인식하고 구사하게 되는가?" 하는 의문에 점점 호기심이 생겨나기 시작했다.

　인간이 말을 하게 되는 과정은 자연스럽다. 그렇다면 언어의 질서는 자연에 속한 것이며, 따라서 자연과학으로 해명할 수 있음이 분명하다. 물리학에 있어서 원자나 전자의 작용이 수식으로 표현되듯이, 언어의 작용 역시 아름다운 수식으로 나타낼 수 있는 질서를 갖고 있다. 왜냐하면 수식이란 자연현상을 정확히 기술하기 위해 인간이 발견한 '언어'에 불과하기 때문이다.

TCL에서 '음성언어와 인간의 인식'에 대해 머리를 맞대고 토론하기 시작한 것은 4년 전의 일이다. 언제나 '어째서? 왜지?'라는 신선한 호기심으로 논의를 거듭하며 연구한 결과, 몇 가지 재미있는 것을 발견하였다. 그중 하나는 일어의 다섯 모음母音에서 보이는 질서이다(자세한 내용은 제4장 '음성과 스펙트럼'을 참조). 그것은 인간의 인식이 엄밀하게 대수적이고, 대칭적이며 같은 간격을 갖는 아름다운 그래프로 표현할 수 있다는 뜻이기도 하다. 이 그래프를 발견했을 때 우리는 '언어를 과학으로 푼다'는 것을 실감했다. 이러한 음성의 해석에 있어 '푸리에'는 수식 안에서도 특히 빼놓을 수 없는 수단이 되었다.

'푸리에'는 빛, 소리, 진동, 열전도라는, 파장으로 파악되는 현상을 해석하기에 유력한 수학이다. 소리는 공기를 진동시켜서 전달되는 압력의 파장으로 인식된다. 물론 인간이 하는 말도 소리이므로 파장으로 나타낼 수 있다. 예를 들자면 모음같이 연속적으로 발성할 수 있는 소리는 같은 유형의 파장이 반복하여 나타난다. 이러한 음성의 구조를 해석하는 데 '푸리에'의 수식은 대활약을 한다.

당초 우리는 '푸리에'의 수학을, 음성을 해석하기 위한 단순한 기초 지식으로 익히기 시작했다. 그러나 이 수학을 음성의 현상에 밀착시켜 연구하는 과정에서 수식과 현상을 기록하는 '언어'로 이해하게 되었다. sin이나 cos으로 익숙한 삼각함수, 운동하는 물체의 속도나 가속도를 구하기 편리한 미분, 움직인 거리를 구할 수 있는 적분, 계산상 편리한 i(허수단위), 미분이나 적분 속에서도 특별한 의미를 가진 e(자연로그의 밑), 방향과 크기라는 두 가지 요소를 지닌 벡터, 어떤 식이라도 같은 형식으로 응용 가능한 매클로린 전개 등 물리나 수학에서는 외따로 배우는 내용들이 '푸리에'라는, 파장을 해석하는 수식의 무대에 총출연한다.

TCL의 학생이 이 무대에 등장하면서, 주인공은 우리 자신이 되었다. 이 《푸리에의 모험(*역주: 원서 제목)》은 '푸리에'와 만났던 사람들이 수식이라는 언어로 이야기한 모험극이다.

1988년 7월

Transnational College of LEX

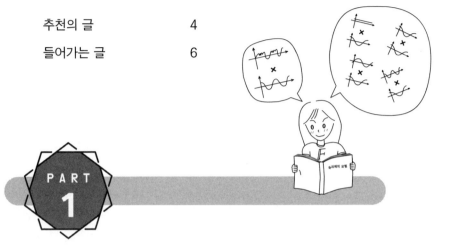

PART 1

C O N T E N T S

PART
2

PART
3

Part

1

Chapter

1

푸리에 급수

드디어 푸리에의 모험이 시작된다. 준비됐는가?

이 장에서는 '복잡한 파동은 단순한 파동이 더해져 만들어

진 것이다'라는 사실을 수식으로 나타내기 위해 도전한다.

대체 어떻게 파동을 수식으로 표현하게 될까?

그럼 푸리에의 모험을 향해 출발!

1. 왜 지금, 수학이 필요한가?

우리는 '인간 음성의 수수께끼'를 해명하고자 그 풀이를 하던 중이었다.

사기史記, 일본서기日本書紀, 삼국유사三國遺事 등 오랜 역사책을 해석할 때 한자를 단서로 삼듯이, 인간 음성의 비밀을 밝힐 때 빼놓을 수 없는 것이 **수학**이다.

수학이란 말만 들어도 덜컥 겁이 나겠지만 푸리에란, '**인간 음성의 수수께끼**'를 해명해 갈 때의 기술 같은 것이라고 보면 된다.

2. 수식은 만국 공통어!

그리고 수식이란 매우 편리한 것이다.

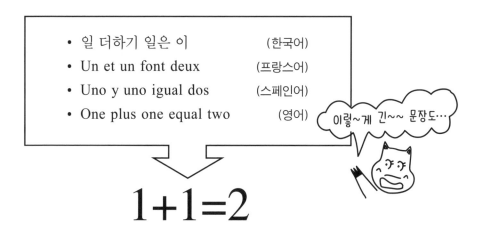

- 일 더하기 일은 이 (한국어)
- Un et un font deux (프랑스어)
- Uno y uno igual dos (스페인어)
- One plus one equal two (영어)

이렇~게 긴~~ 문장도…

$$1+1=2$$

이렇게 매우 간단해진다!

3. 음성의 정체는?

그럼, '인간 음성의 수수께끼'에 도전하기에 앞서 먼저, 음성이 무엇인지 그 정체를 알아보자!

 목에 손을 대고 "아~"하고 말해보자!

 목이 떨리고 있다.

공기의 진동

"아~"라고 말하면 "아~"라고 하는 덩어리가 귓속에 들어오는 게 아니다. "아~"하고 목을 진동시키면 공기가 압축되어, 진해지거나 엷어진다. 이 반복된 공기의 진동이 귀까지 전해져 **고막을 떨리게** 만드는 것이다.

FFT Fast Fourier Transform Analyzer

그것이 **FFT**이다! FFT는 공기가 진동하는 모습, 즉 음성을 눈으로 보게 해주는 슈퍼기계이다.

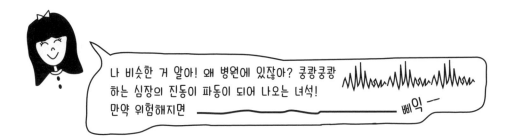

나 비슷한 거 알아! 왜 병원에 있잖아? 쿵쾅쿵쾅 하는 심장의 진동이 파동이 되어 나오는 녀석! 만약 위험해지면 ──────── 삐익 ─

이로써 음성은 파동이라는 것을 알 수 있다.

4. 음성의 파동을 살펴보자!

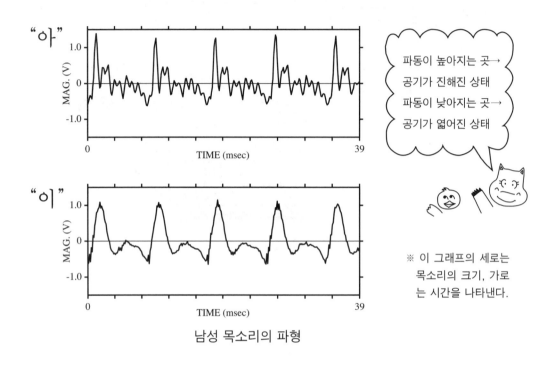

"아"

파동이 높아지는 곳→
공기가 진해진 상태
파동이 낮아지는 곳→
공기가 엷어진 상태

"이"

※ 이 그래프의 세로는
목소리의 크기, 가로
는 시간을 나타낸다.

남성 목소리의 파형

이 파동을 보고 알게 된 것은?

같은 형태의 파동이 반복되고 있다.

패턴이 있다는
거로구나!

이와 같이 반복되는 파동을 **주기적인 파동**이라 한다. 그리고 파동의
한 패턴이 한 번 반복되는 데 걸리는 시간을 '기본 주기'라고 한다.

- 기본 주기가 길다→ 목소리는 낮게 들린다
- 기본 주기가 짧다→목소리는 높게 들린다

여자의 기본 주기는
남자보다 짧다!

그럼 여러 사람의 "아"를 들어보자!

이번엔 목소리 크기를 바꿔보자!

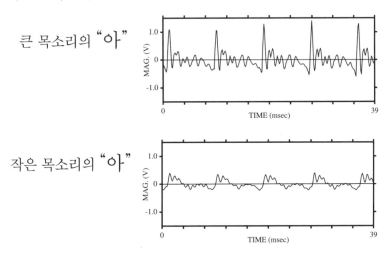

큰 목소리의 "아"

작은 목소리의 "아"

이번엔 목소리 높이를 바꿔보자!

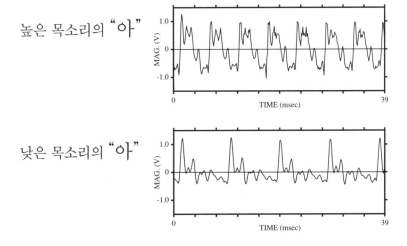

높은 목소리의 "아"

낮은 목소리의 "아"

이 실험에서 알게 된 점!

목소리가 (크면) → 파동은 세로로 높다大

(작으면) → 파동은 세로로 낮다小

(높으면) → 파동의 한 패턴은 폭이 좁다小

(낮으면) → 파동의 한 패턴은 폭이 넓다大

결과 남녀노소, 목소리의 크고 작음, 높낮이에 관계없이, "아"는 "아"로 들린다! 모음의 인식에는 파동의 기본 주기도, 기복의 세기도 상관없다!

> 하지만 잘 생각해보면 신기해. 전혀 다른 목소리인데 "아"로 들리다니!

남자와 여자의 파동 형태도 전혀 다르고, 목소리의 높낮이도 다른데 똑같이 "아"라고 들리는 건 왜일까?

> 여기서 생각해 볼 점

"아"에는 "이"나 "우"와는 다른 특징이 있을 터! 여러 가지 다양한 "아"(목소리의 대소고저 등)라 해도, 전부 "아"로 들리는 데에는 무언가 공통점이 있을 것이다! 좀 더 익숙한 예를 들어보자.

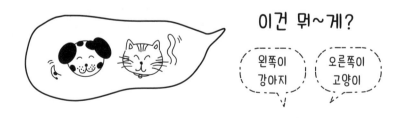

이건 뭐~게?

> 왼쪽이 강아지

> 오른쪽이 고양이

※ 세계는 넓으므로 그중에는 개와 고양이를 구분하지 않는 곳도 있지 않겠냐고? 하지만 여기에선 '인식의 차이'는 염두에 두지 말 것!

양쪽 다 눈이 두 개, 귀가 두 개, 코가 하나, 입이 하나, 발이 네 개, 꼬리가 하나… 그래도 강아지는 강아지, 고양이는 고양이! 둘이 같았다면 '강냥이'라든가 '고아지'라 부르면 그만이니 구분할 필요도 없었을 것이다. 그래서야 인식할 수 없었을 테고.

그렇다면 개에게는 고양이와 다른 무언가가 있다는 것이다! 세인트 버나드, 치와와, 차우차우, 불독 등 여러 종류가 있고 모두 전혀 다른데도 개라고 불린다.

다시 음성의 이야기로 돌아와서… 그럼 인간은 어떠한 특징을 잡아내서 모음을 인식하는 것일까? 파동의 어느 부분을 이해하는 것일까?

 다섯 가지 모음의 얼굴을 잘 보고 특징을 말해보자!

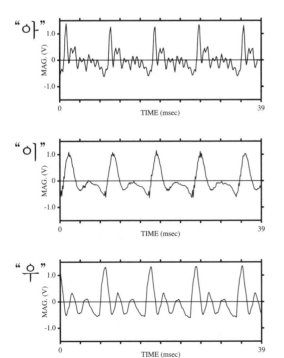

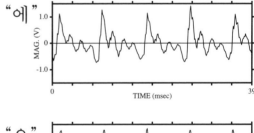

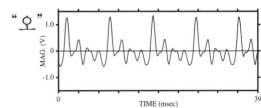

남성 목소리의 파형

아 → 커다란 산과 자잘한 산

이 → 두 개의 큼직하고 삐죽삐죽한 산

우 → '이'와 닮았으나 매끄러움

에 → '아'와 닮았으나 좀 더 삐죽삐죽

오 → '아'와 닮았으나 좀 더 매끄러움

고깔산!

딱딱해!   연필 같네.   울퉁불퉁 산!

까끌까끌?

결과 애매해서 알기 힘들다. 사람에 따라 표현이 달라져서 특징을 명확히 알 수 없다!

으~음, 큰일이네! 누구나 확실히 알 수 있도록 파동의 특징을 나타낼 수 없을까?

푸리에는 파동을 나타내는 수학이야!

그걸 가능케 하는 것이 **푸리에**다.

매끄럽다거나 꺼끌꺼끌하다가 아니라 누구에게나 통하는 표현, 그 것이 수식의 장점이다.

그럼 이제 음성의 파동의 특징을 누구나 알 수 있는 언어, 즉 수식으로 표현하기 위한 여행을 떠나자!

가자!

5. 푸리에를 만나다!

내가 푸리에다!

Jean Baptiste Joseph, Baron de Fourier

장 바티스트 조제프 푸리에 남작

1768. 3. 21. ~ 1830. 5. 16. 프랑스의 수리물리학자

푸리에는 사람 이름이었구나!

　푸리에는 물체를 가열했을 때의 열의 전달 방식을 연구하고 있었다. 그는 열이 퍼져 나가는 상태도 파동으로 나타낼 수 있었다.

　푸리에가 관찰한 파동은 매우 복잡했지만 주기를 갖고 있었다. 즉, 같은 형태의 파동이 거듭하여 나타나는 것이었다.

푸 리 에 의 대 발 견 !

같은 형태를 반복하는 주기를 가진 파동은, 아무리 복잡한 것이라도 단순한 파동이 잔뜩 결합해 이루어진다.

귀여운 히로토 군
(초등학교 2학년)
나고야 푸리에 패밀리 참가!

푸리에가 발견했으니까 '푸리에의 모험', 그럼 내가 발견했다면 '히로토의 모험', 아빠였다면 '아키라의 모험', 엄마였다면 '마사코의 모험'이 되었겠네!

복잡한 파동은
단순한 파동의 집합체

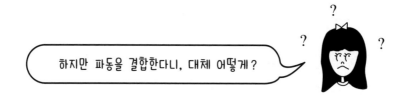

예를 들어, 크게 물결치는 파동(A)과
자잘하게 오르락내리락하고 있는 파동(B)을 결합하면
자잘하게 오르내리면서 크게 물결치는 파동(C)이 된다.

가로축을 t(시간)라 하고, 같은 시간 동안의 두 파동의 높이를 더한다. 그것을 모든 t에 대해 시행하는 것이다.

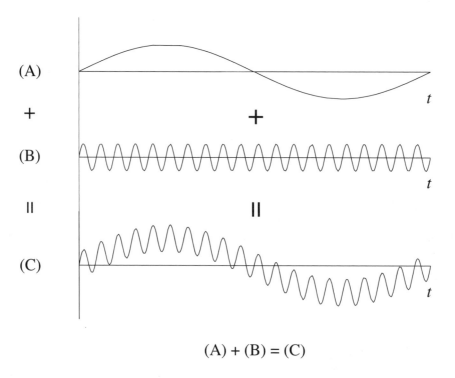

$$(A) + (B) = (C)$$

 ☆부록☆을 이용하자.

이 책 맨 뒤에 실려 있어!

 실 험　파동의 결합을 직접 체험해보자!

　세로줄을 따라 ①+②, ③+④, …처럼 같은 시간의 높이끼리 더하는 것이다.

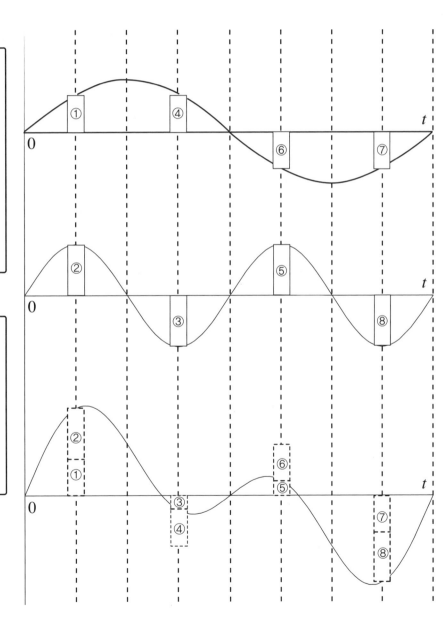

복잡한 파동의 특징을 누구나 확실히 알 수 있는 언어인 수식으로 나타낸다고 하자. 이때, 복잡한 파동을 이루는 단순한 파동만 식으로 만들면, 남은 건 그것을 더하기만 하면 되는 것이다!

⬇   이것을 식으로 나타내자.

(어느 복잡한 파동) =   (단순한 파동 1)

　　　　　　　　　 +   (단순한 파동 2)

　　　　　　　　　 +   (단순한 파동 3)

　　　　　　　　　 +   …

이것도 수식이야! 간단하지?

복잡한 파동의 특징을 설명하는 건 어렵지만, 한눈에 알아볼 수 있는 단순한 파동으로 분해할 수 있다면, '그걸 더하면 돼!'라는 식으로 간단히 설명할 수 있다!

하지만 "복잡한 하나의 파동은 실은 단순한 파동이 몇 개나 더해진 것"이라고 말해도 감이 오지 않는가?

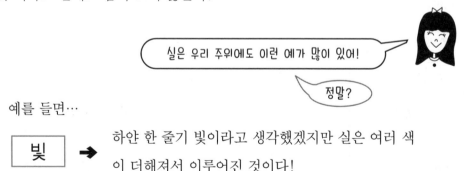

실은 우리 주위에도 이런 예가 많이 있어!

정말?

예를 들면…

빛 ➡ 하얀 한 줄기 빛이라고 생각했겠지만 실은 여러 색이 더해져서 이루어진 것이다!

 방을 어둡게 하고 프리즘에 강한 빛을 쬐어서 벽에 나타내자.

프리즘은 빛을 분해하는 기구야!

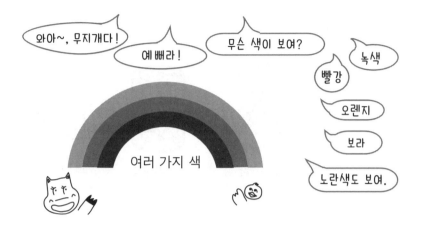

누구나 다 알고 있는 예를 들어보자!

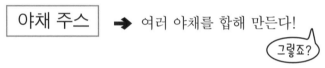

그러면 여기서…

여기 3종류의 야채 주스가 있습니다. 마셔보고 비교해서 각각의 특징을 말해주세요!

인터뷰 결과

		델몬타	싱싱야채	과일나라
	A	산뜻	순하다	뻑뻑
	B	상큼	매끄럽다	텁텁하다
	C	청량하다	부드럽다	풋내가 난다

음~ 이해가 갈락말락,
이래서야 세 주스의 차이를 명확하게 알 수가 없네.

그럼 각 주스에 어떤 야채가 들어 있는지
조사해보지 그래?

오호라!

삐약

델몬타	🍅 + 🥕 + 🌿 + 🥬
싱싱야채	🍅 + 🥕 + 🌿 + 🥬
과일나라	🍅 + 🥕 + 🌿 + 🥬

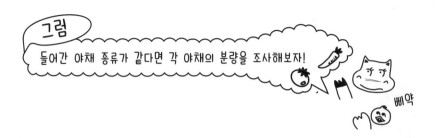

그림

들어간 야채 종류가 같다면 각 야채의 분량을 조사해보자!

삐약

	🍅	🥕	🥬	🥬
델몬타	50ml	30ml	40ml	80ml
싱싱야채	85ml	35ml	30ml	50ml
과일나라	40ml	55ml	70ml	35ml

들어간 재료는 같더라도 분량의 차이로 세 가지 주스의 특징을 말할 수 있게 된다!

숫자로 표시되어 있으면 트집 잡을 구석도 없고!

여러 가지 야채가 섞여 야채 주스가 만들어지듯이 복잡한 파동도 여러 가지 단순한 파동이 더해져 이루어진 것이다! 그리고 토마토 몇 ml, 당근 몇 ml라고 말하듯이, 단순한 파동의 특징 하나하나를 수식으로 나타내어 그것을 합치면 복합 파동의 특징이 되는 것이다.

그럼 이제부터 복합 파동을 수식으로 나타내기 위한 준비를 하자! 그러기 위해서 우선 단순 파동을 수식으로 나타내는 일부터 시작해야 한다.

단순한 파동을 수식으로 만들었다면 남은 건 그걸 더하기만 하면 된단다!

6. 삼각함수의 세계로 입문

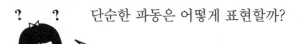

단순한 파동은 어떻게 표현할까?

주기를 가진 파동(반복성이 있는 파동) 중에
가장 단순한 파동의 모습이 어떻지 상상할 수 있겠니?

저요!
이런 파동입니다!

이 단순한 파동을 '한 봉우리' 혹은 '매끄러운' 같은 애매한 표현이 아
니라 "이런 파동이야!"하고 잘라 말할 수 있는 수식이 있다!

그것이 삼각함수라는 것이다.

삼각함수란?

▶ 이 경우의 삼각은 직각삼각형을 가리킨다.

직각삼각형이란 어떤 삼각형일까?

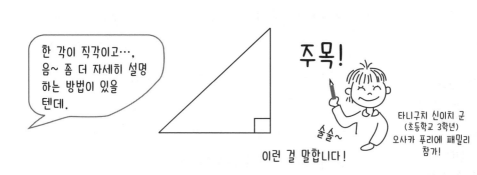

한 각이 직각이고…,
음~ 좀 더 자세히 설명
하는 방법이 있을
텐데.

주목!

술술~

이런 걸 말합니다!

타니구치 신이치 군
(초등학교 3학년)
오사카 푸리에 패밀리
참가!

이것으로 삼각함수의 **삼각**이 무엇인지 알았을 것이다.

그럼 **함수**는?

어떤 두 가지 일 중에서, 하나가 정해지면 다른 하나
도 정해지는 관계를 말한다.

수수께끼의
함수 대마왕

전 빚어 군이에요!

예를 들어…

  어느 주먹밥 집에서 주먹밥 로봇을 만들었다. 빚어
군은 쉬지 않고 주먹밥을 만드는 로봇이다. 빚어 군은
로봇이라 지치거나 땡땡이치지 않는다. 그는 항상 주
어진 시간 안에 정해진 수의 주먹밥을 만든다.

〈빚어 군의 일 솜씨〉
1시간에 100개의 주먹밥을 만든다.
2시간에 200개의 주먹밥을 만든다.

알겠다면
답을 써보자.

그럼 3시간 동안엔 몇 개를 만들까?

| 개 |

그럼 좀 어려운 문제…

30분 동안엔 몇 개를 만들까?

| 개 |

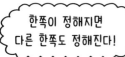 한쪽이 정해지면 다른 한쪽도 정해진다!

시간이 흐르면(늘어나면) 주먹밥 수도 늘어난다!

이러한 관계를 **함수**라 한다!

'함수'란 수가 아니라 상관 관계를 가리킨다!

명백해!   이해했어!   알겠어!

한눈에 알 수 있는 편리한 도구인 그래프로 나타내자.

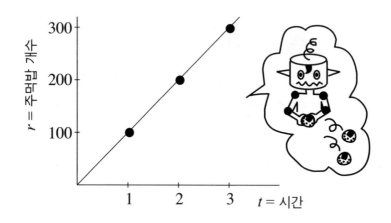

이것을 식으로 나타내자.

(주먹밥 개수) = 100개 × (시간)

└ 아무 시간이나 넣으면 된다!

몇 시간 동안 몇 개 만들까?

몇 개 만드는 데 몇 시간이 걸릴까?

이런 것도 간단히 알 수 있음!

앞의 식을 좀 더 짧고 간단하게, 그리고 멋지게 쓰면…

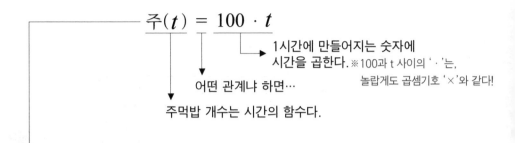

$$\text{주}(t) = 100 \cdot t$$

1시간에 만들어지는 숫자에 시간을 곱한다. ※100과 t 사이의 ' · '는, 놀랍게도 곱셈기호 '×'와 같다!

어떤 관계냐 하면…

주먹밥 개수는 시간의 함수다.

그리고 일반적으로 '함수'라고 할 때는 다음과 같이 나타낸다.

$$f(t) = 100t$$

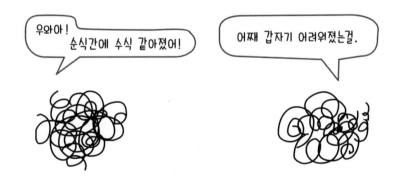

우와아! 순식간에 수식 같아졌어!

어째 갑자기 어려워졌는걸.

문제없다! 수식은 언어라고 했다! 이제 수식의 비밀을 풀어보자!

$$f(t) = 100t$$

function의 첫 글자

function이라니, 그게 뭘까?

그건 영어로 '함수'라는 뜻이다. 즉 함수의 '함'과 마찬가지! 주먹밥의 '주'와 같은 것이다.

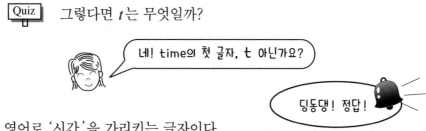

Quiz   그렇다면 t 는 무엇일까?

네! time의 첫 글자, t 아닌가요?

딩동댕! 정답!

영어로 '시간'을 가리키는 글자이다.

그런데 곱셈기호 ' · ' 혹은 '×'는 어디로 가버린 걸까?

놀랍게도, 생략 가능하다.

어어! 안 써도 된다고?

그래, 맞아!

수식이란 정말 편리하다.

하지만, f (t)는 아직 잘 모르겠어.

그럼 제가 좋은 이야기를 해드리지요!

나오토 씨
도쿄 푸리에 패밀리 참가!

함수는 한자로 函數 라고 쓴답니다.

이건 상자
'함 函'자로군요!

맞습니다! 함수를
바로 '상자'라고 생각한 거지요.

> $f(\ )$를 상자라고 생각해봅시다. 이 상자, $f(\ )$ 안에는 어떠한 것을 넣어도 상관없어요! 빚어 군의 경우, 주먹밥은 시간에 의해 늘어나는 것이니까, $f(\ )$의 안에 시간 t를 넣어서 $f(t)$가 되었군요.
>
> 덧붙이자면 a의 함수는 $f(a)$이고, x의 함수는 $f(x)$가 되겠지요.

이것으로 함수가 어떤 것인지 알게 됐고, 이 함수를 '그래프'와 '식'으로 나타내는 법도 알았다!

아하!

무엇에 의해 변하는지를 생각한 다음, 그걸 $f(\ )$의 상자 안에 넣으면 되는 거구나.

예컨대 '몇 m 걸어가면 신발은 이만큼 닳아!'하는 함수였다면 거리를 넣어 f(거리)가 되는 거야!

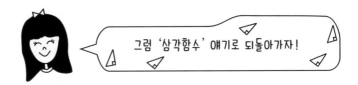

그럼 '삼각함수' 얘기로 되돌아가자!

삼각함수란…

직각삼각형에서 직각이 아닌 각을 택하고,

직각은 90°

이 각을 θ(세타)로 두었을 때

θ는 그리스 문자야!

θ에 대한 두 변의 비율의 함수이다.

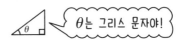

θ가 변하면 두 변의 비율도 변한다.

삼각형의 오른쪽 아래에 직각, 왼쪽 아래에 θ
를 두었을 때,

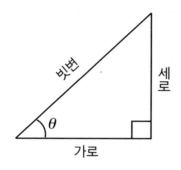

$\dfrac{세로}{빗변}$ 는 $\sin\theta$

$\dfrac{가로}{빗변}$ 는 $\cos\theta$

$\dfrac{세로}{가로}$ 는 $\tan\theta$

별 거 아니지?

$\dfrac{세로}{빗변}$ 의 비율을 $\sin\theta$(사인 세타)

$\dfrac{가로}{빗변}$ 의 비율을 $\cos\theta$(코사인 세타)

$\dfrac{세로}{가로}$ 의 비율을 $\tan\theta$(탄젠트 세타)라고 한다!

그냥 이름일 뿐이야!

이들은 삼각형의 크기와는 상관없이, θ값(크기)에
따라서만 값이 정해진다.

응? 무슨 소리지?

Quiz   다음과 같은 삼각형이 있다.

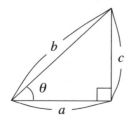

이 삼각형에서 빗변 b를
2배로 늘리면

↓

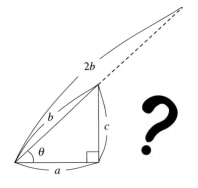

가로 a와 세로 c는 어떻게 될까?

2배가 된다!

딩동댕

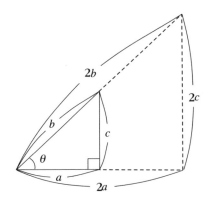

$$a : b : c \rightarrow \theta$$
$$2a : 2b : 2c \rightarrow \theta$$
$$\frac{1}{2}a : \frac{1}{2}b : \frac{1}{2}c \rightarrow \theta$$

이처럼 θ는 변하지 않는다.

θ가 정해지지 않은 이상, 삼각형의 크기가 변하더라도 변함없는 수

즉 θ가 정해지면 변의 길이에 상관없이 변의 관계가 정해진다.

이와 같이, 삼각형의 크기와 상관없이 θ에 의해 값이 결정되므로 이렇게 식으로 나타낼 수 있다.

$$\sin\theta = \frac{세로}{빗변} \qquad \cos\theta = \frac{가로}{빗변} \qquad \tan\theta = \frac{세로}{가로}$$

▶ 오직 θ가 변화함에 따라 우변의 값도 변화한다. ◀

이것이 **삼각함수**이다!

그럼 주먹밥 로봇, 빚어 군의 경우처럼

이 삼각함수를 그래프로 만들어보자!

7. sin 파동

먼저 θ의 변화에 따른 $\sin\theta \left(= \dfrac{\text{세로}}{\text{빗변}}\right)$의 변화를 그

래프로 나타내자.

간단히 하기 위해서 빗변을 a라 정하자.

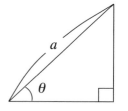

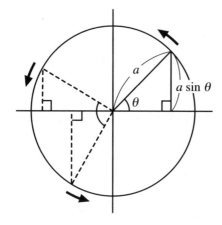

그렇게 하면 θ가 늘어나는

상태를, 반지름이 a(빗변)인

원 위에서 생각할 수 있다.

$$\sin\theta = \frac{\text{세로}}{a}$$

$$\downarrow$$

$$a \sin\theta = \text{세로}$$

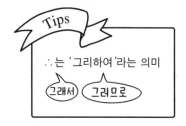
빗변이 항상 a라면, θ가 0°~360°사이로 늘어나는 상태를 반지름 a의 원 위에서 나타낼 수 있겠네! 원으로 생각하면 알기 쉬우니까.

∴ 는 '그리하여'라는 의미
(그래서) (그러므로)

a에 실제로 숫자 1을 대입하자!

$$\sin\theta = \frac{세로}{1}$$
$$\downarrow$$
$$1\sin\theta = 세로$$

$1\times2=2, 1\times3=3$, … 이런 식으로 1을 곱해도 값은 변함없다.

$$\therefore \sin\theta = 세로$$

즉 θ의 변화에 따르는 $\sin\theta$의 값은, '세로 변의 변화'라는 얘기다. 그러므로 θ가 늘어날 때에 세로 변이 어떻게 변해가는지를 그래프로 나타내면 된다.

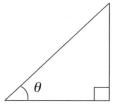
세로
θ

하지만, 직각삼각형이라면 θ가 0°일 때 직각을 이룰 수 없고, 90° 이상이 되면 존재할 수 없을 텐데….

그 점이 아주 의외란다! 수학의 통 큰 부분!

θ가 90°보다 커지더라도, 즉 '직각삼각형'이 아니어도 $\sin \theta = \frac{세로}{빗변}$가 성립하는 것이다!

그렇다면 θ가 어떤 각도여도 가능하다는 얘기가 된다.

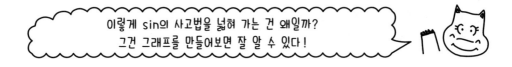

이렇게 sin의 사고법을 넓혀 가는 건 왜일까?
그건 그래프를 만들어보면 잘 알 수 있다!

그럼 드디어 그래프 만들기.

오른쪽에

연필과 자를 준비해서 ①→②→③의 순서를 따라 직접 그래프를 만들어보자!

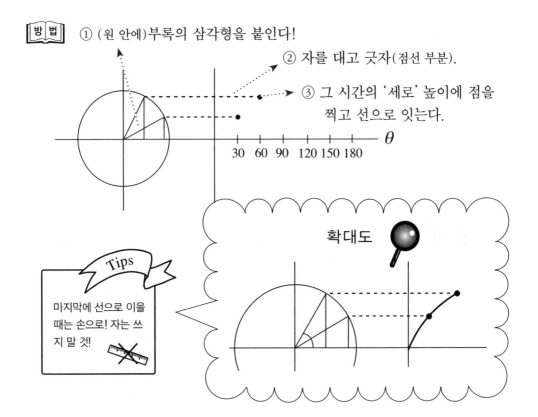

방법

① (원 안에)부록의 삼각형을 붙인다!

② 자를 대고 긋자(점선 부분).

③ 그 시간의 '세로' 높이에 점을 찍고 선으로 잇는다.

30 60 90 120 150 180 θ

확대도

Tips

마지막에 선으로 이을 때는 손으로! 자는 쓰지 말 것!

반지름이 1인 원의 경우, '$\sin\theta$ = 세로'였으므로

θ가 0°일 때는 세로도 0

> θ가 점점 커져서

$\theta = 30°$　——————　①

$\theta = 60°$　——————　②

> 90°를 넘으면 세로는 점점 작아져서

$\theta = 90°$　——————　세로는 1

$\theta = 120°$　——————　③

$\theta = 150°$　——————　④

> 180°를 넘으면 세로는 마이너스 방향으로 커져서

$\theta = 180°$　——————　세로는 0

$\theta = 210°$　——————　⑤

$\theta = 270°$　——————　세로는 −1

$\theta = 360°$　——————　세로는 0

240°　⑥

300°　⑦

330°　⑧

> Tips
>
> 삼각형은 번호순대로 시계 반대 방향으로 붙일 것!

> ☆부록☆의 삼각형을 써서

위 순서대로 점을 찍고 마지막에 선으로 잇자!

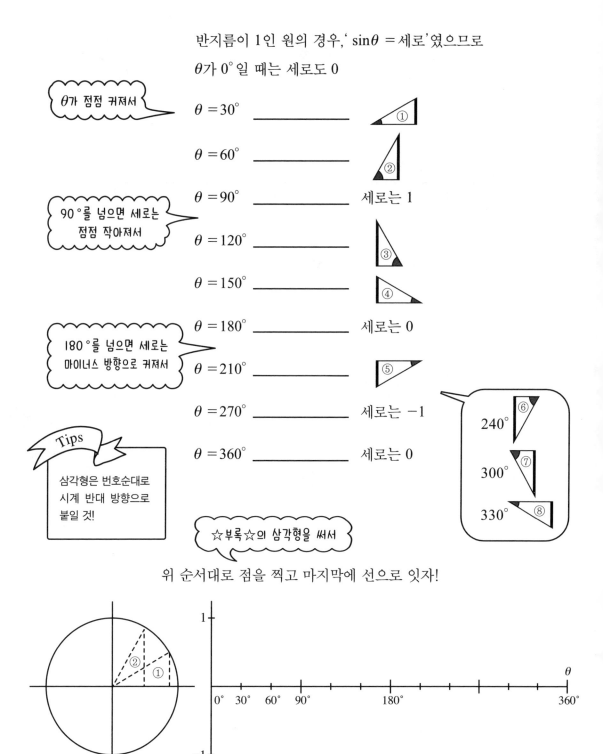

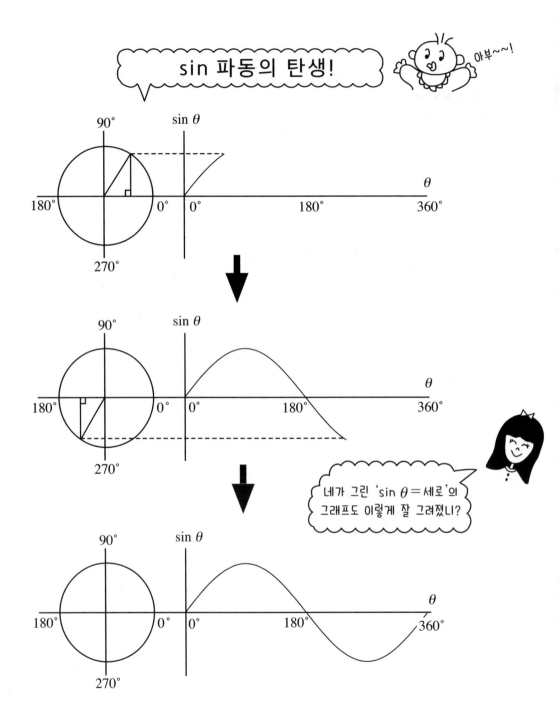

이것이 { **sin 파동** } 이다! 우리는 가장 단순한 파동을 그린 것이다!

θ를 더욱 크게 늘려가더라도(400°, 620°, …) 다시 똑같은 반복으로 1 과 −1 사이를 오르락내리락하는 파동 같은 그래프를 그리자!

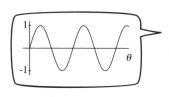

즉 파동을 수식으로 나타내려면 $\sin\theta$를 이용하면 되는 것이다.

이 함수는 θ의 함수이므로 $f(\ )$의 상자에는 θ가 들어간다.

왜 θ가 90°이상이 되더라도 $\sin\theta$가 존재하도록 둔 것일까? 그것은 sin의 개념을 넓히는 것에 의해 sin으로 파동을 표현하는 게 가능해지기 때문이다!

$$f(\theta) = \sin\theta$$

만세! 드디어 파동을 수식으로 나타내는 일에 성공했어.

그러나 문제가 있다.

문제점 ⇨ 이 식은 1과 −1 사이를 진동하는 파동밖에 표시할 수 없다!

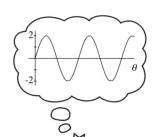

즉 이 한 종류의 파동만 더해봤자, 복잡한 파동이 되지는 않을 것이다.

그럼 2와 −2 사이를 진동하는 파동은 어떤 식으로 나타내야 하는 걸까?

빗변, 즉 반지름이 1일 때 1과 −1 사이를 진동하는 파동이
만들어졌던 것을 떠올려봐.

반지름을 2로 두고 세로 변의 변화를 그래프로 나타내자.

$$\Downarrow$$

$$\sin\theta = \frac{\text{세로}}{\text{빗변}} \rightarrow \text{빗변에 2를 대입}$$

$$\sin\theta = \frac{\text{세로}}{2}$$

$$\therefore 2\sin\theta = \text{세로}$$

| $2\sin\theta$의 그래프 |

$\theta = 0°$ —————   세로는 0

$\theta = 90°$ —————   세로는 2

$\theta = 180°$ —————   세로는 0

$\theta = 270°$ —————   세로는 −2

$\theta = 360°$ —————   세로는 0

즉 2와 −2 사이를 진동하는 파동이 된다!

$$\boxed{f(\theta) = 2\sin\theta}$$

그렇게 하면,

반지름이 0.5일 때는 0.5와 −0.5 사이를 진동하는 파동 $f(\theta) = 0.5\sin\theta$

반지름이 3일 때는 3과 −3 사이를 진동하는 파동 $f(\theta) = 3\sin\theta$

이런 연유로 어떤 두 수의 사이를 진동하는 파동을 표현하는 식은
다음과 같이 쓸 수 있다.

$$f(\theta) = a\sin\theta$$

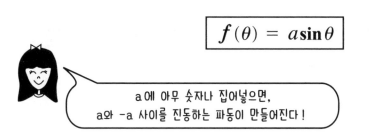

a에 아무 숫자나 집어넣으면,
a와 −a 사이를 진동하는 파동이 만들어진다!

이 a, 즉 파동의 가장 높은 부분의 값을 그 파형의 **진폭**이라고 한다.
음성의 파동에서는 소리나 목소리가 클수록 진폭 a도 커진다!

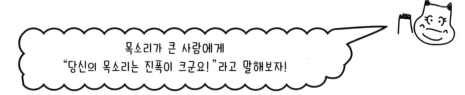

목소리가 큰 사람에게
"당신의 목소리는 진폭이 크군요!"라고 말해보자!

다양한 진폭의 파동

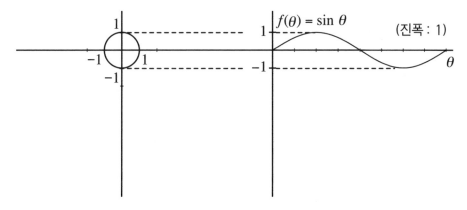

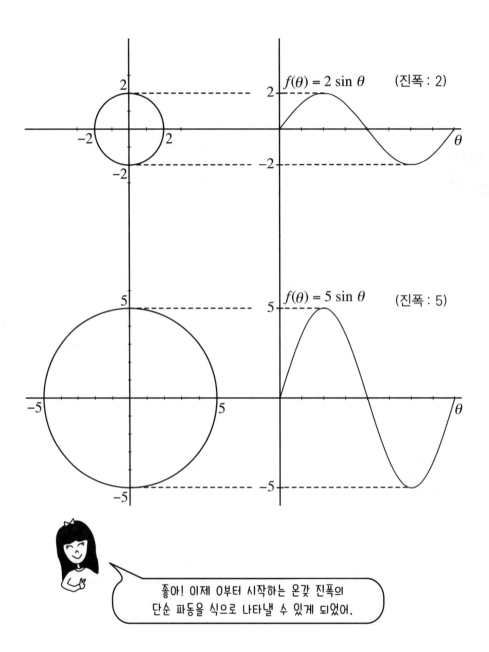

$f(\theta) = 2 \sin \theta$ (진폭 : 2)

$f(\theta) = 5 \sin \theta$ (진폭 : 5)

좋아! 이제 0부터 시작하는 온갖 진폭의
단순 파동을 식으로 나타낼 수 있게 되었어.

문제점 ⇨ 하지만 이것만으로는 $2 \sin \theta + 3 \sin \theta = 5 \sin \theta$처럼
세로만 늘어날 뿐, 복잡한 파동은 만들 수 없다!

　　세로만이 아니라 가로 폭도 다양한 파동을 식으로 나타내려면 어떻게 해야 할까?

8. 주기 · 주파수 · 각속도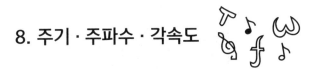

　　그런데 음성의 파형은 수평축이 시간(t)이었다.

⬇

　　여기서 $\sin\theta$의 그래프에 **시간의 변화**도 적용해보자!

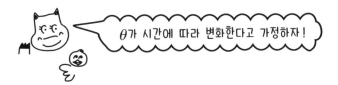

θ가 시간에 따라 변화한다고 가정하자!

　　즉 빗변(반지름)이 시곗바늘처럼 일정한 속도로 돈다고 생각하자.

그렇게 생각한 김에 아예, 지금까지 수평축으로 두고 있던
θ에 대해서는 잠시 잊고 시간에 따라 $a\sin\theta$,
즉 세로변이 어떻게 변화하는가를 그래프로 나타내보는 거야.

수평축으로 두었던 θ를

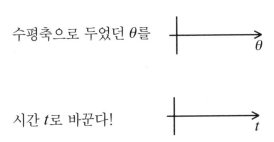

시간 t로 바꾼다!

시계에 적용해 생각해보자!

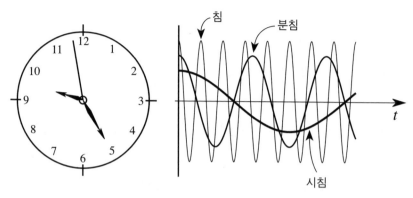

• **초침** → 1분 동안 한 바퀴(1분 주기)

⬇

　　　1분에 한 번 진동하는 파동을 그린다.

• **분침** → 1시간 동안 한 바퀴(1시간 주기)

⬇

　　　1시간에 한 번 진동하는 파동을 그린다.

• **시침** → 12시간 동안 한 바퀴(1분 주기)

⬇

　　　12시간에 한 번 진동하는 파동을 그린다.

Tips

원래는 진짜 시계의 움직임을 그래프로 만들려 했지만 시침이 한 바퀴 돌 때, 초침은 무려 720바퀴를 돈다. 이래서는 그래프로 그리기 곤란하니 조금 조작한 시계를 사용했다.

이들을 하나의 그래프용지에 그리면 다양한 진동 방식의
파동, 즉 가로 폭도 다양한 파동을 만들 수 있게 된다!

헤헤 ^^

이처럼 시간에 따라 진동하는 파동의 경우,

> • 파동이 한 번 진동하는 데 걸리는 시간
> ∟ 주기 → T라고 쓴다!
>   단위는 sec(초)

한 번 진동하는 데
몇 초 걸리는가?

카네코 씨
나고야 푸리에
패밀리 참가!

알았다뿌

> • 1초 동안 진동하는 파동의 횟수
> ∟ 주파수 → f라고 쓴다!
>   단위는 Hz(헤르츠)

1초 동안 몇 번 진동하는가?

• 「주기」는 주(周도는) 파동의 기간이니까 파동이 한 번 진동하는 데 걸리는 시간을 뜻하는구나!
• 「주파수」는 주(周도는) 파동의 개수니까 1초 동안 진동하는 파동의 수를 뜻해!

1초 동안 진동하는 횟수가 많은 것을 **주파수가 높다**라고 한다. 음성의 파동에서는 목소리가 높을수록, 주파수는 높아진다!

목소리가 높은 사람에게 "당신 목소리는 주파수가 높네요!"하고 말해보자!

덧붙이자면, 사람의 귀는 주파수 20Hz에서 20000Hz 정도까지 들린다나 봐!

삐익

호오-

삐익~

주파수 20Hz란 1초 동안 20번 진동하는 파동! 주파수 20000Hz라면 1초 동안 20000번 진동하는 파동이란 소리네!

T	⑤ $\dfrac{1}{3}$	⑧	① 1	③ 2	⑩
f	⑥	⑦ 2	②	④	⑨ $\dfrac{1}{3}$

- 한 바퀴(한 번 오르내림) 도는 데 1초 걸리는 파동(1주기) ①의 주파수 f(1초에 몇 번 진동하는가) ②는?
- 한 바퀴 도는 데 2초 걸리는 파동(2주기) ③의 주파수 f ④는?
- 한바퀴 도는 데 1/3초 걸리는 파동(1/3주기) ⑤의 주파수 f ⑥은?
- 1초 동안 두 번 진동하는 파동(주파수 2Hz) ⑦의 주기 T(한 번 진동하는 데 몇 초 걸리는가) ⑧은?
- 1초 동안 1/3번 진동하는 파동(주파수 1/3Hz) ⑨의 주기 T ⑩은?

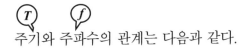

주기와 주파수의 관계는 다음과 같다.

시점을 바꿔서
말하는 것뿐이네.

반대의 관계이구나.

$$T = \frac{1}{f} \qquad f = \frac{1}{T}$$

자아, 수평축을 t로 두었으니 이제 θ의 함수가 아니게 되었다!

으앙~ 믿기지 않아요~!

즉 좀 전에 고생해서 찾아낸 파동을 나타내는 수식 $f(\theta) = a \sin \theta$는

버려! 지게 되었다.

$$f(\theta) = a \sin \theta$$
$\downarrow$
a에 시곗바늘의 길이를 넣으면 진폭을 바꿀 수 있다!

그러나

바늘이 도는 빠르기, 즉 **각도 θ가 어떤 속도로 변화하는가**는 나타낼 수 없다!

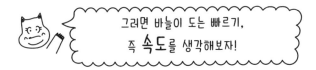

그러면 바늘이 도는 빠르기,
즉 **속도**를 생각해보자!

빚어군

아까 등장했던 주먹밥 로봇의 경우, 주먹밥을 시간당 100개 만들었다. 따라서 빚어 군이 주먹밥을 만드는 속도는 시속 100개이다.

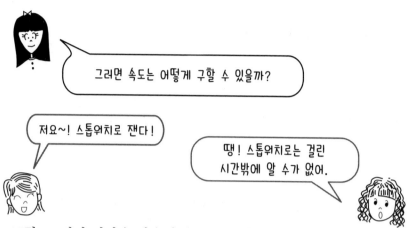

그럼 그 걸린 시간을 이용해 속도를 구한다면?

Quiz 〈1〉 100m 경주를 했다. 12.5초로
달렸다면 초속은 얼마일까?

m/sec

〈2〉 시속 250km의 지하철이 있다.
2시간 후엔 어디까지 갔을까?

km

이 문제를 풀려면 다음 공식을 이용한다.

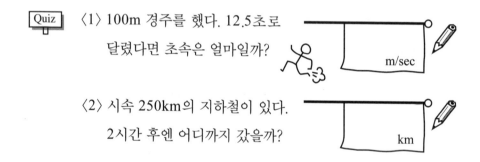

짜잔~!

$$속도 = \frac{거리}{시간}$$

이걸 쓰는 거야!

그리고 여기에서는 '1초 동안에 몇 도만큼 움직일까'라는 문제이다.

↓

이것을 **각속도**라고 하며, ω(오메가)라고 쓴다!

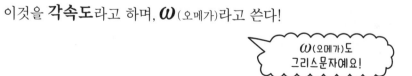

ω(오메가)도
그리스문자예요!

각속도를 구하려면 아까의 식을 사용한다.

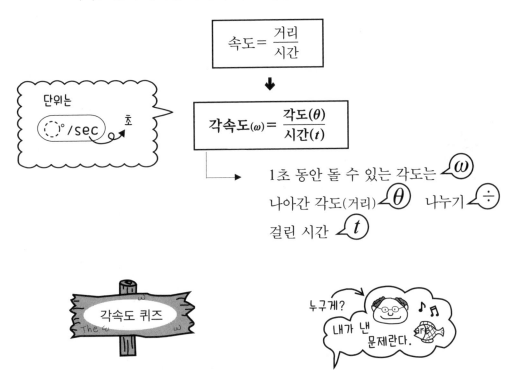

$$속도 = \frac{거리}{시간}$$

단위는
°/sec   초

$$각속도(\omega) = \frac{각도(\theta)}{시간(t)}$$

1초 동안 돌 수 있는 각도는 ω

나아간 각도(거리) θ 나누기 $\div$

걸린 시간 t

각속도 퀴즈
The ω

누구게?
내가 낸 문제란다.

〈1〉 둘레가 100m인 원형 트랙을 1바퀴 도는 데 40초가 걸렸다. 그럼, 초속은 몇 도일까? 단, 각속도는 원의 크기와는 상관없다.

힌트   트랙의 크기에 현혹되지 말자! 원은 몇 도인가를 생각해서…

°/sec

남편이 내게 냈던 퀴즈예요!

우누마 씨 부인
도쿄 푸리에
패밀리 참가!

〈2〉 태양이 동쪽에서 서쪽으로 지는 데 12시간이 걸렸다. 이때의 각속도는 얼마일까?

각도는 이거다! 몇 도일까?

°/hour

이 ω를 써서 여러 속도로 회전하는, 즉 여러 속도로 진동하는 파동을 식으로 나타낼 수 있다.

얏호!

잘했어!

그럼 뒤죽박죽 섞이지 않도록
ω, θ, t의 관계를 정리하자!

θ 어느 시간(t) 동안에 회전한 각도의 합계(도) ➡ 거리

ω 1초 동안에 회전한 각도(°/sec) ➡ 초속

t ➡ 시간

ω와 t를 써서 θ를 나타내면 그만이다.

ω가 $90°$/sec일 때, 1초 후 $\theta = 90°$

2초 후 $\theta = 180°$

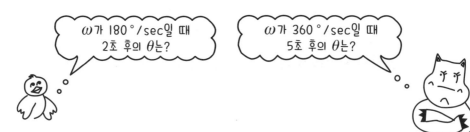

ω가 $180°$/sec일 때
2초 후의 θ는?

ω가 $360°$/sec일 때
5초 후의 θ는?

이 관계를 표로 만들어보자!

ω \ t		1 sec	2 sec	3 sec	4 sec	5 sec
$90°/\text{sec}$	θ	90°	180°			
$180°/\text{sec}$	θ	180°				
$360°/\text{sec}$	θ	360°				

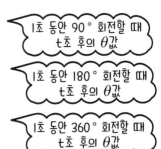

1초 동안 90° 회전할 때 t초 후의 θ값

1초 동안 180° 회전할 때 t초 후의 θ값

1초 동안 360° 회전할 때 t초 후의 θ값

↓

 어떤 식으로 계산해서 이 표를 채울 수 있을까?

 저요! ω는 1초 동안에 회전할 수 있는 각도니까 몇 초 였는지 대입하면 그 시간에 회전했던 각도의 합계를 알 수 있습니다!

그렇다! 아까의 $\omega = \dfrac{\theta}{t}$ 에서도 알 수 있듯이…

$$\theta = \omega t$$

(1초에 돌 수 있는 각도) × (몇 초)

t초 동안 몇 번 돌았는지 알 수 있다!

이것을 아까 **버린!** 공식에 대입하자!

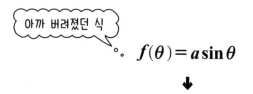

아까 버려졌던 식

$$f(\theta) = a \sin \theta$$

↓

θ의 함수가 시간의 함수로 바뀐다.

↓

$$f(t) = a \sin \underline{\theta}$$

→ 이곳도 바꿔야 함!

→ 이곳에 $\theta = \omega t$를 대입

↓

$$\boxed{f(t) = a \sin \omega t}$$

삐약 삐약

와! 이걸로 어떤 진폭, 어떤 각속도,
어떤 주파수의 파동이라도 수식으로 나타낼 수 있게 됐어!

그러면 다시 한 번 주기(T), 주파수(f), 각속도(ω)에 대해 떠올리면서, 그 관계를 살펴보자!

 주기 → 파동이 한 번 진동하는 데 걸리는 시간(몇 초)   sec

f 주파수 → 1초 동안에 진동하는 파동의 횟수(몇 번)   Hz

ω 각속도 → 1초 동안에 회전하는 각도(몇 도)   °/sec

T (sec)	$\frac{1}{4}$	⑤ $\frac{1}{3}$	$\frac{1}{2}$	① 1	2	3
f (HZ)	4	3	⑦ 2	1	$\frac{1}{2}$	⑨ $\frac{1}{3}$
ω (°/sec)	1440	⑥	⑧	② 360	④	⑩

문제를 읽으면서
표의 빈칸을 채우자!

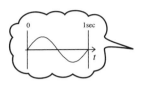 • 파동이 한 번 진동(한 바퀴)하는 데 1초 걸리는 파동($T=1$sec) ①의 각속도 ω(1초 동안 회전하는 각도) ②는 $360°$/sec이다.

$\downarrow$

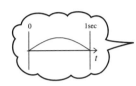 • 파동이 한 번 진동하는 데 2초 걸리는 파동($T=2$sec) ③의 각속도 ω ④는?

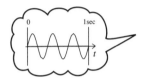 • 파동이 한 번 진동하는 데 1/3초 걸리는 파동($T=1/3$sec) ⑤의 각속도 ω ⑥은?

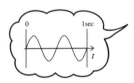 • 1초 동안에 2번 진동하는 파동($f=2$Hz) ⑦의 각속도 ω ⑧은?

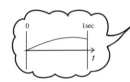 • 1초 동안에 1/3번 진동하는 파동($f=1/3$Hz) ⑨의 각속도 ω ⑩은?

 원 한 바퀴는 $360°$, 이것이 핵심!
즉 파동이 한 번 오르내리면 $360°$ 전진했다는 말이다!

이리하여 표를 완성했다. 어떤 계산으로 ω를 구했는가?

 1초 동안에 진동하는 파동의 횟수 f에,
1회분인 $360°$를 곱한 것입니다!

맞다! 즉 ω를 구하려면 다음 식을 이용할 수 있다.

$$\omega = 360\,f$$

혹은 $f = \dfrac{1}{T}$이므로

$$\omega = 360 \cdot \dfrac{1}{T}$$

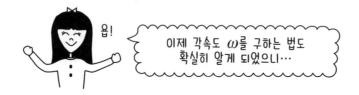

욥!

이제 각속도 ω를 구하는 법도
확실히 알게 되었으니···

좀 전의 공식 $f(t) = a \sin \omega t$를 써서 실제로 여러 가지 파동을 식으로 나타내자. 그리고 그것들을 합해 복잡한 파동을 수식으로 만들어보자!

오~

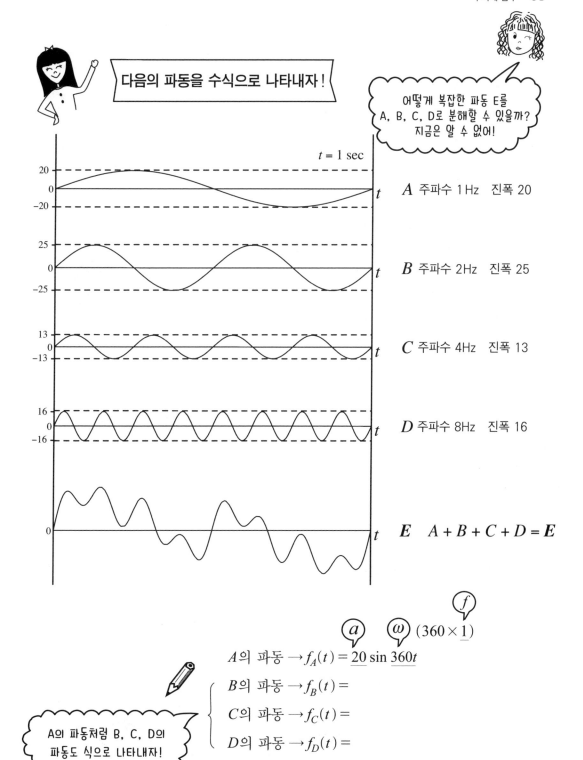

다음의 파동을 수식으로 나타내자!

어떻게 복잡한 파동 E를
A, B, C, D로 분해할 수 있을까?
지금은 알 수 없어!

$t = 1$ sec

A 주파수 1Hz   진폭 20

B 주파수 2Hz   진폭 25

C 주파수 4Hz   진폭 13

D 주파수 8Hz   진폭 16

E $A + B + C + D = E$

a ω (360×1) f

A의 파동 $\rightarrow f_A(t) = \underline{20} \sin \underline{360}t$

B의 파동 $\rightarrow f_B(t) =$
C의 파동 $\rightarrow f_C(t) =$
D의 파동 $\rightarrow f_D(t) =$

A의 파동처럼 B, C, D의
파동도 식으로 나타내자!

*A*부터 *D*까지의 단순한 파동을 식으로 나타낼 수 있었는가?

복잡한 파동은 단순한 파동의 집합!

이 *A*에서 *D*까지를 더하여 만들어진 복합 파동 *E*는 아래와 같은 식으로 나타낼 수 있다!

$$f_E(t) = 20 \sin 360\,t + 25 \sin 720\,t$$
$$+ 13 \sin 1440\,t + 16 \sin 2880\,t$$

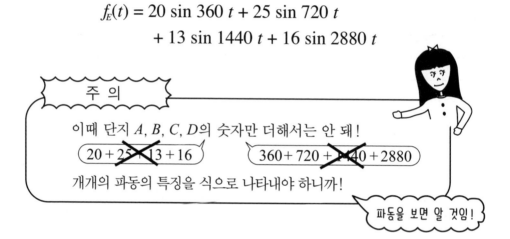

주 의

이때 단지 *A*, *B*, *C*, *D*의 숫자만 더해서는 안 돼!

20 + 25 + 13 + 16   360 + 720 + 1440 + 2880

개개의 파동의 특징을 식으로 나타내야 하니까!

파동을 보면 알 것임!

이것으로 복잡한 파동 *E*를 설명할 때, '뾰족뾰족한 산' 같은 애매한 표현이 아니라 "$20 \sin 360t$의 파동, $25 \sin 720t$의 파동, $13 \sin 1440t$의 파동, $16 \sin 2880t$의 파동이 합쳐져 이루어진 파동이다!" 하고 누가 봐도 알 수 있게 **확실히** 말할 수 있다.

⬇ 공적인

이것을 어떤 수를 대입해도 좋도록 공식으로 만들자.

$$f(t) = a_1 \sin \omega_1 t + a_2 \sin \omega_2 t$$
$$+ a_3 \sin \omega_3 t + \cdots$$
$$+ a_n \sin \omega_n t$$

삐약 삐약

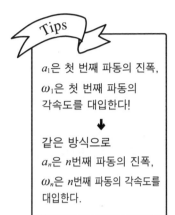

Tips

a_1은 첫 번째 파동의 진폭,
ω_1은 첫 번째 파동의
각속도를 대입한다!

↓

같은 방식으로
a_n은 n번째 파동의 진폭,
ω_n은 n번째 파동의 각속도를
대입한다.

만~세!

드디어 단순한 파동을 수식으로 나타낼 수 있게 되었다. 그리고 단순한 파동을 합쳐 **복잡한 파동을 수식으로 나타낼 수 있게** 되었다!

해냈구나!

굉장해!

9. 파동의 합에는 아름다운 질서가 있다!

복잡하지만 주기적인 파동, 그리고 그 근원인 단순한 파동을 다시 한 번 잘 관찰해보자!

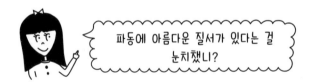

파동에 아름다운 질서가 있다는 걸 눈치챘니?

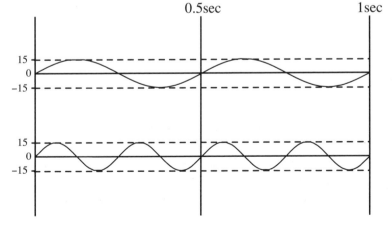

A 주파수 2 Hz   진폭 15

B 주파수 4 Hz   진폭 15

```

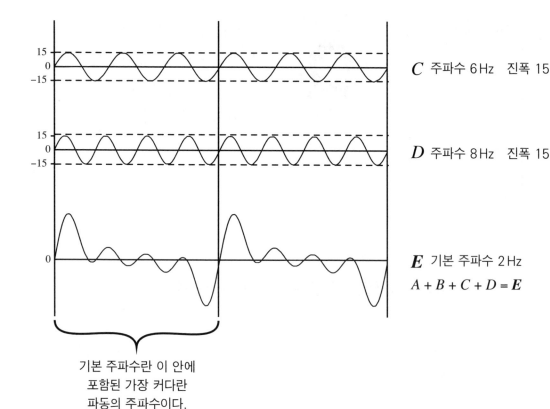

C 주파수 6Hz  진폭 15

D 주파수 8Hz  진폭 15

E 기본 주파수 2Hz
A + B + C + D = E

기본 주파수란 이 안에 포함된 가장 커다란 파동의 주파수이다.

$E$의 파동은 0.5초마다 같은 형태를 되풀이하므로

기본 주기는 0.5sec
기본 주파수는 2Hz이다.

↓

$E$를 이루는 파동 $A$, $B$, $C$, $D$를 보면 전부 0.5초마다 같은 형태를 반복하고 있다!

진짜다!

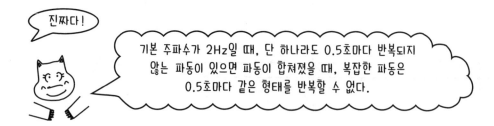

기본 주파수가 2Hz일 때, 단 하나라도 0.5초마다 반복되지 않는 파동이 있으면 파동이 합쳐졌을 때, 복잡한 파동은 0.5초마다 같은 형태를 반복할 수 없다.
```

그럼 0.5초마다 반복되는 파동, 즉

> 기본 주기는 0.5sec
>
> 기본 주파수는 2Hz일 때는 어떤 파동이 포함되어 있을까?

↓

0.5초마다 같은 형태를 반복하는 것이니,

0.5초 안에 여러 번 진동하는 파동이라는 뜻이다!

즉 0.5초 사이에 한 번, 두 번, 세 번…
이렇게 진동하는 파동을 더한다면
제아무리 많은 파동을 더해 복잡한 파동을 만든다 해도,
그 파동은 반드시 0.5초마다 같은 형태를 반복하게 된다!

Tips
• 1의 정수배
  1, 2, 3, 4, …
• 3의 정수배
  3, 6, 9, 12, …

0.5초마다 같은 형태를 반복하는 것은 기본 주파수 2Hz의 정수배인 주파수의 파동뿐이다!

2, 4, 6, 8,…

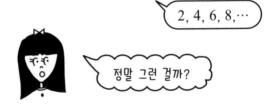

정말 그런 걸까?

 기본 주파수 2Hz의 정수배가 아닌 주파수의 파동을 서로 대조해보자!

↓

3Hz와 5Hz의 파동을 오려 63~64쪽의 파동 위에 놓아보자!

결 과 3Hz나 5Hz의 파동도 0.5초 간격으로 같은 형태가 아니다!

이들을 합했다간 복잡한 파동 E는 0.5초 후에는 다른 형태가 되어 버린다. 그래서 E의 파동에는 3Hz의 파동도, 5Hz의 파동도 들어 있지 않은 것이다.

그러면 이들 파동의 ω(각속도)를 구해보자!

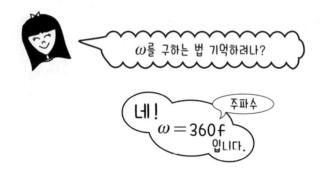

• 0.5초에 한 번 진동하는 파동(1초에 두 번 진동)

$$\omega = 360 \times 2 = 720°\,/\,sec$$

• 0.5초에 두 번 진동하는 파동(1초에 네 번 진동)

$$\omega = 360 \times 4 = 1440°\,/\,sec$$

• 0.5초에 세 번 진동하는 파동(1초에 여섯 번 진동)

$$\omega = 360 \times 6 = 2160°\,/\,sec$$

2배

3배

┌─ 알아낸 사실 ─┐

주파수는 기본 파동의 주파수의 정수배(2Hz의 2배, 3배, …) 이고, ω도 기본 파동의 ω의 정수배다!

(4Hz) (6Hz)

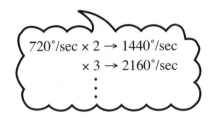

$$720°/\text{sec} \times 2 \rightarrow 1440°/\text{sec}$$
$$\times 3 \rightarrow 2160°/\text{sec}$$
$$\vdots$$

주기적인 파동은 아무리 복잡해도, **기본 주파수가 정수배**(1배, 2배, …)인 주파수의 파동들로 이루어져 있다!

흠흠

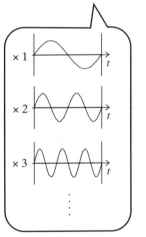

즉 진동하는(회전하는) 속도가 1배, 2배, … 하는 식으로 정수배의 속도가 된다는 얘기!

[1 ω를 뜻함]

그러므로 기본 파동의 각속도를 ω라 하면 합쳐져 있는 파동의 각속도도 2ω, 3ω, …처럼 정수배로 되어 있다는 것이다!

아름답다!

	1ω
첫 번째 파동은 반드시	ω
두 번째 파동은 반드시	2ω
세 번째 파동은 반드시	3ω
$\vdots$	$\vdots$

주기를 갖는 복잡한 파동은 이런 것이 합쳐져서 이루어진 것이구나!

이 아름다운 질서를, 복잡한 파동을 나타내는 아까의 식에 대입하자!

$$f(t) = a_1 \sin \omega_1 t + a_2 \sin \omega_2 t$$
$$+ a_3 \sin \omega_3 t + \cdots$$
$$+ a_n \sin \omega_n t$$

⬇ 아름다운 질서를 대입

$$f(t) = a_1 \sin \omega t + a_2 \sin 2\omega t$$
$$+ a_3 \sin 3\omega t + \cdots$$
$$+ a_n \sin n\omega t$$

이렇게 단순한 사인 파동을 거듭 더하다 보면 복잡한 파동이 된다는 것도 알았고, 그것을 수식으로 나타낼 수 있게 되었다!

이번에야말로 만세!

삐약~ 삐약~!

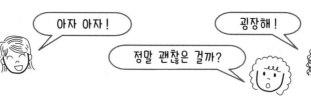

아자 아자!

정말 괜찮은 걸까?

굉장해!

10. COS 파동

정말 어떤 파동이라도 이 식으로 나타낼 수 있을지, 다시 한 번 음성의 파동을 살펴보자!

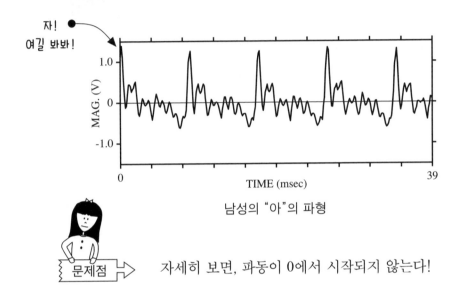

남성의 "아"의 파형

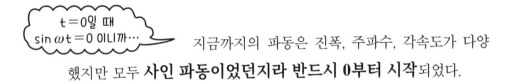

자세히 보면, 파동이 0에서 시작되지 않는다!

지금까지의 파동은 진폭, 주파수, 각속도가 다양했지만 모두 **사인 파동이었던지라 반드시 0부터 시작**되었다.

그러나 앞에 나온 파형에서도 알 수 있듯이, 세상에는 0 이외에서 시작되는 파동도 잔뜩 있다. 그러면 이런 파동은 어떻게 표시할까?

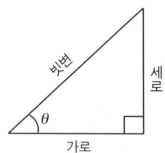

$\sin\theta = \dfrac{세로}{빗변}$ 이었다.

그에 비해

$$\boxed{\cos\theta = \dfrac{가로}{빗변}}$$ 이다.

그럼 θ의 변화에 따른 $\cos\theta = \dfrac{가로}{빗변}$ 값의 변화를 그래프로 만들어보자.

방식은 $\sin\theta$와 똑같아!

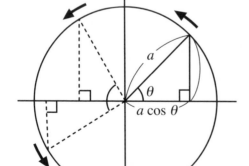

빗변을 a로 두고, θ가 늘어나는 모습을 반지름 a인 원 위에서 생각한다. └▸빗변

$$\cos\theta = \dfrac{가로}{a}$$

$$a\cos\theta = 가로$$

$a\sin\theta$는 세로 변의 변화였으나 $a\cos\theta$는 가로 변의 변화라는 얘기다.

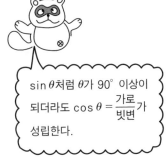

θ가 늘어날 때마다 가로 변
이 어떻게 변해가는가를 그래
프로 나타내면 된다.

가로

$\sin\theta$처럼 θ가 90° 이상이
되더라도 $\cos\theta = \dfrac{\text{가로}}{\text{빗변}}$가
성립한다.

방법　그래프 만들기! 다시 연필과 자를 준비해서 ① → ② → ③ 순서
대로 직접 그래프를 만들어보자!

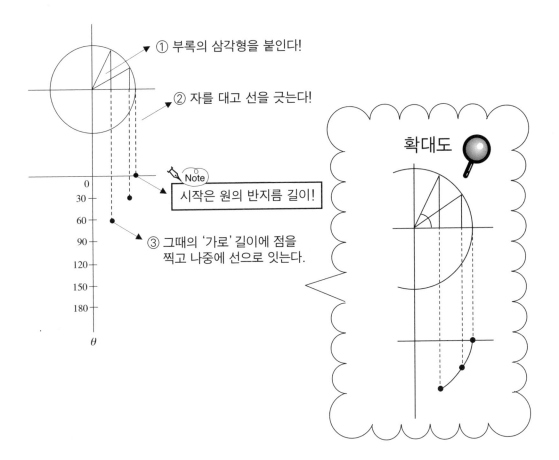

① 부록의 삼각형을 붙인다!

② 자를 대고 선을 긋는다!

Note
시작은 원의 반지름 길이!

③ 그때의 '가로' 길이에 점을
찍고 나중에 선으로 잇는다.

확대도

반지름 1인 원의 경우, $\cos\theta$는 가로였으므로

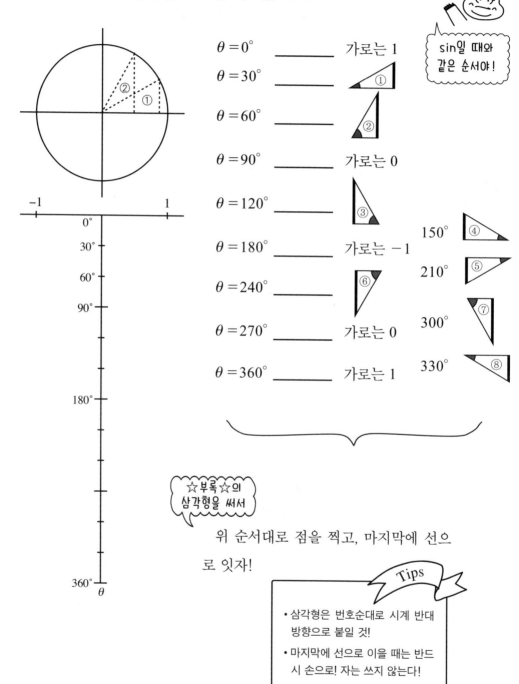

$\theta = 0°$ _____ 가로는 1

$\theta = 30°$ _____ ①

$\theta = 60°$ _____ ②

$\theta = 90°$ _____ 가로는 0

$\theta = 120°$ _____ ③

$\theta = 180°$ _____ 가로는 −1

$\theta = 240°$ _____ ⑥

$\theta = 270°$ _____ 가로는 0

$\theta = 360°$ _____ 가로는 1

sin일 때와
같은 순서야!

150° ④
210° ⑤
300° ⑦
330° ⑧

☆부록☆의
삼각형을 써서

위 순서대로 점을 찍고, 마지막에 선으로 잇자!

Tips

• 삼각형은 번호순대로 시계 반대 방향으로 붙일 것!
• 마지막에 선으로 이을 때는 반드시 손으로! 자는 쓰지 않는다!

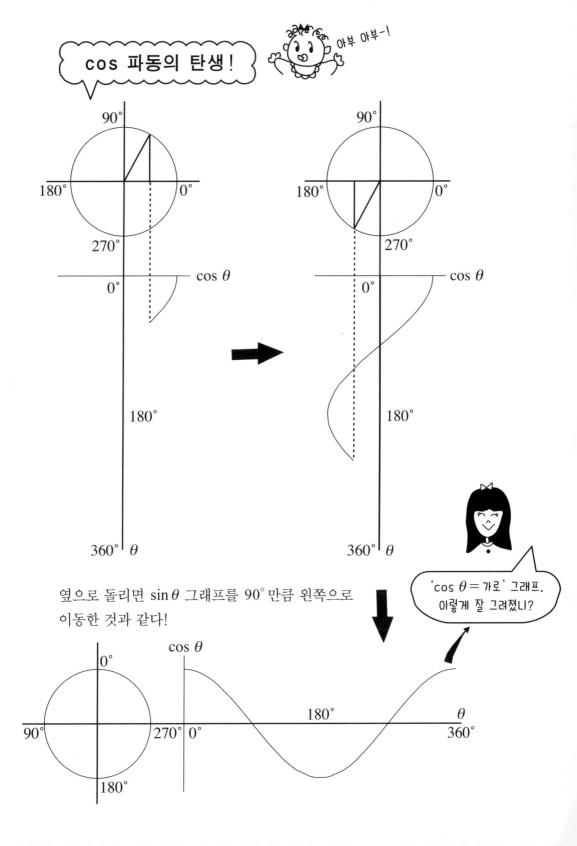

cos 파동의 탄생!

아부 아부-!

옆으로 돌리면 sin θ 그래프를 90° 만큼 왼쪽으로
이동한 것과 같다!

'cos θ = 가로' 그래프.
이렇게 잘 그려졌니?

이것이 { **cos 파동** } 이다!

θ를 더욱 크게 하거나(500°, 930° 등) 1에서 시작하여 1과 −1 사이를 오르락내리락하는 파동을 그리자!

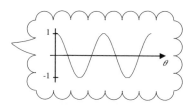

↓

수식으로 나타내면…

$$f(\theta) = a \cos \theta$$

까먹은 사람들은 앞을 보시라!

t 사인 파동 때처럼, 가로 폭이 다양한 코사인 파동을 나타낼 수 있도록 '시간'의 요소를 첨가하자! 즉 (파동이 진동하는 속도)＝(각도가 증가하는 속도)를 첨가하는 것이다.

각속도 ω

이것을 수식으로 바꾸면 sin에서 알게 됐듯이…

$$\theta = \omega t 였으니까$$

$$f(\theta) = a \cos \theta 에 대입!$$

┗━━► 여기는 「시간의 함수」로 바뀐다!

↓

$$f(t) = a \cos \omega t$$

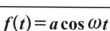

이제 a나 ω에 원하는 값을 넣으면 다양한 진폭, 다양한 주파수의 코사인 파동이 완성되겠네!

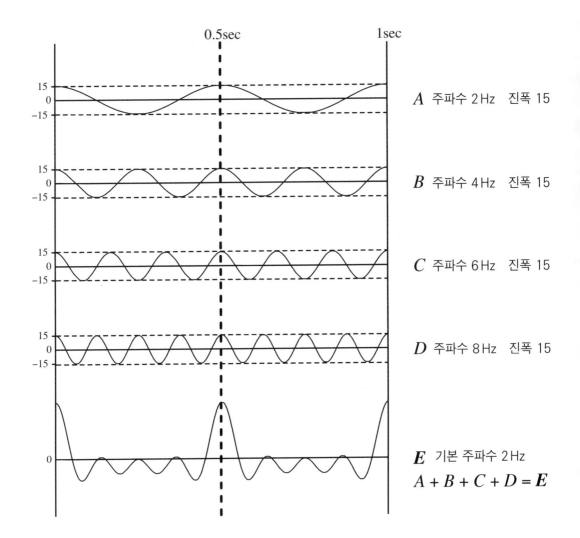

위의 코사인 파동을 잘 관찰해보자!

sin일 때와 완전히 똑같구나!

그리고 ω에 대해서도, sin 파동일 때와 같은 아름다운 질서가 있다.

즉 0부터 시작하지 않는 것뿐이지, 복잡한 파동 E는 기본 주파수가 2Hz로, 0.5초마다 같은 패턴을 반복하고 있다. 여기에서 **기본 주파수의 정수배**인 주파수의 단순한 파동만이 더해져 있다는 걸 알 수 있다!

이 아름다운 질서를 더해 기본 각속도를 ω로 두고, 다양한 코사인 파동의 합으로 이루어진 복잡한 파동을 식으로 만들어보자!

$$f(t) = a_1 \cos \omega t + a_2 \cos 2\omega t$$
$$+ a_3 \cos 3\omega t + \cdots$$
$$+ a_n \cos n\omega t$$

여기에서 우리는 다음을 가정할 수 있다.

> 0부터 시작하는 사인 파동의 합으로 이루어진 복합 파동
>
> **+**
>
> 0 이외에서 시작하는 파동도 나타낼 수 있는,
>
> 코사인 파동의 합으로 이루어진 복합 파동
>
> **= 궁극의 복합 파동**

이 결과를 식으로 나타내면 다음과 같다.

Tips

sin과 cos의 진폭이 엉망으로 섞이는 걸 방지하기 위해 sin의 진폭 a_1, a_2를 b_1, b_2로 바꾼다.

$$f(t) = a_1 \cos \omega t + b_1 \sin \omega t$$
$$+ a_2 \cos 2\omega t + b_2 \sin 2\omega t$$
$$+ \cdots$$
$$+ a_n \cos n\omega t + b_n \sin n\omega t$$

a_1과 b_1, a_2와 b_2, $\cdots$, a_n과 b_n의 파동은 주파수가 같은 것이다!

하지만 sin 파동과 cos 파동을 합치면 대체 어떤 파동이 생겨나는 거야?

우리의 코치, 다이 씨 등장!

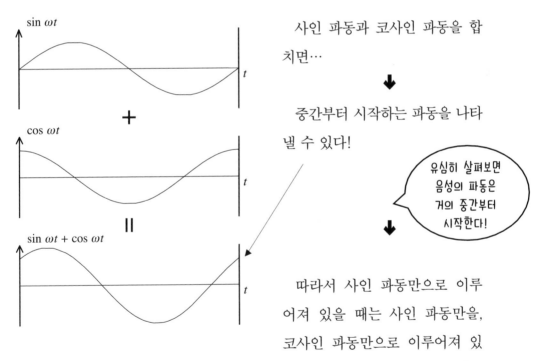

사인 파동과 코사인 파동을 합치면…

⬇

중간부터 시작하는 파동을 나타낼 수 있다!

유심히 살펴보면 음성의 파동은 거의 중간부터 시작한다!

⬇

따라서 사인 파동만으로 이루어져 있을 때는 사인 파동만을, 코사인 파동만으로 이루어져 있을 때는 코사인 파동만을 그리고 도중의 파동부터 시작되고 있을 때는 사인 파동과 코사인 파동을 합하면 된다! 이 모든 가능성을 품은 것이 저 공식인 것이다!

11. 다양한 파동을 나타내기 위한 a_0의 등장

아자! 이제 어떤 복잡한 파동이라
도 수식으로 나타낼 수 있다는 말씀!

그런 줄 알았는데… 잘 생각해보니 한 가지 곤란한 점이 있다.

지금까지 나온 건, 사인 파동이건 코사인 파동이건 간에 언제나 '0을 중심으로 진동하는 파동', 즉 1과 −1, 5와 −5 사이를 진동하는 식의 규칙적인 파동뿐이었다.

이래서는 5와 −2 사이나 10과 3 사이를 진동하는 '치우친 파동'은 나타낼 수 없다!

0을 중심으로 진동하는 파동을 아무리 합쳐봤자 결국 0을 중심으로 진동하는 파동에 지나지 않는다.

그럼 생각해보자!

자, 여기 두 가지 파동이 있다.

① 2와 −2 사이를 진동하는 파동

② 0을 중심으로 진동은 커녕 움직임조차 전혀 보이지 않는 3만 쭉 이어지는 파동

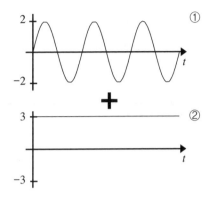

Quiz 이들을 합치면 어떤 파동이 될까?
해보자!

시작은 0 + 3 이니까 3

　　　　↓

　　2 + 3 = 5

　　　　↓

　　0 + 3 = 3

　　　　↓

　−2 + 3 = 1

　　　　↓

　　0 + 3 = 3

　　　　↓

　　⋮　　　　⋮

다음 쪽의 그래프에 이대로 점을 찍고 선으로 이어보자!

같은 시간의 높이에서 파동을 더해야 한다! (세로선을 따라)

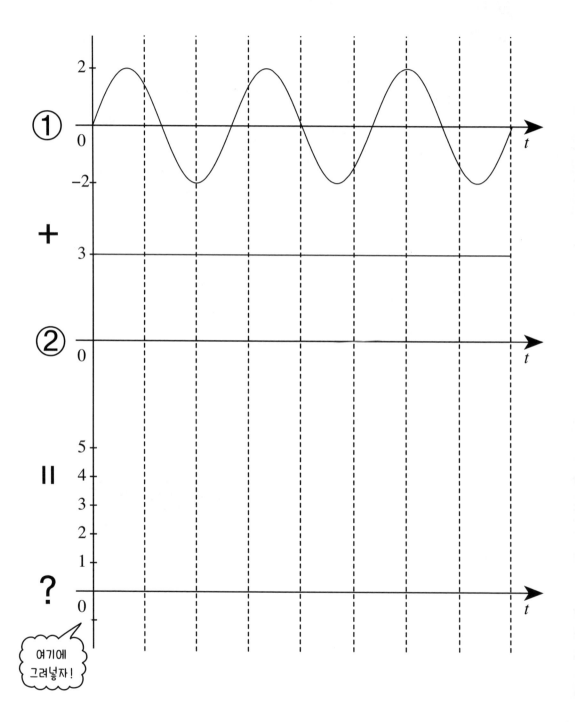

즉 전체의 높이가 3만큼 올라갔다는 얘기다!

$\downarrow$

이것을 수식으로 나타내면

$$f(t) = 3 + \sin \omega t \text{ 가 된다.}$$

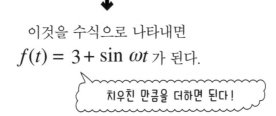

• 전체가 a만큼 올라간 $b_1 \sin \omega t$의 파동이라면

$$f(t) = a + b_1 \sin \omega t$$

• 전체가 a만큼 내려간 $b_1 \sin \omega t$의 파동이라면

$$f(t) = -a + b_1 \sin \omega t$$

• 올라가지도 내려가지도 않았다면 a는 0이다. 즉,

$$f(t) = 0 + b_1 \sin \omega t$$

$$\therefore \ f(t) = b_1 \sin \omega t$$

알아낸 사실을 아까의 식에 추가하자!

$$f(t) = a_1 \cos \omega t + b_1 \sin \omega t$$
$$+ \, a_2 \cos 2\omega t + b_2 \sin 2\omega t$$
$$+ \cdots$$
$$+ \, a_n \cos n\omega t + b_n \sin n\omega t$$

Note a를 그대로 두면 코사인의 진폭과 혼동할 위험이 있으니 a_0로 표시하기로 하자.

$\cos 0\omega t$의 진폭을 말한다!

짜자잔-

나왔다!

$$f(t) = a_0 + a_1 \cos \omega t + b_1 \sin \omega t$$
$$+ \, a_2 \cos 2\omega t + b_2 \sin 2\omega t$$
$$+ \cdots$$
$$+ \, a_n \cos n\omega t + b_n \sin n\omega t$$

이건 파동을 보는 방법이자 개념이다.

진짜 이번에야말로 만만세!

만세!

드디어 **온갖 복잡한 파동을 단순한 파동으로 분해해서 공식으로 나타내고, 단순한 파동들을 더하여 복잡한 파동을 공식으로 표현할 수 있게 되었다!**

이제 우리는 복잡한 파동을 애매한 단어가 아니라 공식으로 자신 있게 말할 수 있게 되었다!

▶ 이것을 **푸리에 급수 공식**이라 한다.

12. 유용한 테크닉 Σ(시그마)

목표도 달성했겠다, 이만 '푸리에 급수'를 끝내도 좋을 것이나 모처럼 수학에 친근감을 느끼기 시작한 참이니 알면 더욱 도움이 되는 **수학의 테크닉**을 전수하겠다!

수학에는 여러 가지 편리한 방법이 있다.

푸리에 급수 공식 같은 긴 식은 쓰는 것도 피곤하고, 노트만 잡아 먹는다고? 더 간단하고 짧게 쓸 수 있는 게 있단다!

이것이 그중 하나인 Σ**비법**이다.

으음, 왠지 어려워 보여!

옛날에 배웠지만 하나도 기억 안 나.

그렇지 않아!　　간 단~♪ 간 단~♪

시그마 Σ는 덧셈을 표시하는 기호라고!

Tips

단, 순서에 규칙이 없다면 Σ는 쓸 수 없다!

예를 조금 들어보겠다.

$$A = 1 + 2 + 3 + 4 + 5 + 6 + 7$$

이 식을 $\sum$ 를 사용해 다시 써보면, 이렇게 줄어든다.

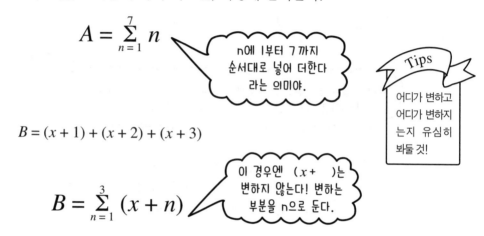

$$A = \sum_{n=1}^{7} n$$

n에 1부터 7까지 순서대로 넣어 더한다 라는 의미야.

Tips
어디가 변하고 어디가 변하지 는지 유심히 봐둘 것!

$$B = (x + 1) + (x + 2) + (x + 3)$$

$$B = \sum_{n=1}^{3} (x + n)$$

이 경우엔 $(x + \ )$는 변하지 않는다! 변하는 부분을 n으로 둔다.

또 한 가지, $\sum$ 의 굉장한 점!

식이 짧아지는 것만이 아니라 무한히, 영원히 계속 더해지는 공식도 유한한 노트에 쓸 수 있게 해준다!

예를 들면 다음과 같다.

$$C = Y_1 + Y_2 + Y_3 + Y_4 + \cdots$$

$$C = \sum_{n=1}^{\infty} Y_n$$

이 리본 같은 게 무한대 기호!

Note
∞ : 무한대
무한히 큰 수

그럼 Σ를 이용해 다음 식들을 간단히 해보자!

① $A = (W - 1) + (W - 2) + (W - 3)$

↓

$A = $ 〔　　　　　　　　　　　　　🖊〕

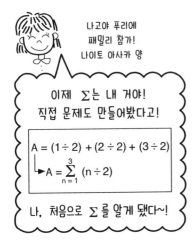

나고야 푸리에
패밀리 참가!
나이토 아사카 양

이제 Σ는 내 거야!
직접 문제도 만들어봤다고!

$A = (1 \div 2) + (2 \div 2) + (3 \div 2)$
└▶ $A = \sum_{n=1}^{3} (n \div 2)$

나, 처음으로 Σ를 알게 됐다~!

② $B = (Z + 1) + (2Z + 2) + (3Z + 3)$

↓

$B = $ 〔　　　　　　　　　　　　　🖊〕

③ $C = (1 \times 5) + (2 \times 5) + (3 \times 5)$

↓

$C = $ 〔　　　　　　　　　　　　　🖊〕

이번엔 Σ를 이용해 푸리에 급수 공식을 나타내자!

$$f(t) = a_0 + a_1 \cos \omega t + b_1 \sin \omega t$$
$$+ a_2 \cos 2\omega t + b_2 \sin 2\omega t$$
$$+ a_3 \cos 3\omega t + b_3 \sin 3\omega t$$
$$+ \cdots$$

↓

$f(t) = $ 〔　　　　　　　　　　　　　🖊〕

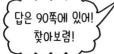

답은 90쪽에 있어!
찾아보렴!

다 됐으려나?

13. 새로운 각도 측정법, 라디안 (호도)

 푸리에 급수 공식도 외웠고 ∑의 비법도 익혔다!
이쯤에서 끝내도 문제없지 않을까?

아니, 실은 **푸리에 급수 공식**을 나타내는 또 다른 방법이 존재한다! 먼저의 방법과 같은 의미이나, 나중에는 이 방법을 써야만 풀리는 것도 나오게 되니 이참에 익혀두자!

그 방법이란

ω의 또 다른 표현법이다.

우리가 ω에 대해 아는 사실은

$$\omega = 360 \cdot f$$
$$\omega = 360 \cdot \frac{1}{T}$$

$f = \frac{1}{T}$ 이므로

이 360은 360°, 즉 완전한 원의 각이다. 이 360°를 다른 방식으로 나타낼 것이다.

 각도를 측정할 때면 대개 무얼 쓰더라?

각도기!

맞았다! 하지만 항상 갖고 다니는 물건은 아니다.

필통에도 안 들어감!

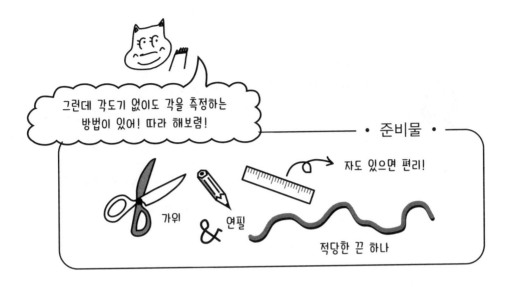

그런데 각도기 없이도 각을 측정하는
방법이 있어! 따라 해보렴!

• 준비물 •

자도 있으면 편리!

가위 & 연필

적당한 끈 하나

방법   원의 반지름 r 에 끈을 대고 그 길이만큼 잘라낸다!

원주 위에 잘라낸 끈 r 을 놓고 끈의 양끝에서 원의 중심까지 선을 긋자!

이렇게 만든 각을 **1라디안** 이라고 한다!

▶ '도'와 같은 측정 단위

1라디안은 약 57.2958도

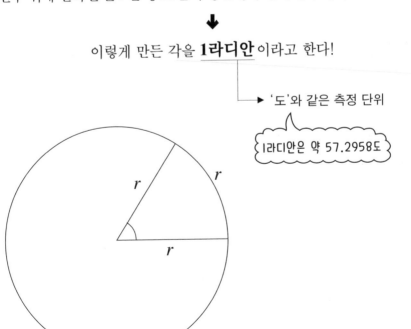

그렇다면 원주는 몇 라디안일까?

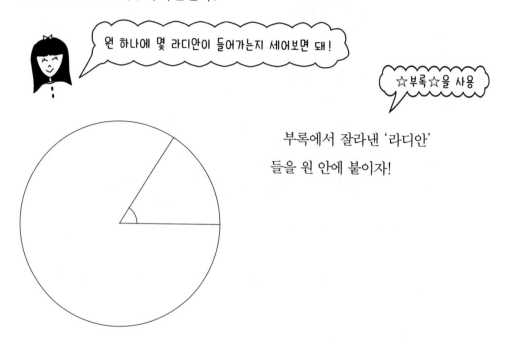

원 하나에 몇 라디안이 들어가는지 세어보면 돼!

☆부록☆을 사용

부록에서 잘라낸 '라디안'
들을 원 안에 붙이자!

결 과   라디안 6개와 '약간'의 자투리

$$\therefore (6 + \text{'약간'의 자투리})라디안 = 360°$$

그런데 이 '약간'이란 어느 정도를 말하는가? 어떻게 해야 이 값을
알 수 있을까?

(6+'약간'의 자투리)라디안은 각도이긴 하나, 반지름 r의 호의 길
이가 (6+'약간'의 자투리)만큼 있다는 뜻이기도 하다!

즉 원주의 길이를 구하면, 원주가 호의 길이 r 몇 개로 이루어졌는
지 알게 된다는 얘기다.

그러므로 반지름 r로 원주를 나누면 원의 중심각이 몇 라디안인지 정확히 알 수 있다!

 원주의 공식은

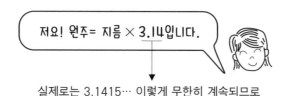

실제로는 3.1415… 이렇게 무한히 계속되므로

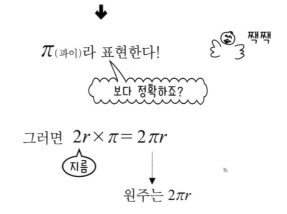

π(파이)라 표현한다!

보다 정확하죠?

그러면 $2r \times \pi = 2\pi r$

지름

원주는 $2\pi r$

그리고 한 원주에서 라디안의 수는 **원주 $\div r$** 이었으니까

원주 $\dfrac{2\pi \cancel{r}}{\cancel{r}} = 2\pi$

한 원주 360°는 **2π라디안**이다!

→ 360° = 2π라디안

(6 + '약간'의 자투리)라디안에서 '약간'이 어느 정도냐면,

$$2\pi 라디안 = 약 6.28라디안$$

약 3.14 ◄

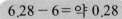

$$6.28 - 6 = 약 0.28$$

'약간'이란 약 0.28라디안이다.

이제 360°를 다른 방식으로 표기할 수 있게 됐으니 공식에 대입하자!

$$\omega = 360 \times \frac{1}{T} \quad \longrightarrow \quad \omega = 2\pi \times \frac{1}{T}$$

$$\boxed{\omega = \frac{2\pi}{T}}$$

이것은 기본 주파수를 갖는 파동의 각속도를 라디안으로 나타낸 것이다!

$$\omega = \frac{2\pi}{T}$$

그럼 푸리에 급수 공식을 '라디안'으로 표시해보자!

$$f(t) = a_0 + \sum_{n=1}^{\infty} (a_n \cos n\omega t + b_n \sin n\omega t)$$

$$f(t) = a_0 + \sum_{n=1}^{\infty} (a_n \cos \frac{2\pi n}{T} t + b_n \sin \frac{2\pi n}{T} t)$$

위의 두 공식은 표현방식이 다를뿐, 완전히 같다.

길고 긴 푸리에 급수의 대모험도 드디어, 커다란 보물을 손에 넣고 끝이 나려 한다.

앞의 야채 주스를 떠올려보자.

🍅토마토가 들어 있어! 🥕당근이 들어 있어!

위와 같이 재료로 사용된 야채 하나하나를 집어가며

'야채 주스는 이들의 혼합!'이라 설명했었다.

복잡한 음성의 파동도 마찬가지다. 기본 주파수의 정수배인 주파수를 가진 사인과 코사인의 단순 파동으로 분해해, '분해한 단순 파동들의 합산'이라 설명할 수 있었다. 그것 또한 '수식'으로 표현할 수 있는 것이다!

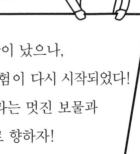

수학도 잘해낼 것 같은 기분이 들지?
그럼 이제 절반은 온 거야!
넌 벌써 수학이란 언어의 말문을 트기 시작했으니까!

푸리에 급수 모험은 끝이 났으나,
인간 목소리의 수수께끼를 푸는 모험이 다시 시작되었다!
여기에서 얻은 푸리에 급수라는 멋진 보물과
함께 미지의 모험으로 향하자!

Never give up!

Chapter
....
2
....

푸리에 계수

이제 우리는 단순 파동들을 합해나가면 복합 파동을 얻게 된다는 사실을 알았다.

그러나 복합 파동을 단순 파동으로 분해하려면 어떻게 해야 할까?

이 장에서는 '넓이'를 사용해 멋지게 그 목적을 이룰 것이다.

첫머리에

지금까지의 모험에서 우리는 '푸리에 급수'라는 수학의 위대한 무기를 손에 넣었다. 아무리 복잡한 파동이라도 반복(주기)적인 움직임을 보이는 한 그들은 단순 파동들의 합이며, 앞서 손에 넣은 공식으로 쉽게 다룰 수 있게 되었다. 복합 파동이 공식으로 전환된다면… 그렇다! 우리가 궁금했던 음성 파동도 오른쪽의 다섯 모음이라면 그 공기의 진동이 파동을 이룰 때 주기적인 파동이 될 테니 공식으로 바꿀 수 있을 것이다!

다섯 모음

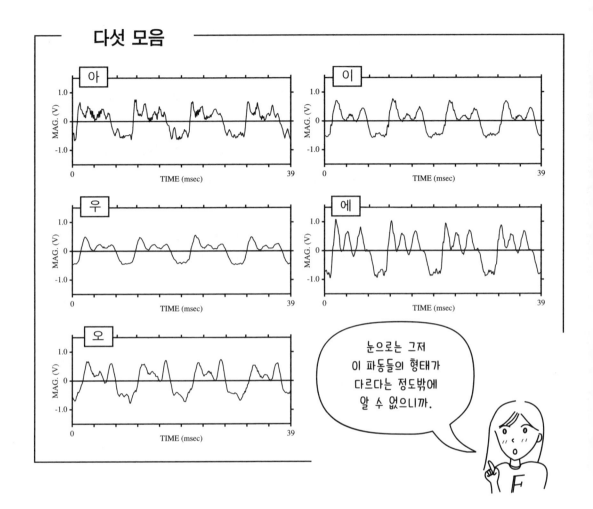

눈으로는 그저
이 파동들의 형태가
다르다는 정도밖에
알 수 없으니까.

이러한 파동을 공식으로 나타낼 수 있다면 우린 **아**와 **이**의 차이점이 무엇인지, 인간의 귀가 어떻게 **아**와 **이**를 구별하는지 알게 될 것이다. 그리고 언어의 수수께끼에 좀 더 다가가게 될 것이다.

진짜 복잡한 파동을 만났을 때 우리가 익힌 무기와 기술이 얼마나 통할까? 정말 이 다섯 모음의 파동을 공식으로 나타낼 수 있을까? 그리고 목소리의 비밀을 약간이나마 밝혀낼 수 있을까?

그럼 함께 이들 파동을 수식으로 만드는 모험을 떠나보자!

1. 모음 '아'와 '이'를 식으로 표현하자!

모험을 떠나기 앞서 무기를 점검하자. 주기적인 파동을 어떻게 수식으로 나타냈었는가?

이번에 해치울 복잡한 파동은 단순한 파동들의 집합이다. 그러므로 복합 파동 $f(t)$를 공식으로 나타내면 다음과 같다.

$$f(t) = a_0 + a_1 \cos \omega t + b_1 \sin \omega t + a_2 \cos 2\omega t + b_2 \sin 2\omega t$$
$$+ a_3 \cos 3\omega t + b_3 \sin 3\omega t + a_4 \cos 4\omega t + b_4 \sin 4\omega t + \cdots$$

$$(\omega \text{는 } \frac{2\pi}{T} \text{ 로도 가능})$$

기억났나요?

여기에서 다시 $\sum$를 이용해 아래와 같이 둔갑시킬 수 있다.

$$f(t) = a_0 + \sum_{n=1}^{\infty} (a_n \cos n\omega t + b_n \sin n\omega t)$$

찌지지직…

FFT분석기

무사히 점검이 끝났다. 이제 '복합 파동 퇴치'에 나서보자.

먼저 내가 간 데는 FFT 분석기가 있는 곳이다. FFT는 공기의 진동을 그대로 압력의 변화로 파악하여 그래프로 나타내거나 푸리에 계수의 연산을 해주는 만능기계이다. 여기서 **아**와 **이**의 파동을 먼저 육안으로 확인해보자. 드디어 복잡한 파동에 도전한다!

이 그래프를 처음 보는 순간 머리가 아찔해진 게 나만은 아닐 것이다.

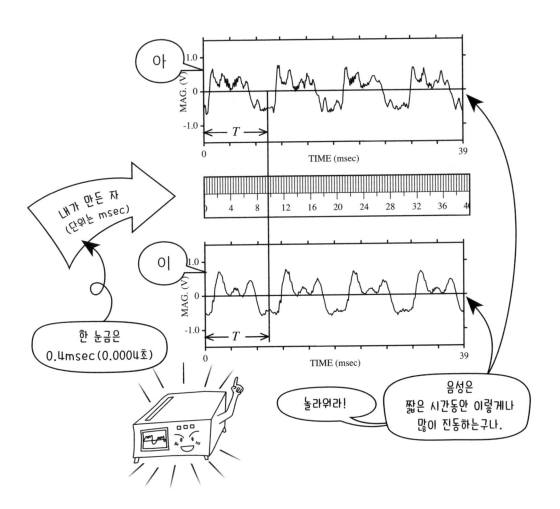

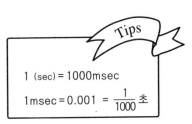

"이 파동 그래프는 어떻게 보는 거죠?"

FFT가 의문에 답해주었다.

"이 그래프에서 세로는 진폭, 즉 목소리 크기를 뜻하고 가로는 시간을 나타내지. 내가 찍어내는 파동의 형상은 한 화면당 39msec,

즉 0.039초야. 그래프 끝에서 끝까지 약 0.04초라 할 수 있어. 그러니까 외곽에 상하로 붙은 눈금 하나당 0.004초인 거고 그 눈금을 다시 10등분하면 0.0004초가 되는 거야."

"그거라면 이 파동의 기본 주기 T 와 기본 주파수 f를 금세 알 수 있겠는걸."

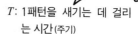

그림을 참고로 자를 만들어 재보자!

나는 직접 측정해보았다. 조금 귀찮았지만 0.0004초마다 눈금을 새긴 자를 만들어 재본 것이다(그림 참조). 이 자로 재보면 '아'의 파동이 하나의 패턴을 새기는 데 눈금이 24개 들어가므로

$$24 \times 0.0004 = 0.0096 (초)$$

0.0096초 걸린다는 걸 알 수 있다. 즉 '아'의 기본 주기는 0.0096인 것이다. 그럼 기본 주파수 f는 어떻게 구할까?

$$f = \frac{1}{T}$$

이와 같이 T의 값을 알면 계산할 수 있다.

$$f = \frac{1}{0.0096} \doteqdot 104$$

약 104Hz가 된다.

Tips

T : 1패턴을 새기는 데 걸리는 시간(주기)

f : 1초 동안 몇 패턴을 그리는가(주파수)

※원으로 생각하면 1패턴은 360°에 해당합니다. 1주기니까요.

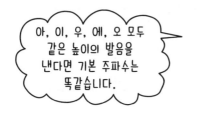

아, 이, 우, 에, 오 모두 같은 높이의 발음을 낸다면 기본 주파수는 똑같습니다.

"여기서 '아'의 파동은 기본 주기 0.0096초, 기본 주파수 104Hz로구나."

그렇다면 '이'의 파동은 어떨까? 역시 1주기분을 재어보았다.

"어머, 똑같이 눈금이 24개야. 그럼 '이'의 파동도 기본 주기 0.0096초, 기본 주파수 104Hz라는 소리네."

그래프로 주어진 파동에서 이만큼의 정보를 손에 넣었다.

다음은 '아'와 '이'의 파동을 수식으로 표현해보자. 드디어 무기를 쓸 때가 왔다!

푸리에 급수의 개념은 '아무리 복잡한 파동일지라도 주기가 있다면, 단순한 파동의 합으로 볼 수 있다'였다. 이것을 염두에 두고 **아**와 **이**의 파동이 단순한 파동의 합으로 표현된 모습을 머릿속에 그려보자. 아마 다음 쪽의 그림 같은 모습이 되지 않을까?

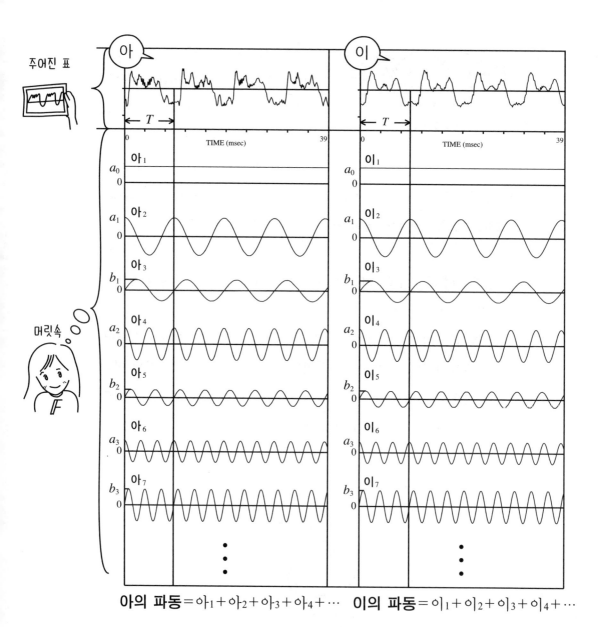

아의 파동=아$_1$+아$_2$+아$_3$+아$_4$+⋯   이의 파동=이$_1$+이$_2$+이$_3$+이$_4$+⋯

이런 공식이 만들어지네.

1.1 '아'의 파동을 식으로 나타내기

당장 **아**의 파동부터 도전해보자. 그림의 **아**$_1$, **아**$_2$, **아**$_3$, **아**$_4$, …의 파동을 각각 공식에 대입해 더하면 그만이었다.

우선 **아**$_1$부터 해볼까? 아주 간단하다. 시간(t)과는 상관없이 언제나 a_0의 크기이니, 시간마다 변화하는 **아**의 파동을 '아(t)'로 두면 이렇게 된다.

$$아(t) = a_0 + \cdots \qquad\qquad (공식 1)$$

$f = \dfrac{1}{T}$

$T = \dfrac{1}{f}$

$\omega = 2\pi f$

$\pi = 180°$

$\omega = 360 \times f$

그럼 두 번째의 파동 **아**$_2$는 어떨까? 이것은 **아**의 파동의 1주기분의 시간에 패턴을 한 번 그리는 코사인 파동이다.

"아하, 여기에서 $\cos \omega t$의 ω가 구해지겠구나. ω는 각속도, 즉 '초당 파동이 회전하는 각'이다. 그리고 이 코사인 파동은 **아**의 기본 주기와 같은 104Hz네. 그렇다는 건 초당 104번 회전한다는 말이구나. 한 번의 진동이 360°, 즉 한 바퀴를 돈 것이니… 알았다! 360°에 104를 곱하면 되겠네."

$$360 \times 104 = 37440(°/sec)$$

아$_2$의 파동인 ω를 구했다. 그럼 ω에 실제 수치를 넣고,

$$아_2 = a_1 \cos 37440t$$

이것을 다시 공식에 더한다.

$$아(t) = a_0 + a_1 \cos 37440t + \cdots \qquad \text{(공식 2)}$$

이렇게 두 번째 파동까지 더해보았다.

세 번째의 파동 **아₃**는 어떨까? **아₃**는 **아₂**와 마찬가지로 **아**의 1주기 분의 시간당 1패턴, 즉 초당 104번 회전하는 사인 파동이다.

"으음…" 생각에 잠긴 나는 잠시 후에 알아차렸다.

"이건 **아₂**에서처럼 104×360이란 각속도의 사인파로구나! 즉 $\omega = 37440(^\circ/\text{sec})$인 거야."

이제 **아₃**의 파동을 수식으로 만들어보자. 진폭은 b_1이었으니까 이렇게 될 것이다.

$$아_3 = b_1 \sin 37440t$$

이것을 공식 2에 더한다.

$$아(t) = a_0 + a_1 \cos 37440t + b_1 \sin 37440t + \cdots \qquad \text{(공식 3)}$$

이렇게 세 번째 파동까지 더한 식이 만들어졌다. 다음은 네 번째 파동 **아₄**, 즉 **아**의 한 주기의 시간(0.0096초) 동안 패턴을 두 번 그리는 코사인 파동이다. 원으로 치면 0.0096초에 두 바퀴 돈다는 뜻이니, 속도는 **아₂**나 **아₃**의 2배가 된다.

$$2 \times \omega = 37440(^\circ/\text{sec}) \times 2 = 74880(^\circ/\text{sec})$$

"**아₄**의 각속도는 74880($^\circ$/sec)로군요."

이제 우리는 **아**$_4$도 공식으로 나타낼 수 있다. $\cos 2\omega t$에서 2ω 대신 값(74880)을 대입하면 되니 말이다.

$$\text{아}_4 = a_2 \cos 74880t$$

이것을 다시 공식 3에 더한다.

$$\text{아}(t) = a_0 + a_1 \cos 37440t + b_1 \sin 37440t$$
$$+ a_2 \cos 74880t + \cdots \qquad (\text{공식 4})$$

남은 건 다섯 번째 파동 **아**$_5$이다. 여기까지 오면 아주 간단하게 공식으로 만들 수 있다. **아**$_5$는 **아**$_4$의 파동과 마찬가지로, 0.0096초마다 두 번 진동하는 사인파이며 각속도 역시 같은 $74880°/\sec$다. 파동을 공식에 대입해보자.

$$\text{아}_5 = b_2 \sin 74880t$$

이 파동의 수식도 공식 4에 더하자.

$$\text{아}(t) = a_0 + a_1 \cos 37440t + b_1 \sin 37440t$$
$$+ a_2 \cos 74880t + b_2 \sin 74880t + \cdots \qquad (\text{공식 5})$$

제법 갖춰진 공식의 모양새를 보고 있자니, 어떤 중요한 것이 뇌리를 스쳤다.

"그러고 보니 지금 더해가는 단순 파동들의 주파수는, 본래의 복합 파동 기본 주파수의 정수배(1배, 2배, 3배, …)였어!"

그러므로 **아**₆, **아**₇의 파동은 0.0096 마다 세 번 진동할 것이며 그 세 배의 빠르기(각속도)로 회전할 것이다. 즉 이들 파동의 각속도는

$$37440(°/\text{sec}) \times 3 = 112320(°/\text{sec})$$

이며, **아**₆과 **아**₇의 파동은

$$\text{아}_6 = a_3 \cos 112320t$$
$$\text{아}_7 = b_3 \sin 112320t$$

가 된다. 이들도 공식 5에 더하자.

$$\text{아}(t) = a_0 + a_1 \cos 37440t + b_1 \sin 37440t$$
$$+ a_2 \cos 74880t + b_2 \sin 74880t$$
$$+ a_3 \cos 112320t + b_3 \sin 112320t + \cdots$$

(공식 6)

Σ를 써서 나타낸 공식 6

$$\text{아}(t) = a_0 +$$
$$\sum_{n=1}^{\infty} (a_n \cos 37440nt$$
$$+ b_n \sin 37440nt)$$

이렇게 두 번째 파동의 각속도 $37440°/\text{sec}$의 정수배(2배, 3배, 4배, …)인 파동을 더해감으로써 '아'의 파동을 구할 수 있다. 원한다면 무한히 더하는 것도 가능하지만 우리 모험의 목적은 더 먼 곳에 있다. 어쨌든 이제 각속도가 정수배인 코사인과 사인 파동들을 더해나가면, 복합 파동을 공식으로 나타낼 수 있다는 사실을 알았다.

시간이 아깝잖아.

1. 2 '이'의 파동을 식으로 나타내기

'아' 파동을 구한 경험을 바탕으로여러분 스스로 공식을 풀어보세요.

간단한 계산이지만 꽤 재미있어요!

이건 '아'의 파동을 참고하면 바로 가능할 것이다. 이의 파동을 이(t)로 두고 첫째 파동부터 더해보자.

$$이(t) = a_0 + \cdots \qquad \text{(공식 7)}$$

두 번째(이$_2$)와 세 번째 파동(이$_3$)은 어떻게 될까? 이들 코사인 파동과 사인 파동은 둘 다 0.0096초마다 한 번 진동한다.

$$이_2 = a_1 \cos 37440t$$
$$이_3 = b_1 \sin 37440t$$

"어머나? **아** 파동처럼 **아$_2$**, **아$_3$**와 같은 각속도의 파동이네?"

맞다. 이 '아'와 '이'는 같은 시간 동안 한 번 진동하기 때문에 기본 주파수가 같다. 그러므로 **이$_2$**는 **아$_2$**와, **이$_3$**는 **아$_3$**와 각속도가 같다. 그리고 그 각속도의 정수배인 파동들을 더한 것이기 때문에 이 '이'를 공식으로 나타내면,

Σ를 써서 나타낸 공식 8

이$(t) = a_0 +$
$\sum\limits_{n=1}^{\infty} (a_n \cos 37440nt$
$+ b_n \sin 37440nt)$

$$이(t) = a_0 + a_1 \cos 37440t + b_1 \sin 37440t$$
$$+ a_2 \cos 74880t + b_2 \sin 74880t$$
$$+ a_3 \cos 112320t + b_3 \sin 112320t + \cdots$$

(공식 8)

"어? 이러면 '아'의 파동과 다른 게 없잖아요?"

두 파동은 똑같은 걸까? 아니, 파동의 모양도 완전
히 다르다. 그럼 계산을 잘못한 건가?

그렇지 않다.

잠시 정리해보자.

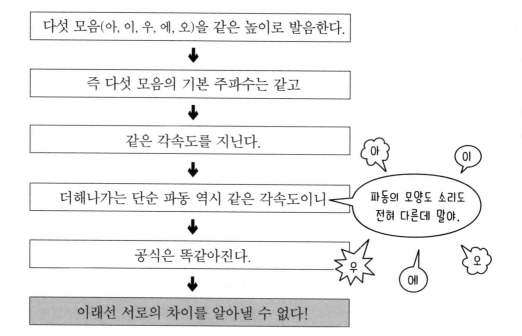

"음성의 비밀에 한발 다가선 줄 알았는데…"

나는 침울해졌다.

"푸리에 급수는 쓸모없는 걸까?"

그리고 두 공식(공식 6, 8)을 멍하니 바라보았다.

"그러고 보니 a_0, a_1, b_1, …이니 하는 것들이 뭐였더라? 아, 진폭을
나타냈었지. 이걸로 어떻게 안 될까?"

실마리가 잡힐 듯 말듯 머릿속이 뒤죽박죽 얽혀서 눈앞이 컴컴해졌다.

전문가인 푸리에 선생님을 모셔올 때가 됐다.

"훌륭해! 잘도 여기까지 왔구나. 네 의문의 힌트
가 될 퀴즈를 하나 낼 테니 잘 듣거라. 이름하여 '야
채 주스' 퀴즈다!"

2. 야채 주스마다 맛이 다른 이유는?

어쨌든 나는 이 '야채 주스 퀴즈'란 놈에게 집중해보기로 했다. 푸리
에 선생님이 퀴즈를 시작했다.

"여기 200ml 들이 야채 주스 세 종류가 있다. 왼쪽부터 델몬타, 싱
싱야채, 과일나라 순이지. 우선 이 주스들을 마시고 비교해보렴."

나는 선생님 말씀대로 세 종류의 주스를 마셨다.

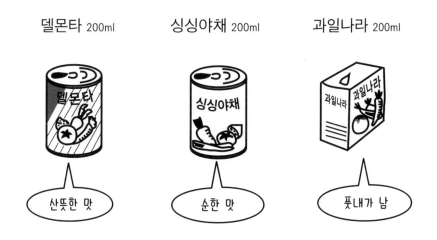

델몬타 200ml   싱싱야채 200ml   과일나라 200ml

산뜻한 맛   순한 맛   풋내가 남

"맛이 어떠니?" 푸리에 선생님이 물었다.

"전부 맛있는 야채 주스지만 맛이 모두 다르군요."

"그래, 아주 좋은 지적이구나. 내가 낼 퀴즈는 바로 그 '맛의 차이는 어째서 나는가'이란다. 왜 세 가지 주스의 맛이 다른지 알겠니?"

나는 잠시 생각한 후에 말했다.

"알았다! 쓰인 야채의 종류가 다른 거예요. 그렇죠?"

그런데 푸리에 선생님은 고개를 가로저었다.

"아니지, 성분표기를 잘 보거라. 들어간 야채가 무엇인지 쓰여 있을 테니까."

나는 세 주스의 병을 비교해보았다.

"어, 세 개 다 토마토, 당근, 셀러리, 양배추라고 쓰여 있네. 같은 야채를 섞은 주스로군. 이제 알았어요. 각 주스마다 쓰인 야채들의 비율이 다른 거죠?"

"그래. 잘 알아차렸구나. 하지만 퀴즈는 아직 끝나지 않았어. 세 야채 주스의 맛의 차이를 다른 사람에게 정확히 전달하려면 어떻게 해야 할까? '맛이 산뜻하다' 혹은 '순하다'라고 말해서야 사람마다 상상하는 맛이 다르니까 정확히 전달되진 않아. 자, 어쩌면 좋을까?"

답을 알고 안도의 숨을 내쉰 것도 잠시, 다음 질문이 떨어졌다. 그렇지만 난 '수학'의 위력을 잘 알고 있었기에 바로 대답할 수 있었다.

"야채 하나하나의 분량을 재서—예컨대 델몬타 야채 주스는 토마토가 몇 밀리리터, 당근이 몇 밀리리터, 셀러리가… 하는 식으로 세 야채 주스의 양을 표시한다면 알기 쉽게 전할 수 있지 않을까요? 어때요, 제 생각이 맞나요?"

각 야채의 비율을
알고 있다면 이런 표를
만들 수 있겠지?

	델몬타	싱싱야채	과일나라
토마토	50ml	85ml	40ml
당근	30ml	35ml	55ml
셀러리	40ml	30ml	70ml
양배추	80ml	50ml	35ml
합 계	200ml	200ml	200ml

푸리에 선생님이 말했다.

"아주 잘했다. 하지만 조금만 더 신경 써서 그래프로 만들면 더욱 알

아보기 쉬울 거야."

단번에 차이를 알겠어!

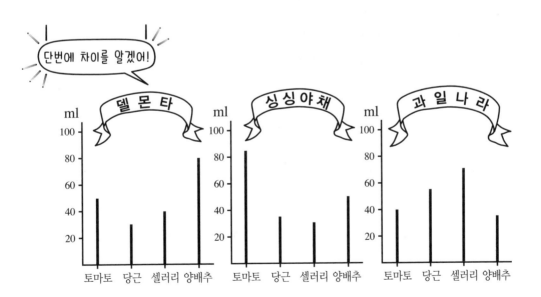

"와아, 정말 굉장해요! 그런데 이게 파동과 무슨 관계가 있는 건가 요? 제 의문의 힌트가 될 거라고 선생님이 말씀하셨잖아요?"

내 머릿속에는 좀 전까지 의문으로 여기고 있던 것이 다시 되살아났다.

"야채 주스는 여러 가지 야채로 이루어져 있잖니? 그리고 복잡한 파동은 여러 주파수의 파동이 겹쳐져 있지. 복잡한 파동을 야채 주스에 비유하자면 맛의 차이란 파동 형태의 차이에 해당된단다. 그렇게 하면 파동 형태의 차이는 겹쳐서 이루어진 단순한 파동 하나하나의 양의 차이로 나타낼 수 있을 테지. 그리고 '파동의 양'이 무엇이냐 하면, 그래, 바로 '진폭'이야. 수식 안에 a_0, a_1, b_1, a_2, b_2, a_3, b_3, …의 수치가 야채 주스 안의 토마토, 당근, 셀러리, 양배추의 양이 되는 거고. 참고로 야채 주스를 식으로 나타내보면 이렇게 된단다.

델몬타 200ml＝50ml의 토마토＋30ml의 당근＋40ml의 셀러리 ＋80ml의 양배추

싱싱야채 200ml＝85ml의 토마토＋35ml의 당근＋30ml의 셀러리 ＋50ml의 양배추

과일나라 200ml＝40ml의 토마토＋55ml의 당근＋70ml의 셀러리 ＋35ml의 양배추

같은 야채를 섞더라도 완성된 야채 주스의 맛이 각 야채의 양에 따라 달라지듯이, 같은 주파수의 파동을 더하더라도 만들어진 복잡한 파동은 각 파동의 양, 즉 진폭의 크기에 따라 형태가 달라지는 법이지. 이런 식으로."

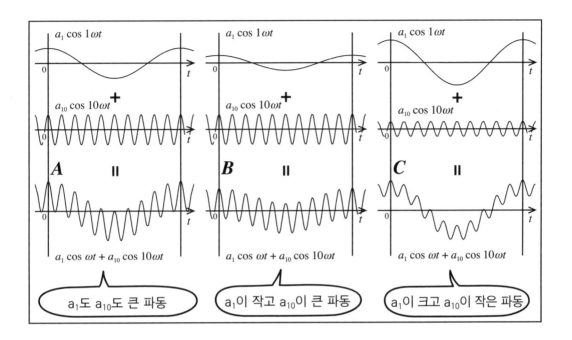

A　∥　$a_1 \cos 1\omega t$　$+$　$a_{10} \cos 10\omega t$　=　$a_1 \cos \omega t + a_{10} \cos 10\omega t$

a₁도 a₁₀도 큰 파동

B　∥　$a_1 \cos 1\omega t$　$+$　$a_{10} \cos 10\omega t$　=　$a_1 \cos \omega t + a_{10} \cos 10\omega t$

a₁이 작고 a₁₀이 큰 파동

C　∥　$a_1 \cos 1\omega t$　$+$　$a_{10} \cos 10\omega t$　=　$a_1 \cos \omega t + a_{10} \cos 10\omega t$

a₁이 크고 a₁₀이 작은 파동

야채 주스
토마토용 필터
토마토
눈금을 읽는다.

복잡한 파동
a_1용 필터
$a_1 \cos \omega t$

"이 A, B, C 세 파동도 진폭의 값(a_1, a_{10})을 구하지 않고서야 완전히 같은 공식이 되어버리잖니? 그러니까 가령 **아**와 **이**의 파동을 비교하고 싶다면 각 파동의 진폭(a_0, a_1, b_1, a_2, b_2, …)을 구하면 된단다. 그럼 힘내려무나."

이렇게 말하고 푸리에 선생님은 하늘 너머로 사라졌다. 나는 생각했다.

"진폭의 값이라… 야채 주스로 치자면 각 야채의 양을 알아내야 한다는 소린데 이걸 어떻게 알아낸다? 지금은 여러 야채가 혼합된 상태잖아. 어휴, 토마토는 토마토끼리 당근은 당근끼리 같은 야채만을 걸러주는 필터가 있다면 좋을 텐데. 그럼 주스를 걸러낸 뒤 각 야채의 양을 재면 될 거 아냐. 하지만 파동의 경우엔 어쩌지? 파동도 a_0용, $a_1 \cos \omega t$용, $b_1 \sin \omega t$ 용 필터가 따로 있어서 진폭을 구하고 싶은 파동만 끄집어낼 수 있다면 얼마나 좋아! 무슨 방법이 없을까?"

이렇게 우리의 모험은 계속되었다.

3. 필터를 이용한 진폭 구하기

3.1 a_0용 필터의 비밀

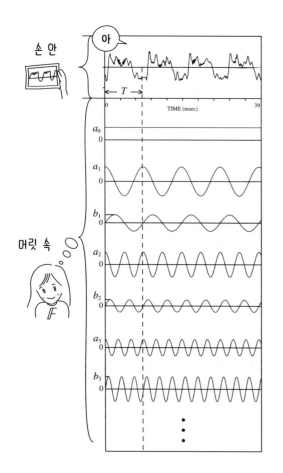

그럼 a_0용 필터부터 도전해볼까? 파동용 필터를 만들기 위해선 그 필터의 비밀을 풀어야만 한다. 지금 우리 손 안의 표에는 **아**와 **이**의 복잡한 파동만 그려져 있다.

이 복합 파동에서 구하고 싶은 a_0만을 걸러내는, 편리하고 수학적인 필터를 만들려면 어떻게 해야 할까?

"그러고 보니, 복잡한 파동을 보면 머릿속으로 단순한 파동을 그려보라고 배웠지."

그렇다. 복합 파동을 이루고 있는 단순 파동들을 떠올려보는 것이다.

"이 안에서 a_0만을 남기고 다른 파동을 지우려면… 모르겠어, 어쩐다…"

하지만 우린 이 복잡한 파동에 포함된 단순 파동들의 주파수는 알고 있다.

"으으음."

머리를 싸쥔 채 발밑을 보자 두루마리가 떨어져 있었다. 푸리에 선생님이 두고 간 것이다. '힌트'라고 적혀 있는 두루마리를 펼치니 다음과 같은 말이 쓰여 있었다.

열쇠1 : 플러스(+)와 마이너스(−)
열쇠2 : 면적

이것이 바로 필터의 비밀을 풀 열쇠야!

무슨 소린지 알 수 없었지만 나는 머릿속으로 그리고 있던 여러 단순 파동을 종이에 옮겨 적었다. 그리고 그것을 바라보며 "플러스와 마이너스…" 하고 중얼거렸다.

"앗! 파동의 한가운데 선보다 위쪽을 플러스, 아래를 마이너스라고 했었지. 그럼 '면적'이란…"

요리저리 머리를 굴리는 사이 번쩍 깨달았다!

"그래! 이 하나하나의 단순 파동과 수평축으로 둘러싸인 한 주기, 즉 시간 t 사이의 면적을 구하면 $a_1 \cos \omega t$의 파동은 플러스 부분과 마이너스 부분이 같으니까 면적이 0이 되고, $b_1 \sin \omega t$의 파동도 플러스와 마이너스 면적이 똑같으니 면적은 역시 0이야. $a_2 \cos 2\omega t$, $b_2 \sin 2\omega t$, $a_3 \cos 3\omega t$도 전부 면적은 0이 돼! 손 안의 표에는 복잡한 파동이 그

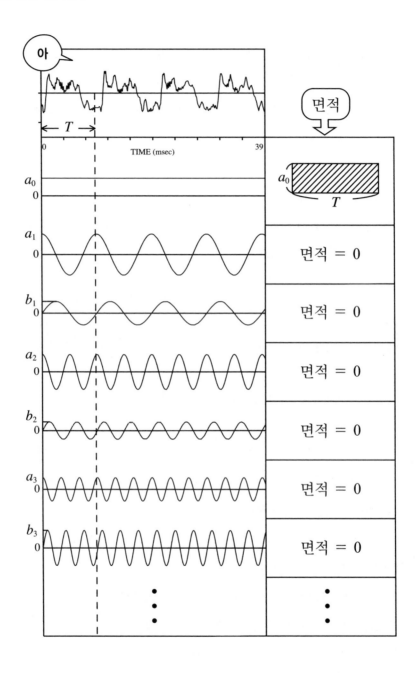

려져 있지만, 단순 파동 하나하나의 면적을 구해 합산하면 복합 파
동의 면적이 되는 거야. 그중에 딱 하나 0이 되지 않는 것이 a_0의 파
동인 거고! 이게 바로 a_0용 필터로구나!"

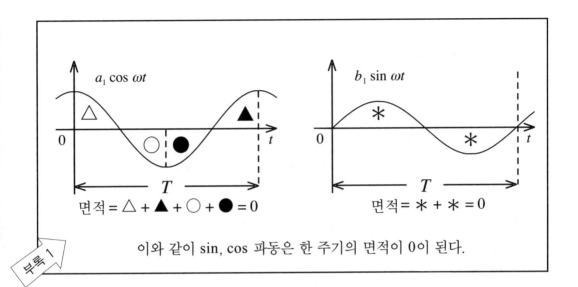

이와 같이 sin, cos 파동은 한 주기의 면적이 0이 된다.

이것을 공식으로 나타내면 어떻게 될까? 번번이 '면적'이라고 쓰긴 귀찮으니, 한 주기의 면적을 'ㅁ'으로 쓰기로 하자.

$$f(t) = a_0 + \boxed{\begin{array}{c} a_1 \cos \omega t \\ \text{ㅁ} = 0 \end{array}} + \boxed{\begin{array}{c} b_1 \sin \omega t \\ \text{ㅁ} = 0 \end{array}} + \boxed{\begin{array}{c} a_2 \cos 2\omega t \\ \text{ㅁ} = 0 \end{array}}$$

$$+ \boxed{\begin{array}{c} b_2 \sin 2\omega t \\ \text{ㅁ} = 0 \end{array}} + \boxed{\begin{array}{c} a_3 \cos 3\omega t \\ \text{ㅁ} = 0 \end{array}} + \boxed{\begin{array}{c} b_3 \sin 3\omega t \\ \text{ㅁ} = 0 \end{array}}$$

$$+ \cdots$$

이처럼 복합 파동에서 한 주기의 면적을 구하면 a_0만의 면적이 남는다. "하지만 'a_0만의 면적'이라니? 내가 알고 싶은 건 면적이 아니라 'a_0'의 값인데…"

나는 다시 한 번 그림을 잘 들여다보았다.

"수평축은 시간이었으니까 이 면적은 가로가 T(한 주기의 시간), 세로가 a_0인 사각형의 면적이 되겠네. 사각형의 면적은 (세로)×(가로)이지.

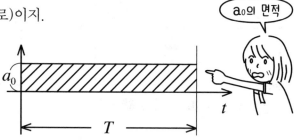

따라서 이 사각형의 면적은 $a_0 \times T$가 돼. 그렇다면 a_0를 구하기 위해선 이 면적을 T로 나누면 되는 거야!"

드디어 a_0용 필터의 비밀이 풀렸다.

나는 a_0를 구하는 방법을 머릿속으로 정리해보았다.

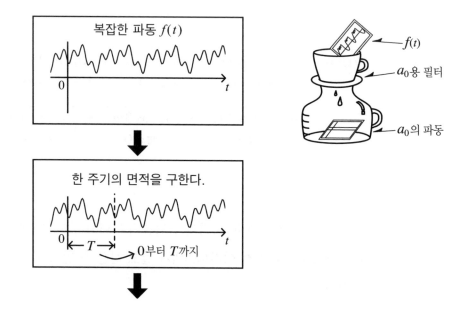

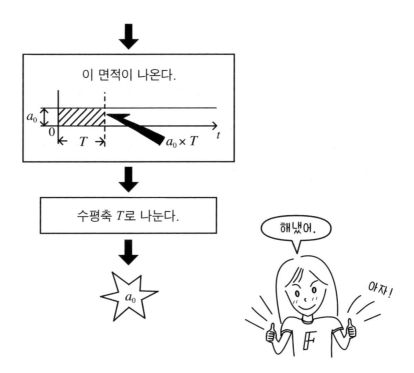

문장으로 정리하면,

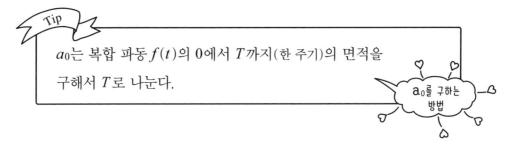

a_0는 복합 파동 $f(t)$의 0에서 T까지(한 주기)의 면적을
구해서 T로 나눈다.

a_0를 구하는 방법

3.2 a_n용 필터의 비밀

그럼 슬슬 두 번째 비밀에 도전해볼까? 다음은 a_n용 필터의 비밀을
풀어보자.

"어디, a_n용 필터의 비밀에 도전! 우선 순서대로 a_1부터 구해야겠지?"

a_0를 구할 때의 경험에서 비추어보건대, 하나의 파동만을 남기기

위해선 '면적'이 중요한 역할을 하는 것 같다. 하지만 그냥 면적을 구했다간 a_0의 파동만 남고 말 것이다. 이번엔 $a_1 \cos \omega t$ 만을 걸러내줄 필터를 만들어야 한다. 그래서 나는 a_0를 구할 때 썼던 표를 꺼내 펼쳐놓은 후 궁리를 시작했다.

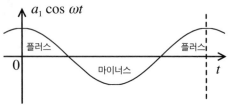

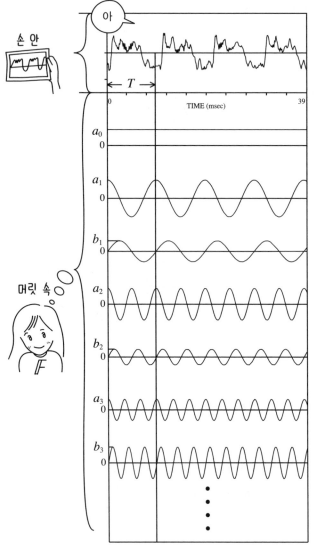

"이대로 면적을 구하면 플러스와 마이너스는 서로 상쇄돼 0이 될 테니 이 파동이 사라지겠지만, 이 마이너스 부분을 플러스로 바꾸면 계속 남아 있을 거야."

그때 푸리에 선생님이 하늘에서 내려와 아까와는 다른 두루마리를 건넸다. 펼쳐보니 다음과 같이 쓰여 있었다.

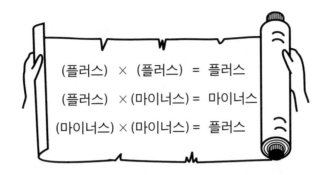

(플러스) × (플러스) = 플러스

(플러스) × (마이너스) = 마이너스

(마이너스) × (마이너스) = 플러스

"어때, 알겠니?"

푸리에 선생님이 물었다.

"음, 예를 들자면

$$3 \times 5 = 15$$
$$3 \times (-5) = -15$$
$$(-3) \times (-5) = 15$$

가 된다는 말씀이시죠?"

"그렇지. 숫자는 그대로 곱하면 되지만 플러스, 마이너스의 부호는 변화한다는 거야."

"그렇지만 이게 a_n용 필터와 무슨 상관이죠?"

"너무 재촉하지 마. a_n용 필터의 비밀을 풀려면 우선 첫 관문인 파동의 곱셈을 거쳐야만 해. 두 개의 파동을 곱해 그래프로 나타내보면 재미있는 사실을 알게 될걸. 즉, 두 파동의 같은 시간(t)에서의 파동 값을 서로 곱해, 역시 같은 t(시간)에 점을 찍어나가면 된단다. 사실 파동이란 무한한 점으로 이루어져 있지만 우리가 할 땐 그저 몇 개의 점을 곱한 다음, 표시한 점들을 매끈하게 이으면 그만이란다. 플러스와 마이너스 부호에 주의하면서 말이야. 자, 해보렴."

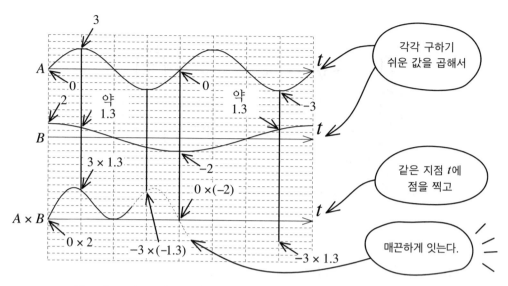

나는 바로 파동의 곱셈 작업에 들어갔다.

파동과 파동의 곱셈

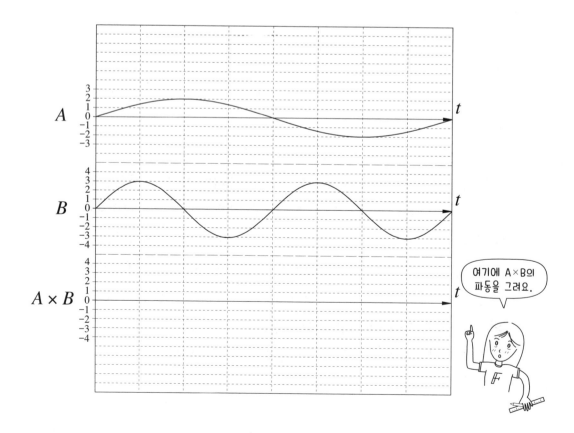

한 눈금을 1로 두고 같은 t의 지점에 A와 B의 값을 곱한 것을 표시하자. 계산할 때는 플러스와 마이너스 부호를 주의한다. 값을 읽기 쉬운 곳을 몇 군데 골라 계산한 뒤, 점과 점 사이를 매끈하게 잇는 것이 중요하다.

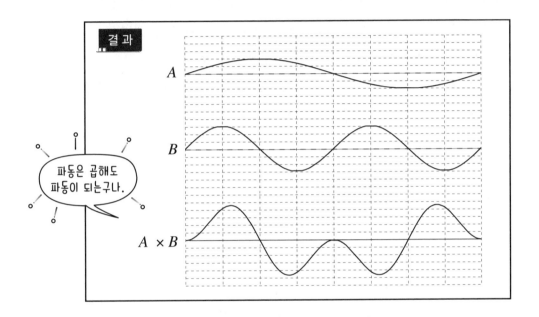

"다 됐어요, 선생님!"

"그럼 다음 단계로 가볼까? 우선 복잡한 파동에서 분리하고 싶은 파동을 정하려무나. 네가 지금 $a_1 \cos \omega t$를 걸러내고 싶다면 여기 마이너스 부분을 플러스로 바꾸거라. 그러면 이 필터의 비밀도 풀릴 테지."

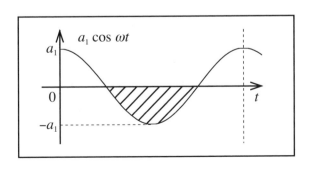

"음의 값을 양으로 만들려면 무얼 곱해야 할까?"

"음수는 같은 음수를 곱하면 양수가 돼요."

"그렇지. 하지만 이 파동 전체에 음수를 곱했다간 음의 부분은 양이 되어도 양의 부분이 음이 되고 말아. 양의 부분은 그대로 둔 채 음의 부분만을 양으로 만들기 위해선 어떻게 해야 할지 알 수 있겠니?"

"네? 양의 부분은 그대로 두고 음의 부분만을 양으로?"

곱셈에서 양수를 양수로 두려면 양수를 곱하는 수밖에 없고, 음수를 양수로 만들기 위해서는 음수를 곱할 수밖에 없다.

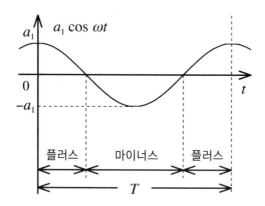

$a_1 \cos \omega t$의 파동이 양수일 때는 양수를, 음수일 때는 음수를 곱해야만 한다.

"그렇지! 걸러내고 싶은 파동이 양수일 경우에는 양수가, 음수일 경우에는 음수가 될 '파동'을 곱하면 전부 양의 값이 될 거야. $a_1 \cos \omega t$의 경우, 그런 파동은… 아하! 같은 각속도로 진동하는 파동을 곱하면 되는 거구나."

푸리에 선생님이 빙그레 웃으며 말했다.

"옳지, 그 말대로야. 즉 같은 주파수를 가진 파동을 곱하면 되는 거지."

시야가 확 트이는 것만 같았다.

"그렇구나. 같은 주파수의 파동을… 좋아, 해봐야지!"

"한 가지만 주의하렴. 곱하는 파동은 반드시 진폭이 1인 것을 써야 한단다. $a_1 \cos \omega t$의 파동을 걸러내고 싶다면 $\cos \omega t$를 곱하는 식으로 말이야."

Tips

진폭이 1인 $\cos \omega t$의 파동은

$1 \times \cos \omega t = \cos \omega t$

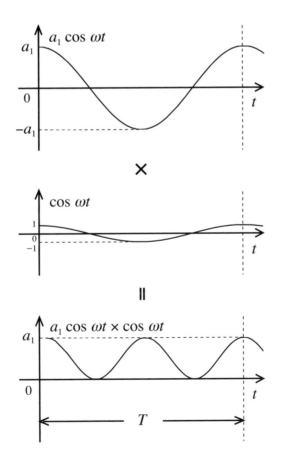

"다 됐다! 이렇게 하면 면적을 구하더라도 $a_1 \cos \omega t$의 파동이 0이되지 않아. 하지만 $\cos \omega t$를 곱하면 $f(t)$ 전체는 어떻게 되는 걸까?"

$$
\begin{aligned}
f(t) \times \underline{\cos \omega t} = {} & (a_0 + a_1 \cos \omega t + b_1 \sin \omega t + a_2 \cos 2\omega t \\
& + b_2 \sin 2\omega t + a_3 \cos 3\omega t \\
& + b_3 \sin 3\omega t + \cdots) \times \underline{\cos \omega t} \\
= {} & a_0 \times \underline{\cos \omega t} + a_1 \cos \omega t \times \underline{\cos \omega t} \\
& + b_1 \sin \omega t \times \underline{\cos \omega t} \\
& + a_2 \cos 2\omega t \times \underline{\cos \omega t} \\
& + b_2 \sin 2\omega t \times \underline{\cos \omega t} \\
& + a_3 \cos 3\omega t \times \underline{\cos \omega t} \\
& + b_3 \sin 3\omega t \times \underline{\cos \omega t} + \cdots
\end{aligned}
$$

"공식은 이렇게 되겠네. 복잡한 파동에 바로 $\cos \omega t$를 곱했다간 더 복잡해지기만 하고 알아보기 힘들 거야. 각각의 단순 파동에 $\cos \omega t$를 곱한 뒤 더하는 편이 낫지. 단순 파동들의 곱셈을 그래프로 나타내보자. 우선은 $a_0 \times \cos \omega t$부터."

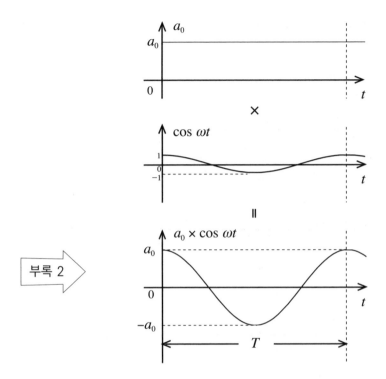

"앗! 면적이 0이 되네!"

공식에 넣어보자(면적은 'ㅁ'으로 표기).

$$f(t) \times \cos \omega t = \boxed{a_0 \times \cos \omega t}_{\scriptsize ㅁ=0} + a_1 \cos \omega t \times \cos \omega t$$

$$+ b_1 \sin \omega t \times \cos \omega t + a_2 \cos 2\omega t \times \cos \omega t$$

$$+ b_2 \sin 2\omega t \times \cos \omega t + a_3 \cos 3\omega t \times \cos \omega t$$

$$+ b_3 \sin 3\omega t \times \cos \omega t + \cdots$$

이렇게 $a_0 \times \cos \omega t$의 파동은 사라졌다.

그다음은 $b_1 \sin \omega t \times \cos \omega t$ 이다.

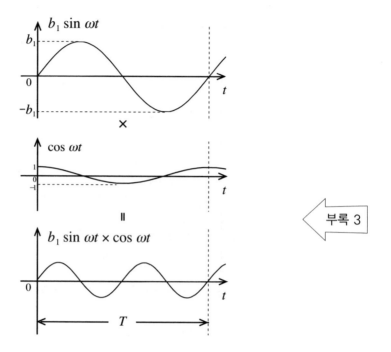

"어쩜! 이것도 플러스와 마이너스 면적이 같잖아! 면적은 또 0이야."
공식에 넣어볼까?

$$f(t) \underline{\times \cos \omega t} = \boxed{a_0 \underline{\times \cos \omega t}}_{면=0} + \; a_1 \cos \omega t \underline{\times \cos \omega t}$$

$$+ \boxed{b_1 \sin \omega t \underline{\times \cos \omega t}}_{면=0} + \; a_2 \cos 2\omega t \underline{\times \cos \omega t}$$

$$+ \; b_2 \sin 2\omega t \underline{\times \cos \omega t} \; + \; a_3 \cos 3\omega t \underline{\times \cos \omega t}$$

$$+ \; b_3 \sin 3\omega t \underline{\times \cos \omega t} \; + \; \cdots$$

$b_1 \sin \omega t \times \cos \omega t$ 의 파동도 사라졌다. 이렇게 나는 차근차근 면적
을 구해나갔다.

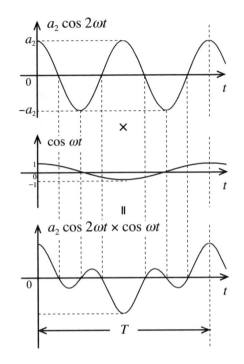

부록 4

이번에도 면적은 플러스, 마이너스가 상쇄되어 0이 되었다. 공식으로 살펴보자.

$$f(t) \times \cos \omega t = \underline{a_0 \times \cos \omega t}_{\square = 0} + a_1 \cos \omega t \underline{\times \cos \omega t}$$

$$+ \underline{b_1 \sin \omega t \times \cos \omega t}_{\square = 0} + \underline{a_2 \cos 2\omega t \times \cos \omega t}_{\square = 0}$$

$$+ b_2 \sin 2\omega t \underline{\times \cos \omega t} + a_3 \cos 3\omega t \underline{\times \cos \omega t}$$

$$+ b_3 \sin 3\omega t \underline{\times \cos \omega t} + \cdots$$

$a_2 \cos 2\omega t \times \cos \omega t$도 사라졌다.

$b_2 \sin 2\omega t \times \cos \omega t$ 는 어떨까?

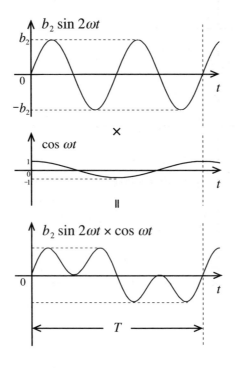

역시 면적은 0이 된다. 공식으로는,

$$f(t) \underline{\times \cos \omega t} \;=\; \boxed{a_0 \times \cos \omega t}_{면=0} + \; a_1 \cos \omega t \underline{\times \cos \omega t}$$

$$+ \boxed{b_1 \sin \omega t \times \cos \omega t}_{면=0} + \boxed{a_2 \cos 2\omega t \underline{\times \cos \omega t}}_{면=0}$$

$$+ \boxed{b_2 \sin 2\omega t \underline{\times \cos \omega t}}_{면=0} + \; a_3 \cos 3\omega t \underline{\times \cos \omega t}$$

$$+ \; b_3 \sin 3\omega t \underline{\times \cos \omega t} \; + \cdots$$

가 되어 $b_2 \sin 2\omega t \times \cos \omega t$ 의 파동도 사라졌다.

이렇게 하나하나 $\cos \omega t$ 를 곱해 면적을 구하면…

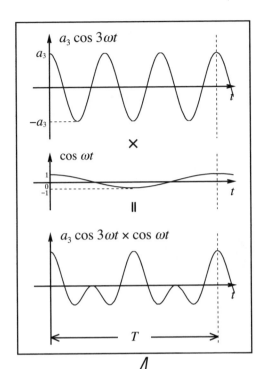

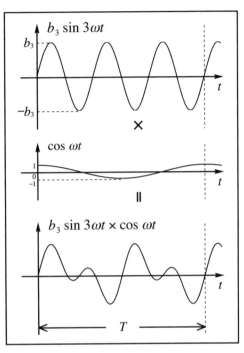

플러스와 마이너스의 파동 모습은 다르지만, 면적의 값은 같으므로 더하면 0이 됩니다.

잘 들여다보면 거의 같은 면적이란 걸 알 수 있지요.

이런 식으로 $a_1 \cos \omega t \times \cos \omega t$를 제외한 나머지 파동들은 모두 면적을 구하자 사라져갔다.

"전부 다 면적이 0이네요!"

"그래. 같은 주파수의 파동을 곱했을 때 외엔 모든 면적은 0이 된단다."

$$f(t) \times \cos \omega t = \underbrace{a_0 \times \cos \omega t}_{\square = 0} + a_1 \cos \omega t \times \cos \omega t$$

$$+ \underbrace{b_1 \sin \omega t \times \cos \omega t}_{\square = 0} + \underbrace{a_2 \cos 2\omega t \times \cos \omega t}_{\square = 0}$$

$$+ \underbrace{b_2 \sin 2\omega t \times \cos \omega t}_{\square = 0} + \underbrace{a_3 \cos 3\omega t \times \cos \omega t}_{\square = 0}$$

$$+ \underbrace{b_3 \sin 3\omega t \times \cos \omega t}_{\square = 0} + \cdots$$

드디어 a_1용 필터를 만들어냈다! 하지만 우리가 알고 싶은 것은 면적이 아니라 a_1의 값이다.

복잡한 파동 $f(t)$에 $\cos \omega t$를 곱해 면적을 구했더니, 나온 값은 아래 그래프의 빗금 친 부분이었다.

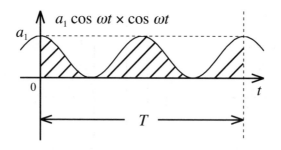

"여기에서 a_1을 구해야 한단 말이죠? 모양이 이렇게 구불거려서야 힘들겠는데요."

"맞아, 구불구불해서는 분량도 재기 힘들지. 만약 사각형의 면적이었다면 알기 쉬웠을 텐데 말이야. 이 구불구불한 모양을 평평한 사각형으로 만들지 그러니?"

"네? 이 파동을 사각형으로요?"

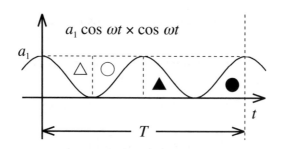

"아하! 이 ▲부분을 △의 공간으로, ●부분을 ○의 공간으로 옮겨주면 되겠네. 모양은 같으니까. 봐! 딱 들어맞잖아. 이 구불거리는 모양의 면적은 이 사각형의 면적과 같았던 거야."

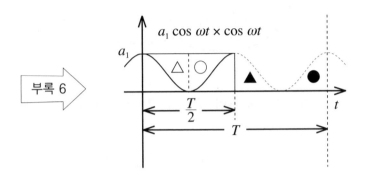

"게다가 a_0인 때와 달리 이 사각형의 가로 길이는 T의 절반, 즉 $\dfrac{T}{2}$가 돼. 그렇다는 건 복합 파동에 $\cos \omega t$를 곱해 면적을 구하면

$$면적 = a_1 \times \frac{T}{2}$$

라는 계산이 나오지. 그러니까 a_1의 값은 이 면적을 가로 길이 $\dfrac{T}{2}$로 나누면 구할 수 있어!"

드디어 우리는 a_1용 필터의 비밀도 풀어냈다. a_1을 구하는 방법을 문장으로 정리하면 다음과 같다.

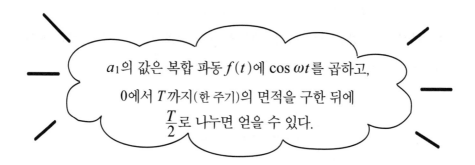

a_1의 값은 복합 파동 $f(t)$에 $\cos \omega t$를 곱하고,
0에서 T까지(한 주기)의 면적을 구한 뒤에
$\dfrac{T}{2}$로 나누면 얻을 수 있다.

"하지만 a_2, a_3, a_4 등 다른 코사인 파동의 진폭은 어떤가요? 같은 방식으로 구할 수 있나요?"

"이처럼 주파수가 같고 진폭 1인 파동을 곱해 면적을 구해보면, 하나같이 진폭 a_n의 세로 길이와 $\dfrac{T}{2}$ 의 가로 길이를 가진 사각형의 면적이 된단다."

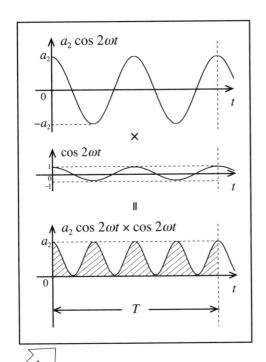

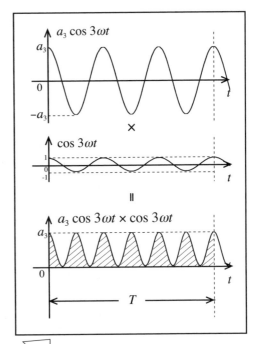

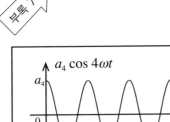

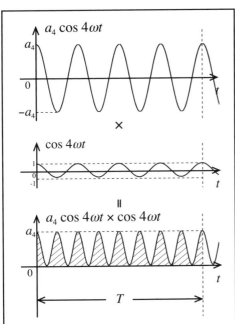

부록을 사용해 빗금 부분으로
사각형을 만들어보자.
가로 길이는 모두 $\frac{T}{2}$ 가 될 거야.
꼭 퍼즐 같지!

나는 코사인 파동의 진폭(a_n)을 전부 구할 수 있도록 머릿속을 정리해보았다.

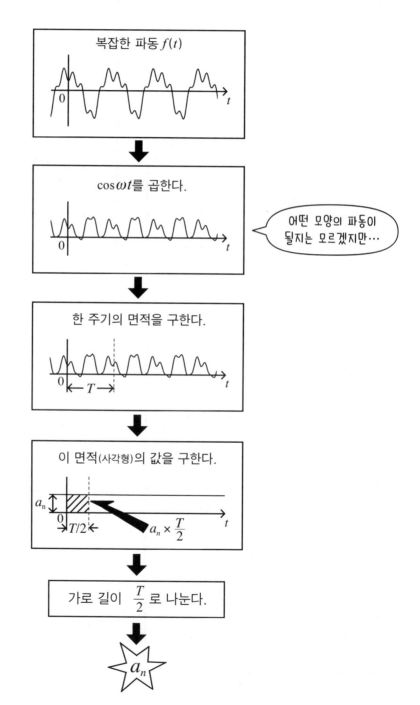

a_n을 구하는 방법을 문장으로 정리해보자.

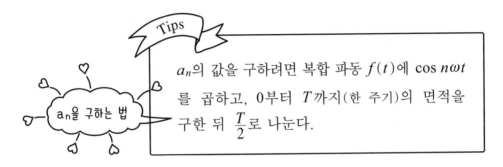

Tips

a_n의 값을 구하려면 복합 파동 $f(t)$에 $\cos n\omega t$ 를 곱하고, 0부터 T까지(한 주기)의 면적을 구한 뒤 $\frac{T}{2}$로 나눈다.

a_n을 구하는 법

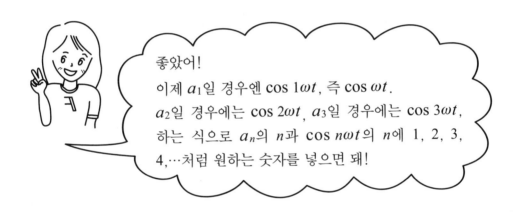

좋았어!

이제 a_1일 경우엔 $\cos 1\omega t$, 즉 $\cos \omega t$.

a_2일 경우에는 $\cos 2\omega t$, a_3일 경우에는 $\cos 3\omega t$,

하는 식으로 a_n의 n과 $\cos n\omega t$의 n에 1, 2, 3,

4,…처럼 원하는 숫자를 넣으면 돼!

"아주 잘했다!"

새롭게 익힌 기술로 나는 a_n용 필터의 비밀을 밝혀낼 수 있었다.

3.3 b_n용 필터의 비밀

우리는 a_0와 a_1, a_2, a_3, a_4, … 즉 a_n의 값을 구하는 법을 배웠다.

다음은 사인 파동의 진폭을 구하기 위해 필요한 b_n용 필터에 도전한

다. 이번에는 $b_2 \sin 2\omega t$ 파동의 진폭을 구해보기로 하자.

a_n을 구할 때와 마찬가지로 파동의 양의 부분에는 양수를, 음의 부분에는 음수를 곱해준다. 그러면 양과 음의 부분이 모두 양으로 만들어진다.

"이번엔 $b_2 \sin 2\omega t$ 파동만 걸러내야 해. $f(t)$에 이것과 같은 주파수와 진폭이 1인 파동, 즉 $\sin 2\omega t$를 곱하면 되겠네."

앞선 경험을 살려 나는 공식을 써나갔다.

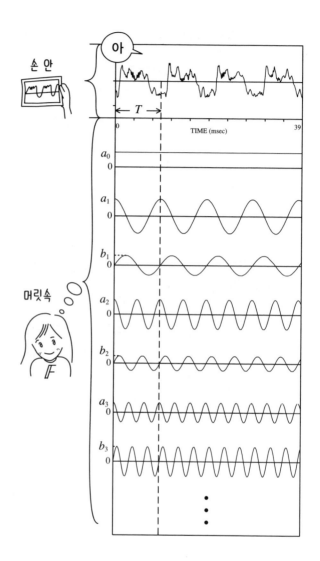

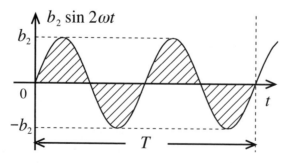

$$f(t) \times \underline{\sin 2\omega t} = (a_0 + a_1 \cos \omega t + b_1 \sin \omega t + a_2 \cos 2\omega t$$
$$+ b_2 \sin 2\omega t + a_3 \cos 3\omega t$$
$$+ b_3 \sin 3\omega t + \cdots) \times \underline{\sin 2\omega t}$$
$$= a_0 \times \underline{\sin 2\omega t} + a_1 \cos \omega t \times \underline{\sin 2\omega t}$$
$$+ b_1 \sin \omega t \times \underline{\sin 2\omega t}$$
$$+ a_2 \cos 2\omega t \times \underline{\sin 2\omega t}$$
$$+ b_2 \sin 2\omega t \times \underline{\sin 2\omega t}$$
$$+ a_3 \cos 3\omega t \times \underline{\sin 2\omega t}$$
$$+ b_3 \sin 3\omega t \times \underline{\sin 2\omega t} + \cdots$$

우선 주역인 $b_2 \sin 2\omega t \times \sin 2\omega t$를 보도록 하자.

"이번엔 면적이 남으려나…."

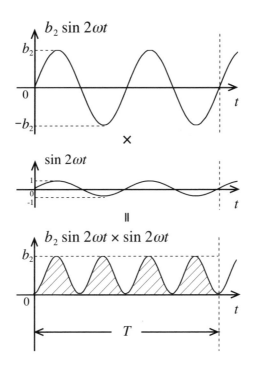

"역시 $b_2 \sin 2\omega t \times \sin 2\omega t$의 면적은 0이 아니었어. 다른 면적은 어떨까? 0이 될 것 같긴 한데….”

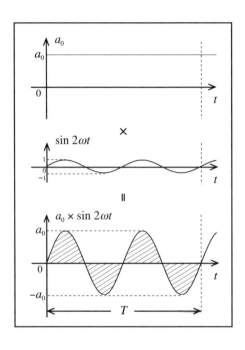

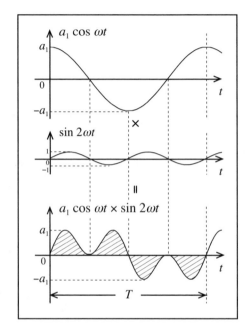

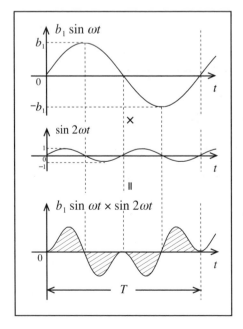

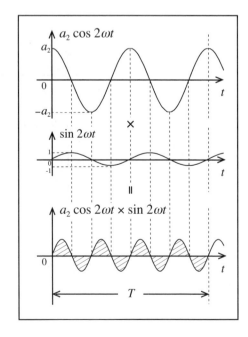

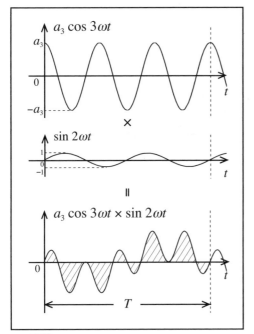

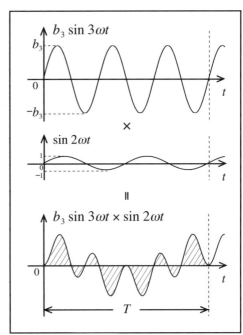

부록 10

부록 11

복합 파동 $f(t)$
b_2용 필터
$b_2 \sin 2\omega t$

"이거 봐, 역시나! $b_2 \sin 2\omega t$ 말고는 전부 면적이 0이 돼!"

공식으로 풀어보면,

$$f(t) \times \sin 2\omega t = \underbrace{a_0 \times \sin 2\omega t}_{\text{면}=0} + \underbrace{a_1 \cos \omega t \times \sin 2\omega t}_{\text{면}=0}$$

$$+ \underbrace{b_1 \sin \omega t \times \sin 2\omega t}_{\text{면}=0} + \underbrace{a_2 \cos 2\omega t \times \sin 2\omega t}_{\text{면}=0}$$

$$+ b_2 \sin 2\omega t \times \sin 2\omega t + \underbrace{a_3 \cos 3\omega t \times \sin 2\omega t}_{\text{면}=0}$$

$$+ \underbrace{b_3 \sin 3\omega t \times \sin 2\omega t}_{\text{면}=0} + \cdots$$

앞의 공식에서 나온 면적의 값은,

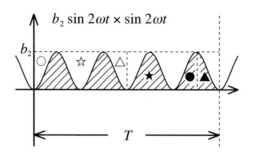

알기 쉽게 사각형으로 짜 맞추면 이렇다.

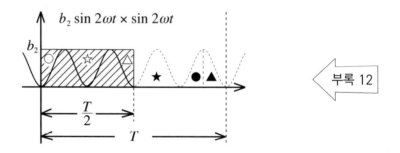

"역시 이건 이 빗금 친 부분의 면적, 즉 $b_2 \times \dfrac{T}{2}$ 로구나. 구해낸 면적을 $\dfrac{T}{2}$ 로 나누면, b_2 값이 나온다는 얘기지."

b_2 를 구하는 방법을 문장으로 정리해보자.

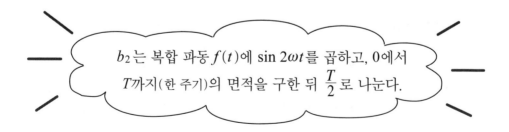

b_2 는 복합 파동 $f(t)$ 에 $\sin 2\omega t$ 를 곱하고, 0에서 T까지(한 주기)의 면적을 구한 뒤 $\dfrac{T}{2}$ 로 나눈다.

"그럼 b_1, b_3, b_4, b_5, …는 어떨까? 코사인 파동 때처럼 되려나?"

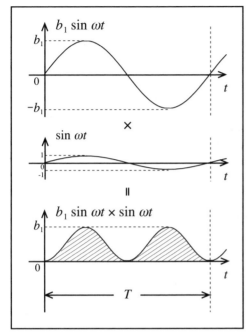

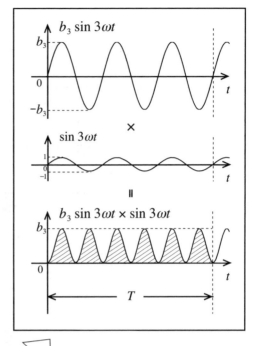

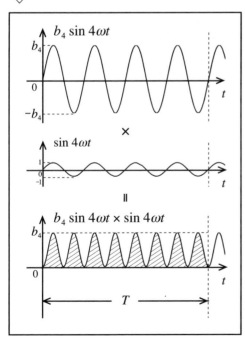

이것도 부록으로 $b_n \times \dfrac{T}{2}$ 의 사각형을 만들어 보자.

이와 같이, 사인 파동의 경우도 코사인 파동과 마찬가지로 같은 주파수에 진폭이 1인 파동을 곱해 면적을 구하면, 다들 세로 길이가 진폭 b_1, b_2, b_3, …이고 가로 길이가 $\dfrac{T}{2}$ 인 사각형의 면적이 된다.

나는 사인 파동의 진폭(b_n)을 구하는 방법도 머릿속에서 정리해보았다.

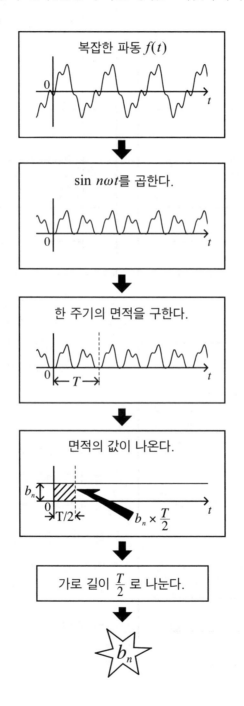

b_n을 구하는 방법을 문장으로 정리해보자.

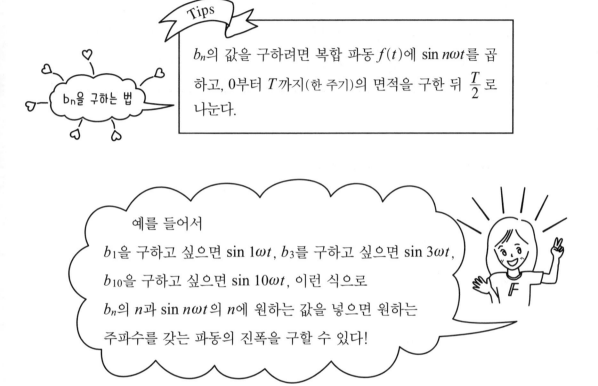

> **Tips**
>
> b_n의 값을 구하려면 복합 파동 $f(t)$에 $\sin n\omega t$를 곱하고, 0부터 T까지(한 주기)의 면적을 구한 뒤 $\dfrac{T}{2}$로 나눈다.

b_n을 구하는 법

예를 들어서

b_1을 구하고 싶으면 $\sin 1\omega t$, b_3를 구하고 싶으면 $\sin 3\omega t$, b_{10}을 구하고 싶으면 $\sin 10\omega t$, 이런 식으로 b_n의 n과 $\sin n\omega t$의 n에 원하는 값을 넣으면 원하는 주파수를 갖는 파동의 진폭을 구할 수 있다!

우리는 이제 b_n용 필터의 비밀도 밝혀냈다!

4. 또 다른 언어, '수식'

드디어 3가지 필터의 비밀을 풀어냈다. 그리고 이 필터를 써서 복합 파동을 이루고 있는 숱한 단순 파동 중 하나만을 걸러내 그 파동의 진폭이 얼마인지 계산하는 법을 찾아냈다. 여기서 한번, 밝혀진 3가지 필터의 비밀을 비교해보자.

<table>
<tr>
<td>

$a0$는 복합 파동
$f(t)$의 0에서
T까지의 면적을 구한 뒤,
T로 나눈다.

</td>
<td>

an는 복합 파동
$f(t)$에 $\cos n\omega t$를 곱해
0에서 T까지의 면적을
구한 뒤, $\dfrac{T}{2}$ 로 나눈다.

</td>
<td>

bn은 복합 파동
$f(t)$에 $\sin n\omega t$를 곱해
0에서 T까지의 면적을
구한 뒤, $\dfrac{T}{2}$ 로 나눈다.

</td>
</tr>
</table>

"꽤 이해하기 쉽게 정리되었네."

이렇게 보니 긴 모험의 피로도 잊혀질 것만 같다.

하지만 이대로는 조금 곤란한 점이 있다. 바로 외국 친구들에겐 전달되지 않는다는 점이다. 영어나 프랑스어, 일어가 아무리 유창한들 정확히 전해질지 의문이다.

내가 곤란해 하고 있자 푸리에 선생님이 멋진 조언을 해주셨다.

"비장의 만국 공통어를 가르쳐줄까? 바로 '수식' 말이다!"

당장 지금까지의 방법을 순서대로 수식으로 바꿔보자.

$a0$는 복합 파동 $f(t)$의 0에서 T까지의 면적을 구한 뒤, T로 나눈다.
  ①   ②   ③   ④   ⑤

---

① a_0 는 $a_0 =$

② 복합 파동 $f(t)$의 $a_0 =$ $f(t)$

③ 0에서 T까지의 $a_0 = \displaystyle\int_0^T f(t)$

④ 면적을 구한 뒤,

엥?! '면적을 구한다'를 대체 어떻게 표기하나요?

이렇게 표기한단다. $a_0 = \int_0^T f(t)$

이 기호 $\int$는 '인티그럴'이라고 읽으며 뒤에 dt라는 기호가 붙는데 그 사이에 들어간 면적을 구한다는 뜻을 나타내지. $\int$의 오른쪽 위아래로 면적을 구하는 범위를 쓴다는 점도 기억해 두렴.

⑤ T로 나눈다. $a_0 = \int_0^T f(t)\, dt \div T$

$$\begin{cases} 15 \div 5 = 3 \\ 15 \times \frac{1}{5} = 3 \\ 16 \div 2 = 8 \\ 16 \times \frac{1}{2} = 8 \end{cases}$$
결국 같은 뜻이다.

"다 됐다!"

"옳지, 완벽하구나. 하지만 'T로 나눈다' 부분은 곱셈의 표기도 가능한단다. T로 나눈다는 건 $\frac{1}{T}$을 곱한다는 것과 매한가지니 말이다. 예를 들어 $18 \div 3 = 6$은 $18 \times \frac{1}{3} = 6$ 이라고 쓸 수도 있지. 다시 말해 방금 완성한 a_0의 식은

$$a_0 = \int_0^T f(t)\, dt \times \frac{1}{T}$$

이렇게도 쓸 수 있고, 생략이 허용되는 ×(곱하기) 부호를 없앤 다음 앞으로 옮기면

$$a_0 = \frac{1}{T}\int_0^T f(t)\, dt$$

라는 표기도 할 수 있지."

"우와, 이쪽이 훨씬 깔끔하고 프로 같네요. 게다가 그 긴 문장이 이렇게 간결해지다니, 수식이란 정말 편리한 언어로군요."

나는 무척 감동했다.

"같은 방법으로 a_n, b_n도 해보려무나."

그래서 이번엔 a_n을 구하는 방법이 쓰인 종이를 보며 수식으로 만들어보았다.

$$\underline{a_n은}_{①} \ \underline{복합\ 파동\ f(t)에}_{②} \ \underline{\cos n\omega t를\ 곱해}_{③}$$

$$\underline{0에서\ T까지의}_{④} \ \underline{면적을\ 구한\ 뒤,}_{⑤} \ \underline{\frac{T}{2}\ 로\ 나눈다.}_{⑥}$$

① a_n은 $a_n =$

② 복합 파동 $f(t)$에 $a_n = \quad f(t)$

③ $\cos n\omega t$ 를 곱해 $a_n = \quad f(t) \times \cos n\omega t$

④ 0에서 T까지의 $a_n = \displaystyle\int_0^T f(t) \times \cos n\omega t$

⑤ 면적을 구한 뒤, $a_n = \displaystyle\int_0^T f(t) \times \cos n\omega t \ dt$

⑥ $\dfrac{T}{2}$ 로 나눈다. $a_n = \displaystyle\int_0^T f(t) \times \cos n\omega t \ dt \div \dfrac{T}{2}$

"이러면 되나요?"

"정답이구나. 그럼 나눗셈을 곱셈으로 바꾼다면 어떻게 될까?"

"으음, '$\frac{T}{2}$ 로 나눈다'라는 건 $\frac{2}{T}$ 를 곱하라는 것과 같은 뜻이니까,

$$a_n = \int_0^T f(t) \times \cos n\omega t\, dt \times \frac{2}{T}$$

그리고 ×를 생략하면,

$$a_n = \frac{2}{T}\int_0^T f(t) \cos n\omega t\, dt$$

끝났어요!"

"훌륭해! 그 기세로 b_n에도 도전해보렴."

$\underset{①}{b_n\text{은}}$　$\underset{②}{\text{복합 파동 } f(t)\text{에}}$　$\underset{③}{\sin n\omega t\text{를 곱해}}$

$\underset{④}{0\text{에서 } T\text{까지의}}$　$\underset{⑤}{\text{면적을 구한 뒤,}}$　$\underset{⑥}{\frac{T}{2} \text{ 로 나눈다.}}$

---

① b_n 은　　　　　$b_n =$

② 복합 파동 $f(t)$에　$b_n = \quad f(t)$

③ $\sin n\omega t$를 곱해　$b_n = \quad f(t) \times \sin n\omega t$

④ 0에서 T까지의 $b_n = \int_0^T f(t) \times \sin n\omega t$

⑤ 면적을 구한 뒤, $b_n = \int_0^T f(t) \times \sin n\omega t\ \boldsymbol{dt}$

⑥ $\frac{T}{2}$ 로 나눈다. $b_n = \int_0^T f(t) \times \sin n\omega t\ dt \div \frac{\boldsymbol{T}}{\boldsymbol{2}}$

"여기에 × 기호를 생략하거나 나누기를 곱하기로 바꾸거나 해서,

$$b_n = \frac{2}{T} \int_0^T f(t) \sin n\omega t\ dt$$ 가 되는 거죠!"

"그래, 지금까지의 공식은

$$\boxed{\textbf{푸리에 계수}}$$

라 불린단다. 푸리에 급수와 세트로 언제나 몸에 지니고 있으렴. 앞으로 계속되는 모험에 필수품이거든."

푸리에 계수

$$a_0 = \frac{1}{T} \int_0^T f(t)\ dt$$

$$a_n = \frac{2}{T} \int_0^T f(t) \cos n\omega t\ dt$$

$$b_n = \frac{2}{T} \int_0^T f(t) \sin n\omega t\ dt$$

"이것으로 푸리에 계수를 만국 공통어인 공식으로 나타낼 수 있게 되었구나. 공식이란 간결하면서, 어디에서나 통하는 근사한 말이란다."

끝으로

이 장의 모험은 여기까지이다. 우리는 함께 복합 파동을 공식으로 표현했으며, 그 복합 파동의 형태를 결정짓는 단순 파동 하나하나의 진폭을 구하는 방법―푸리에 계수―을 찾아낼 수 있었다.

이제 우리는 복합 파동을 마주할 때, 푸리에 급수라는 무기를 통해 그것이 단순 파동의 합산이란 사실을 떠올릴 것이다. 그리고 푸리에 계수라는 무기로 복합 파동을 이루는 단순 파동 각각의 진폭을 구해낼 것이다. 파동들의 진폭(a_0, a_1, b_1, a_2, b_2, a_3, b_3, …)을 알아낸다면, 모음 **아**와 **이**의 차이도 정확한 수치로 비교할 수 있을 것이다.

이번 모험에서 배운 건 진폭을 구하는 방법뿐이었다. 실제로 복합 파동을 계산하는 방법은 다음 장에서 시도하게 될 것이다. 우리의 모험은 아직 끝나지 않았다!

a_0의 비밀

a_0는 뭔가 특별해 보이지 않는가? 왜 a_0라고 할까? b_0는 없는 건가? 생각하면 할수록 a_0는 비밀스럽다. 그래서 a_0의 비밀을 해명하는 코너를 마련했다. a_0는 a에 붙어 있으니만큼 a_n의 동료이다. a_1은 $\cos 1\omega t$의 진폭이었다. 그렇다면 a_0는? $\cos 0\omega t$의 진폭이다. 헌데 이 $\cos 0\omega t$의 값은 얼마일까? $\cos 0\omega t$의 $0\omega t$라는 각도는 0이 곱해진 것이니 ω나 t와는 상관없이 $\cos 0\omega t = \cos 0$가 된다. 그러면 $\cos 0$는 얼마인가? '1'이다. $0°$인 곳에서는 $\dfrac{\text{가로}}{\text{빗변}}$가 1인 것이다. 즉 $a_0 \cos 0\omega t = a_0 \times 1 = a_0$이다.

푸리에 급수 공식 $f(t) = a_0 + a_1 \cos 1\omega t + b_1 \sin 1\omega t + \cdots$에서 a_0의 부분은 $a_0 \cos 0\omega t$의 생략이었던 것이다. 아무래도 b_0의 존재가 신경 쓰인다. 왜 공식에 안 나오는 걸까? a_0의 경우를 생각해보면 b_0도 b_n의 동료일 것이다. 그렇다면 $b_0 \sin 0\omega t$는 얼마일까? 각도는 0이 곱해져 있으니 역시 ω나 t와는 상관없이 $\sin 0 = 0$이다. 그러므로 b_0가 얼마이든 $b_0 \sin 0\omega t = b_0 \times 0 = 0$이 된다. 그리고 이것은 b_0의 값은 구할 수 없다는 말이다. 지금까지의 사실을 정리해보면 실제의 푸리에 급수 공식은 다음과 같다.

$$f(t) = a_0 \cos 0\omega t + a_1 \cos 1\omega t + b_1 \sin 1\omega t + \cdots$$

$a_0 \cos 0\omega t$의 $\cos 0\omega t$는 1로 정해져 있으므로 결국 이렇게 될 것이다.

$f(t) = a_0 + a_1 \cos 1\omega t + \cdots$

푸리에 급수 공식의 a_0의 비밀은 풀렸다. 이번에는 푸리에 계수 공식의 비밀도 풀어보자. 푸리에 계수 공식에서도 역시 a_0가 눈에 뜨이는 까닭은 뭘까? a_n의 동료이면서 $a_0 = \dfrac{1}{T} \displaystyle\int_0^T f(t)\,dt$ 라는 식을 가지다니? 그러나 여기에는 이유가 있다.

a_0도 a_n의 동료로 취급해, 푸리에 계수 공식 $a_n = \dfrac{2}{T} \displaystyle\int_0^T f(t) \cos n\omega t\,dt$ 에 넣어 계산했다간 a_0가 아니라 그 2배인 $2a_0$가 구해진다. 그러고 보니 a_0의 식 앞에는 $\dfrac{1}{T}$이 붙어 있지만 a_n에는 $\dfrac{2}{T}$가 붙어 있었다.

애초에 $f(t) = \dfrac{a_0}{2} + a_1 \cos 1\omega t + b_1 \sin 1\omega t + \cdots$의 a_0를 구한다고 정해두면 a_n의 공식을 사용해 a_0를 구할 수도 있다(삼각함수의 덧셈정리나 적분을 안다면 직접 계산해보기 바란다).

형편이 이러하니 a_0에는 특별히 그 자신만의 공식을 줄 수밖에.

Chapter

3

불연속 푸리에 전개

앞장에서는 복합 파동을 단순 파동으로 분해하는 방법을
배웠다. 이번에는 실제 계산을 통해, 복합 파동이 어떤 파동
의 합산으로 이루어져 있는지 알아보자.
제3장의 키워드는 '막대'이다

1. 푸리에의 모험 중간 점검

아무리 복잡한 파동이너라도, 반복성(주기운동)을 가졌다면 그것은
단순 파동들의 합으로 나타낼 수 있었다.

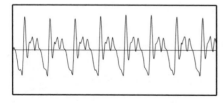 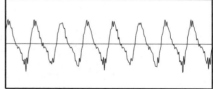

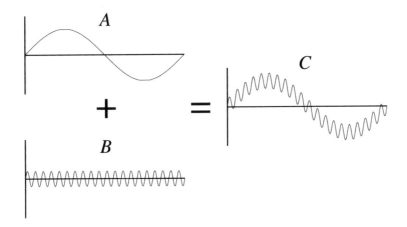

위 그림에서 파동 C는 파동 A와 B의 합이다. 파동이 좀 더 복잡해질 때의 공식은 다음과 같다.

복합 파동 = 단순 파동 1 + 단순 파동 2 + 단순 파동 3 +⋯

우리는 이미 푸리에 급수와 푸리에 계수에서 '사람의 목소리도 이와 같이 분해할 수 있다'는 사실을 배웠다! 여기서 잠시, '아-' 소리를 냈을 때와 '이-' 소리를 냈을 때의 파동을 보며 이들이 어떤 단순 파동의 합으로 이루어져 있는지 생각해보자. 두 파동의 기본 주기가 같으므로 그 합이 다음처럼 된다.

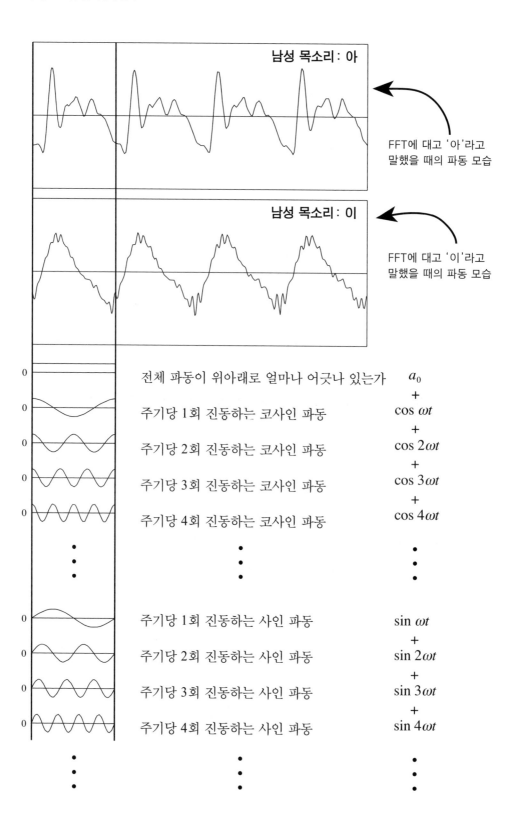

남성 목소리 : 아

FFT에 대고 '아'라고
말했을 때의 파동 모습

남성 목소리 : 이

FFT에 대고 '이'라고
말했을 때의 파동 모습

전체 파동이 위아래로 얼마나 어긋나 있는가 a_0

+

주기당 1회 진동하는 코사인 파동 $\cos \omega t$

+

주기당 2회 진동하는 코사인 파동 $\cos 2\omega t$

+

주기당 3회 진동하는 코사인 파동 $\cos 3\omega t$

+

주기당 4회 진동하는 코사인 파동 $\cos 4\omega t$

⋮   ⋮   ⋮

주기당 1회 진동하는 사인 파동 $\sin \omega t$

+

주기당 2회 진동하는 사인 파동 $\sin 2\omega t$

+

주기당 3회 진동하는 사인 파동 $\sin 3\omega t$

+

주기당 4회 진동하는 사인 파동 $\sin 4\omega t$

⋮   ⋮   ⋮

이처럼 많은 단순 파동들이 모여 '아'나 '이'처럼 복잡한 파동이 된다.

"맙소사! 약 서른 개의 코사인 파동과 사인 파동이 모여 '아'와 '이'의 파동을 이룬다고요? 별 뜻 없는 짧은 소리에도 그렇게 많은 파동이 들어 있다니 대단해요!"

그런데 '아'와 '이'의 파동 형태는 왜 이렇게 차이가 나는 걸까? 주기가 같으니 단순 파동들의 종류는 똑같을 테고, 양쪽 다 서른 개의 코사인파와 사인파로 이루어졌을 터인데….

그것은 같은 단순 파동($\cos \omega t$, $\sin \omega t$, $\cos 2\omega t$, $\sin 2\omega t$, $\cos 3\omega t$, $\sin 3\omega t$, $\cdots$)으로 이루어진 복합 파동이라 해도, 그 단순 파동들의 양이 다르기 때문이다!

야채 주스 퀴즈를 돌이켜보자.

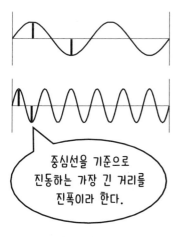

중심선을 기준으로 진동하는 가장 긴 거리를 진폭이라 한다.

토마토, 당근, 셀러리, 양배추―들어간 재료는 같은데 맛이 다른 이유는 무엇일까? 바로 각 재료의 분량이 다르기 때문이다! 첫 번째 주스는 각 야채가 비슷한 비율로 들어 있지만, 두 번째 주스는 토마토가 주가 되고 다른 야채의 양이 미미하다 보니 맛이 다른 건 당연하다.

복합 파동도 마찬가지이다. 같은 종류의 단순 파동의 합이라 해도 개개 파동의 양이 다르다면 형태 또한 자연히 달라진다!

예를 들어 '아'에는 $\cos 3\omega t$의 파동이 잔뜩 들어 있는데 '이'에는 아주 조금 들어 있을 수도 있다. 반대로 $\cos \omega t$와 $\cos 8\omega t$는 '아'보다 많이 들어간 경우도 있겠다.

파동의 양이란 다름 아닌 파동의 진폭을 뜻한다. 그러니 각 단순 파동의 진폭을 구하다 보면 복합 파동의 성질을 알게 될 것이다.

$$f(t) = a_0 + a_1 \cos \omega t + b_1 \sin \omega t$$
$$+ a_2 \cos 2\omega t + b_2 \sin 2\omega t$$
$$+ a_3 \cos 3\omega t + b_3 \sin 3\omega t$$
$$\vdots \qquad \vdots$$

이 식은 '복합 파동은 단순 파동의 합으로 이루어져 있다'는 것을 보여주는 '푸리에 급수' 공식이다. 진폭(a_0, a_1, a_2, a_3, …, b_1, b_2, b_3, …) 값을 찾으면 복합 파동 $f(t)$가 어떤 파동인지를 알 수 있다.

그럼 어떻게 해야 진폭을 찾을 수 있을까? 앞서 다룬 편리한 필터가 기억나는가? 그 필터만 있으면 문제없다.

$a_0 = \dfrac{1}{T}\displaystyle\int_0^T f(t)\,dt$	복합 파동 $f(t)$의 한 주기에 해당하는 면적을 구하고, 그것을 주기 T로 나눈다.
$a_n = \dfrac{2}{T}\displaystyle\int_0^T f(t)\cos n\omega t\,dt$	복합 파동 $f(t)$에 $\cos n\omega t$를 곱해 해당하는 면적을 구한 뒤, 그것을 주기 T로 나누고 2를 곱한다.
$b_n = \dfrac{2}{T}\displaystyle\int_0^T f(t)\sin n\omega t\,dt$	복합 파동 $f(t)$에 $\sin n\omega t$를 곱해 해당하는 면적을 구한 뒤, 그것을 주기 T로 나누고 2를 곱한다.

이 필터로 복잡한 파동 $f(t)$를 걸러내면, 우리가 구하고자 하는 진폭을 얻을 수 있다!

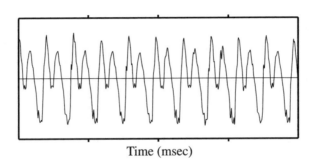

Time (msec)

하지만 정말 이런 방법으로 모든 파동의 진폭을 찾을 수 있을까?

"그럼 오늘은 그 방법을 시험해보자."

"앗! 선생님."

"아래의 복합 파동이 어떤 진폭의 단순 파동들로 이루어져 있을지 추리해보렴."

"이건 내가 컴퓨터에 어떤 값을 넣어 만든 파동이니 답은 벌써 나와 있단다. 아까의 필터를 써서 정답을 맞춘다면 그 방법이 옳다는 증명이 되겠지? 자아, 힘내거라."

파동의 진폭을 찾으라니, 마치 탐정이라도 된 기분이다. 함께 도전해보지 않겠는가?

2. 파동의 진폭을 찾아라!

우선 파동의 주기부터 조사해보자.

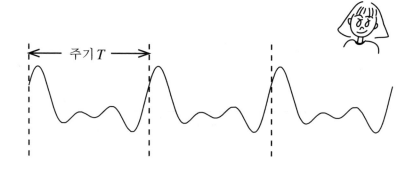

이 한 주기를 확대하면 다음과 같다.

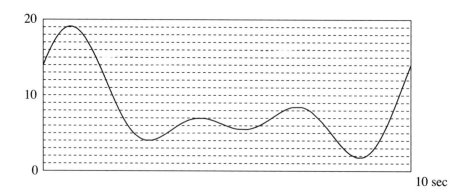

10초당 반복되는 파동이다. 그건 이 파동의 기본 주기가 10초란 뜻일 테고.

$$\boxed{\text{기본 주기 } T = 10}$$

어디 그럼 a_0용 필터를 써서 a_0의 값을 찾아보자!

2.1 a_0에 도전!

$$a_0 = \frac{1}{T}\int_0^T f(t)\,dt$$

(복합 파동 $f(t)$의 한 주기에 해당하는 면적을 구하고, 주기 T로 나눈다.)

이 공식으로 a_0의 값—전체 파동이 0의 기준선에서 얼마만큼 오르내리고 있는지 알려주는—을 구할 수 있을 것이다.

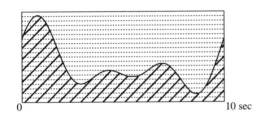

좋아, 어서 해보자. 우선 '한 주기의 면적을 구하라'… 어라? 이런 흐물흐물한 형태에서 어떻게 면적을 구하지?

 이런 형태라면 금방 답을 낼 텐데. 으음, 어렵다.

"선생님! 뭐 좋은 방법 없을까요?"
"있고말고. 자처럼 길쭉하고 네모난 막대 모양을 떠올려보렴."
"막대요? 이해가 잘 안 되는데요."
"이 파동 그래프를 10등분해봐.
주기 T는 10초였으니까 1초 간격으로 나누면 딱 열 칸이 되겠지? 초당 $f(t)$의 값은 수직축의 눈금을 읽으면 돼. 각 칸의 너비는 1, 높이는 해당 $f(t)$의 값을 갖는 막대가 붙어 있다고 생각하려무나."

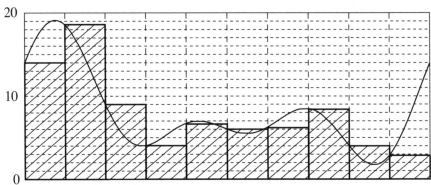

"이렇게요? 여전히 이해하기 힘든 걸요. 어정쩡한 부분도 있고요."

"확실히 공간이 남거나 넘치는 데가 꽤 많구나. 그래도 대충 보면 양쪽 비율이 비슷하지?"

"그야 대충 보자면요."

"나중에 알게 되겠지만 그 '대충'이란 감각이 아주 중요하단다."

"하지만 막대들의 폭을 좁히면 어정쩡한 부분이 많이 완화되지 않을까요?"

"네 말대로야! 좁히면 좁힐수록 오차가 줄어들겠지. 그러나 막대의 수가 많아지는 만큼 계산할 거리도 많아질 거야. 그러니 오늘은 10등분한 막대로 생각해보자꾸나."

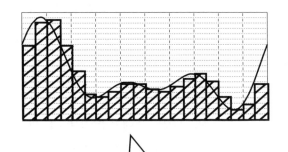

실은 이 사고방식이 뒤에 나오는 '적분'의 기본입니다. 이렇게 폭을 점점 좁히다 보면, 결국 '가장 가까운 근삿값'을 얻게 되겠지요.

열 개의 막대로 생각해보자!

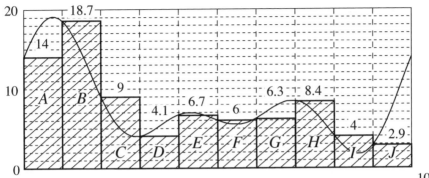

첫 번째 막대의 높이는 14, 너비는 1이다. 따라서 면적은 **14 × 1 = 14**
이다. 이런 방법으로 각 막대의 면적을 표로 작성해보자.

A	B	C	D	E	F	G	H	I	J
14									

결국 각 막대의 $f(t)$값을 쓰면 된다. 이 값들을 합하면 전체의 면적을
알 수 있다!

합계 = _____

이 합을 T, 즉 10으로 나눈다.

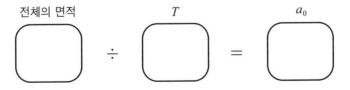

위의 계산에 따르면 전체 파동은 기준선 위로 8만큼 솟아 있다. 이
로써 a_0의 값을 찾았다!

2.2 a_n에 도전!

a_0는 의외로 간단히 끝났다. 이번엔 a_n에 도전하자! a_n을 구하기 위한 필터는 다음과 같았다.

$$a_n = \frac{2}{T}\int_0^T f(t)\cos n\omega t\, dt$$

(복합 파동 $f(t)$에 $\cos n\omega t$를 곱해 해당하는 면적을 구한 뒤,

그것을 주기 T로 나누고 2를 곱한다.)

우선 $f(t)$에 포함된 가장 큰 코사인 파동의 진폭인 a_1을 떠올려보자. 먼저 복합 파동 $f(t)$에 $\cos 1\omega t$를 곱해야 한다.

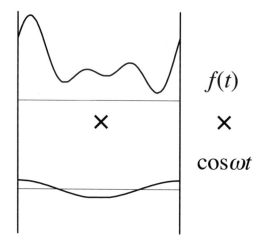

앞서 이미 $f(t)$를 10등분했으니 $\cos \omega t$ 역시 10등분해야 한다. 그런 다음 각각의 t에서 $f(t)$와 $\cos \omega t$의 값을 구하면 된다.

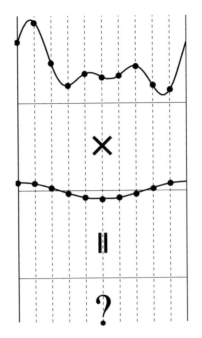

이렇게 생겨난 새로운 파동을
다시 막대를 이용해
면적을 구한다.

도표에서 보이는 대로 곱셈을 해보자. 곱셈을 하려면 이미 알고 있는 10개 점의 $f(t)$값 외에, 같은 점에서의 $\cos \omega t$값이 필요하다.

코사인 파동은 10초에 한 주기(360°)를 그리며 이것을 10등분하면 36°이다. 즉 $\cos 0°$, $\cos 36°$, $\cos 72°$, ⋯, $\cos 360°$로 36°씩 나아간 cos값을 찾으면 된다.

10초를 10등분하면 1초이고 1초간 36°씩 나아간다⋯. 음, 1초 동안 회전하는 각도를 뭐라고 했지? 아하! 각속도(ω)였지.

$$각속도 \ \omega = 36° /\text{sec}$$

이제 곱셈을 해보자! $t = 0$에서 두 파동의 값에 대한 계산이 처음이므로 $f(t) \times \cos \omega t$에 $\omega = 36$, $t = 0$을 대입하자.

$$f(0) \times \cos (36 \cdot 0)^\circ = 14 \times \cos 0^\circ$$
$$= 14 \times 1 = 14$$

코사인 파동은
1에서 시작된다.
즉 $\cos 0^\circ = 1$

해냈다! 다음으로 넘어가자. 이번에는 t를 1로 두고 곱하면 되겠지?

$$f(1) \times \cos (36 \cdot 1)^\circ = 18.7 \times \cos 36^\circ$$

어라? $\cos 36^\circ$가 얼마지? $\cos 0^\circ = 1$이라는 거야 알고 있지만 $\cos 36^\circ$는 얼마인지 짐작도 안 간다. 그래프로 보면 1보다 작은 값이란 건 알겠는데….

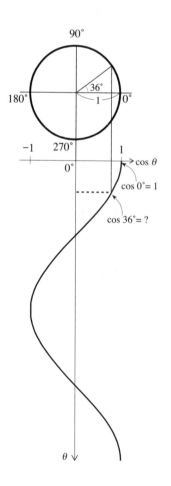

"잘돼가니?"

"아! 선생님!"

"곤란한 점이라도 있니?"

"$\cos 36^\circ$의 값을 모르겠어요."

다음 쪽

"아하, 무슨 문제인지 알겠다. 이 표가 도움이 될 거야."

"와아! 굉장해요! $\cos 36^\circ = 0.8090$, 이거 정말 편리한데요?"

"여기서 잠깐, 잘 찾아보렴. $\cos 91^\circ$의 값은 뭐지?"

"어? 안 보여요. 뒷장에 실려 있는 건가요?"

"그런 건 없단다. 이 한 장이면 충분하니까."

"네? 어째서요?"

삼 각 함 수 표

θ	$\sin\theta$	$\cos\theta$	$\tan\theta$	θ	$\sin\theta$	$\cos\theta$	$\tan\theta$
0°	0.0000	1.0000	0.0000	45°	0.7071	0.7071	1.0000
1°	0.0175	0.9998	0.0175	46°	0.7193	0.6947	1.0355
2°	0.0349	0.9994	0.0349	47°	0.7314	0.6820	1.0724
3°	0.0523	0.9986	0.0524	48°	0.7431	0.6691	1.1106
4°	0.0698	0.9976	0.0699	49°	0.7547	0.6561	1.1504
5°	0.0872	0.9962	0.0875	50°	0.7660	0.6428	1.1918
6°	0.1045	0.9945	0.1051	51°	0.7771	0.6293	1.2349
7°	0.1219	0.9925	0.1228	52°	0.7880	0.6157	1.2799
8°	0.1392	0.9903	0.1405	53°	0.7986	0.6018	1.3270
9°	0.1564	0.9877	0.1584	54°	0.8090	0.5878	1.3764
10°	0.1736	0.9848	0.1763	55°	0.8192	0.5736	1.4281
11°	0.1908	0.9816	0.1944	56°	0.8290	0.5592	1.4826
12°	0.2079	0.9781	0.2126	57°	0.8387	0.5446	1.5399
13°	0.2250	0.9744	0.2309	58°	0.8480	0.5299	1.6003
14°	0.2419	0.9703	0.2493	59°	0.8572	0.5150	1.6643
15°	0.2588	0.9659	0.2679	60°	0.8660	0.5000	1.7321
16°	0.2756	0.9613	0.2867	61°	0.8746	0.4848	1.8040
17°	0.2924	0.9563	0.3057	62°	0.8829	0.4695	1.8807
18°	0.3090	0.9511	0.3249	63°	0.8910	0.4540	1.9626
19°	0.3256	0.9455	0.3443	64°	0.8988	0.4384	2.0503
20°	0.3420	0.9397	0.3640	65°	0.9063	0.4226	2.1445
21°	0.3584	0.9336	0.3839	66°	0.9135	0.4067	2.2460
22°	0.3746	0.9272	0.4040	67°	0.9205	0.3907	2.3559
23°	0.3907	0.9205	0.4245	68°	0.9272	0.3746	2.4751
24°	0.4067	0.9135	0.4452	69°	0.9336	0.3584	2.6051
25°	0.4226	0.9063	0.4663	70°	0.9397	0.3420	2.7475
26°	0.4384	0.8988	0.4877	71°	0.9455	0.3256	2.9042
27°	0.4540	0.8910	0.5095	72°	0.9511	0.3090	3.0777
28°	0.4695	0.8829	0.5317	73°	0.9563	0.2924	3.2709
29°	0.4848	0.8746	0.5543	74°	0.9613	0.2756	3.4874
30°	0.5000	0.8660	0.5774	75°	0.9659	0.2588	3.7321
31°	0.5150	0.8572	0.6009	76°	0.9703	0.2419	4.0108
32°	0.5299	0.8480	0.6249	77°	0.9744	0.2250	4.3315
33°	0.5446	0.8387	0.6494	78°	0.9781	0.2079	4.7046
34°	0.5592	0.8290	0.6745	79°	0.9816	0.1908	5.1446
35°	0.5736	0.8192	0.7002	80°	0.9848	0.1736	5.6713
★ 36°	0.5878	0.8090	0.7265	81°	0.9877	0.1564	6.3138
37°	0.6018	0.7986	0.7536	82°	0.9903	0.1392	7.1154
38°	0.6157	0.7880	0.7813	83°	0.9925	0.1219	8.1443
39°	0.6293	0.7771	0.8098	84°	0.9945	0.1045	9.5144
40°	0.6428	0.7660	0.8391	85°	0.9962	0.0872	11.4301
41°	0.6561	0.7547	0.8693	86°	0.9976	0.0698	14.3007
42°	0.6691	0.7431	0.9004	87°	0.9986	0.0523	19.0811
43°	0.6820	0.7314	0.9325	88°	0.9994	0.0349	28.6363
44°	0.6947	0.7193	0.9657	89°	0.9998	0.0175	57.2900
45°	0.7071	0.7071	1.0000	90°	1.0000	0.0000	

"약간의 요령만 알면 간단히 해결되거든."

"?"

"단위원을 그리고 $\cos\theta$의 변화를 볼 수 있는 그래프를 만들어보렴."

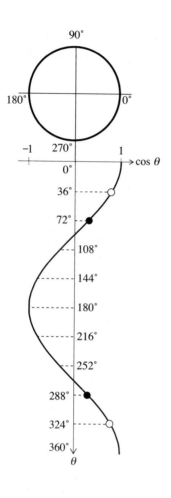

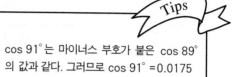

"그렸어요, 선생님."

"그래프를 가만히 보면 $\cos\theta$에서 $\cos 36°$와 같은 값을 갖는 점이 있지?"

"앗, 찾았어요! $\cos 324°$, 그리고 $\cos 72°$는 $\cos 288°$와 같네요. 각도가 더 커져도 0°와 90° 사이의 값과 같아지는군요."

"그럼 $\cos 252°$와 값이 같은 건?"

"네, $\cos 108°$! 어? 이런 값은 표에 없는데?"

"그래프를 보면서 잘 생각해보거라."

"알았다! $\cos 108°$는 $\cos 72°$의 음의 값을 취하면 돼요. $\cos 72°$는 0.3090이니까 $\cos 108°$는 −0.3090이에요."

"대단하구나! 표에 90°까지만 표기되어 있는 이유를 알겠지? 이제 완벽해. 파동의 형태만 떠올린다면 어떤 각도의 값이라도 구할 수 있을걸."

"그렇구나, 이거 재밌는걸요. 다른 값들도 구해볼래요. 가령 $\cos 45°$의 경우를 보면 $\cos 45° = 0.7071$이니까, $\cos 315°$의 값도 0.7071. 거꾸로 마이너스 부분의 $\cos 135°$와 $\cos 225°$는 −0.7071이 되겠군요."

"그럼 $\cos 370°$는 어떨까?"

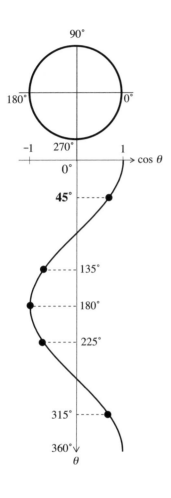

"cos 370°란 원주를 한 바퀴 돌고도 10° 더 나아간 각이죠. 즉 cos 10°과 마찬가지니 값은 0.9848!"

"좋았어! 이제 진도를 나갈 수 있겠구나."

다시 $f(t) \times \cos \omega t$로 되돌아오자. 아까는 cos 36°의 값을 몰랐지만 이제 표가 있으니 괜찮다. cos 36°는 0.8090, cos 72°는 0.3090이다.

이제 시간 t에 0부터 9까지의 숫자를 대입해 $\cos 36t$의 각 좌표 값과 $f(t) \times \cos 36t$를 계산해보자.

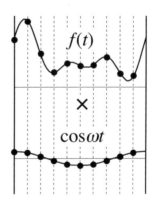

초

0 $f(0) \times \cos(36 \cdot 0)° = 14 \times \cos 0° = 14 \times 1 = \mathbf{14}$

1 $f(1) \times \cos(36 \cdot 1)° = 18.7 \times \cos 36° = 18.7 \times 0.8090 = \mathbf{15.1283}$

2 $f(2) \times \cos(36 \cdot 2)° = 9 \times \cos 72° = 9 \times 0.3090 = \mathbf{2.781}$

3 $f(3) \times \cos(36 \cdot 3)° = 4.1 \times \cos 108° = 4.1 \times (-0.3090) = \mathbf{-1.2669}$

4 $f(4) \times \cos(36 \cdot 4)° = 6.7 \times \cos 144° = 6.7 \times (-0.8090) = \mathbf{-5.4203}$

5 $f(5) \times \cos(36 \cdot 5)° = 6 \times \cos 180° = 6 \times (-1) = \mathbf{-6}$

6 $f(6) \times \cos(36 \cdot 6)° = 6.3 \times \cos 216° = 6.3 \times (-0.8090) = \mathbf{-5.0967}$

7 $f(7) \times \cos(36 \cdot 7)° = 8.4 \times \cos 252° = 8.4 \times (-0.3090) = \mathbf{-2.5956}$

8 $f(8) \times \cos(36 \cdot 8)° = 4 \times \cos 288° = 4 \times 0.3090 = \mathbf{1.236}$

9 $f(9) \times \cos(36 \cdot 9)° = 2.9 \times \cos 324° = 2.9 \times 0.8090 = \mathbf{2.3461}$

구한 값을 점으로 찍고 매끄럽게 이어보니 $f(t) \times \cos \omega t$에 의한 새로운 파동이 만들어졌다.

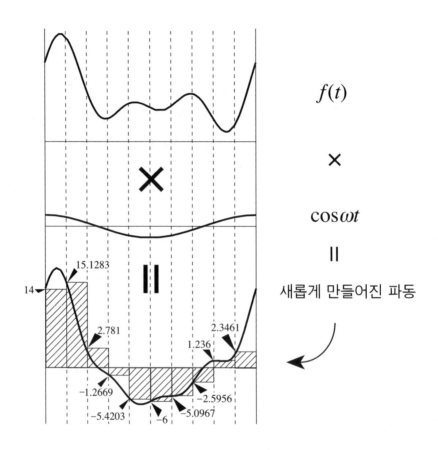

이 파동의 면적을 구해, 주기 T로 나누고 2를 곱하면 a_1을 얻게 될 것이다. 막대그래프를 이용해 파동의 넓이를 구하자!

각 막대의 너비는 a_0의 경우와 마찬가지로 1. 따라서 막대의 높이가 곧 막대의 넓이로, 그 합은 15.1119이다. 여기에 2를 곱한 값 30.2238을 10(주기 T)으로 나누면 3.0224이다.

그러므로 a_1의 진폭은 3.0224로 약 3이다.

그렇다는 건 $f(t)$ 안에서 $\cos \omega t$ 파동은 약 3의 진폭을 가진다는 뜻이다.

"선생님! a_1을 알아냈어요!"

"응. 그럼 다른 코사인 파동들의 진폭도 알아내서 이 표를 채워보렴."

t	$f(t)$	a_1 $f(t) \times \cos \omega t$	a_2 $f(t) \times \cos 2\omega t$	a_3 $f(t) \times \cos 3\omega t$	a_4 $f(t) \times \cos 4\omega t$	a_5 $f(t) \times \cos 5\omega t$
0	14	14				
1	18.7	15.1283				
2	9	2.781				
3	4.1	-1.2669				
4	6.7	-5.4203				
5	6	-6				
6	6.3	-5.0967				
7	8.4	-2.5956				
8	4	1.236				
9	2.9	2.3461				
총면적		15.1119				
a_n		3.0224				

☞ 답은 175쪽에

a_2는 어떻게 구할까?

$$a_2 = \frac{2}{T} \int_0^T f(t) \cos 2\omega t \, dt$$

> **Tips**
> 계산기가 있으면 매우 편리하다. 함수 계산 기능이 딸려 있는 제품이라면 삼각함수 표가 따로 필요 없으니 더욱 좋다.

역시 $f(t)$에 $\cos 2\omega t$를 곱해 면적을 구한 뒤, 주기 T로 나누고 2를 곱한다. a_1과 다른 점은 $\cos 2\omega t$를 곱한다는 것뿐이다. $\cos \omega t$는 초당 $36°$의 속도로 회전하는, 다시 말해 10초에 한 바퀴 도는 파동이었고 $\cos 2\omega t$는 그 두 배인 초당 $72°$의 속도(10초에 두 바퀴)로 회전하는 파동이다.

그러므로 $f(t) \times \cos 2\omega t$를 그래프로 나타내면 이러하다. $\longrightarrow$

파동의 계산법은 a_1일 때와 같다.

$$14 \times \cos(2 \cdot 36 \cdot 0)° = 14 \times \cos 0° = 14$$

.
.
.

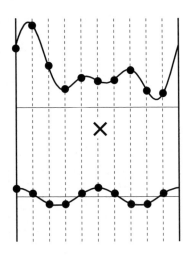

남은 부분은 a_1일 때와 완전히 똑같네. 그럼 선생님께 받은 표를 완성하자!

아자! 혼자서 다 해치웠다! 하면 되잖아!

"장하구나. a_n 필터를 이만큼 통달했다면 b_n 필터 사용법은 눈 깜짝할 새에 익히겠는걸. 골문이 코앞이야."

2.3 b_n에 도전!

$$b_n = \frac{2}{T} \int_0^T f(t) \sin n\omega t \, dt$$

(복합 파동 $f(t)$에 $\sin n\omega t$를 곱해 해당하는 면적을 구한 뒤,

그것을 주기 T로 나누고 2를 곱한다.)

이 공식으로 복합 파동에서 어떠한 $\sin$ 파동의 진폭도 알 수 있게 되었다. $\sin \theta$의 변화에 주목하며 그래프를 그려보자.

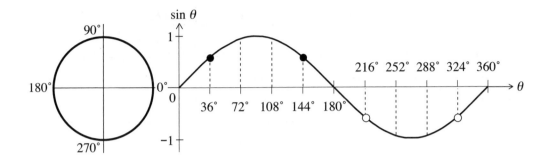

이 그래프를 떠올리며 삼각함수표를 들여다보면 바로 $\sin\theta$의 값이
나올 것이다.

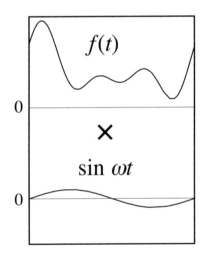

예를 들자면 $\sin 36°$ 와 $\sin 144°$ 는
같은 값으로 모두 0.5878이다. 마이
너스 부분에서 $\sin 216°$ 와 $\sin 324°$ 가
-0.5878로 같다.

　사인 파동은 마이너스 부분이 코
사인 파동과는 다르므로 주의하자.
코사인 파동 때처럼 가장 큰 사인 파
동($\sin\omega t$)의 진폭 b_1부터 구해보자.

　b_1을 구하려면 위 도표와 같이 $f(t)\times\sin\omega t$라는 곱셈을 해야 한다.
그다음부터는 a_n을 구할 때와 조금도 다르지 않다.
　계산 결과를 적을 표를 만들어보자.

t	$f(t)$	b_1 $f(t) \times \sin \omega t$	b_2 $f(t) \times \sin 2\omega t$	b_3 $f(t) \times \sin 3\omega t$	b_4 $f(t) \times \sin 4\omega t$	b_5 $f(t) \times \sin 5\omega t$
0						
1						
2						
3						
4						
5						
6						
7						
8						
9						
총면적						
b_n						

☞ 답은 175쪽에

벌써 다 됐는가? 빠르기도 해라! 잠시 쉬면서 답을 맞춰보자.

 결과

A	B	C	D	E	F	G	H	I	J
14	18.7	9	4.1	6.7	6	6.3	8.4	4	2.9

합계 = **80.1**

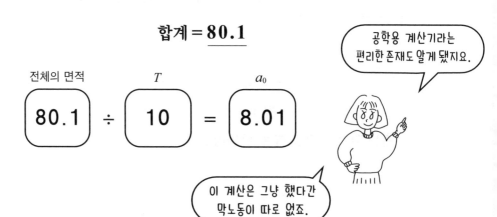

전체의 면적 ÷ T = a_0

80.1 ÷ 10 = 8.01

공학용 계산기라는 편리한 존재도 알게 됐지요.

이 계산은 그냥 했다간 막노동이 따로 없죠.

결과　다음은 a_n과 b_n의 완성표이다.

a_n의 표	a_1	a_2	a_3	a_4	a_5
t ・ $f(t)$	$f(t) \times \cos \omega t$	$f(t) \times \cos 2\omega t$	$f(t) \times \cos 3\omega t$	$f(t) \times \cos 4\omega t$	$f(t) \times \cos 5\omega t$
0 ・ 14	14	14	14	14	14
1 ・ 18.7	15.1283	5.7783	-5.7783	-15.1283	-18.7
2 ・ 9	2.781	-7.281	-7.281	2.781	9
3 ・ 4.1	-1.2669	-3.3169	3.3169	1.2669	-4.1
4 ・ 6.7	-5.4203	2.0703	2.0703	-5.4203	6.7
5 ・ 6	-6	6	-6	6	-6
6 ・ 6.3	-5.0967	1.9467	1.9467	-5.0967	6.3
7 ・ 8.4	-2.5956	-6.7956	6.7956	2.5956	-8.4
8 ・ 4	1.236	-3.236	-3.236	1.236	4
9 ・ 2.9	2.3461	0.8961	-0.8961	-2.3461	-2.9
총면적	15.1119	10.0619	4.9381	-0.1119	-0.1
a_n	3.0224	2.0124	0.9876	-0.0224	-0.02

b_n의 표	b_1	b_2	b_3	b_4	b_5
t ・ $f(t)$	$f(t) \times \sin \omega t$	$f(t) \times \sin 2\omega t$	$f(t) \times \sin 3\omega t$	$f(t) \times \sin 4\omega t$	$f(t) \times \sin 5\omega t$
0 ・ 14	0	0	0	0	0
1 ・ 18.7	10.9919	17.7856	17.7856	10.9919	0
2 ・ 9	8.5599	5.2902	-5.2902	-8.5599	0
3 ・ 4.1	3.8995	-2.4100	-2.4100	3.8995	0
4 ・ 6.7	3.9383	-6.3724	6.3724	-3.9383	0
5 ・ 6	0	0	0	0	0
6 ・ 6.3	-3.7031	5.9919	-5.9919	3.7031	0
7 ・ 8.4	-7.9892	4.9375	4.9375	-7.9892	0
8 ・ 4	-3.8044	-2.3512	2.3512	3.8044	0
9 ・ 2.9	-1.7046	-2.7582	-2.7582	-1.7046	0
총면적	10.1883	20.1134	14.9964	0.2069	0
b_n	2.0377	4.0227	2.9993	0.0414	0

※삼각함수표를 사용했고 소수점 다섯 자리 이하는 반올림으로 계산했다.

a_4, a_5, b_4, b_5가 0이라는 건 이들 파동 $\cos 4\omega t$, $\cos 5\omega t$, $\sin 4\omega t$, $\sin 5\omega t$가 복합 파동에 포함되지 않았음을 의미한다.

드디어 $f(t)$가 어떠한 파동의 성분으로 이루어져 있는지 알게 되었다. 푸리에 급수 공식으로 $f(t)$를 나타내보자.

$$f(t) = 8 + 3 \cos \omega t + 2 \cos 2\omega t + 1 \cos 3\omega t$$
$$+ 2 \sin \omega t + 4 \sin 2\omega t + 3 \sin 3\omega t$$

"필터로 정말 a_0, a_n, b_n의 값을 알 수 있군요."

"당연하지. 명색이 푸리에 계수인걸. 하지만 계산해서 나온 값이 정확할지는 아직 모르지. 이걸 어떻게 증명할 수 있을까?"

"음… 복합 파동에서 분해한 단순 파동들을 다시 합성해서, 원래의 파동으로 돌아가는지 관찰하면 되지 않을까요? 원래대로 돌아간다면 아까 얻은 값이 맞다는 얘길 테고요. 아자! 파이팅!"

3. 원래의 파동 $f(t)$ 구하기

우리가 구한 각 진폭의 값은 다음과 같다.

$$a_0 = 8$$
$$a_1 = 3 \quad a_2 = 2 \quad a_3 = 1 \quad a_4 = 0 \quad a_5 = 0$$
$$b_1 = 2 \quad b_2 = 4 \quad b_3 = 3 \quad b_4 = 0 \quad b_5 = 0$$

이러한 진폭에 대응해 변화하는 파동 값을 매초 구해서, 그 값들

을 모두 합산한 뒤 그래프를 그리면 되는 것이다. 예를 들어 a_1의 3초
후 값을 알고 싶다면 이렇게 계산하면 된다.

$$진폭 \times \cos \omega t \quad (\omega = 36° /sec였다!)$$

$$3 \times \cos 36 \times 3°$$

$$= 3 \times \cos 108° \quad (\cos 108° = -0.3090)$$

$$= -0.93$$

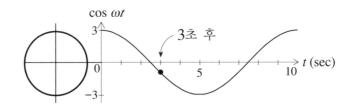

아래의 표를 계산 결과로 가득 채우자!

n	a_n	0	1	2	3	4	5	6	7	8	9
0	8										
1	3				−0.93						
2	2										
3	1										
4	0										
5	0										
	b_n										
1	2										
2	4										
3	3										
4	0										
5	0										

$f(t)$											

각 세로줄의 값을 더해 $f(t)$ 칸을 채워보자! 그리고 그 값을 그래프로 그려보자. 원래의 $f(t)$ 파동과 비교해보면 지금까지의 과정이 바른지 그른지 알게 될 것이다.

좌표를 찍은 후 그 점들을 곡선으로 이어보자.

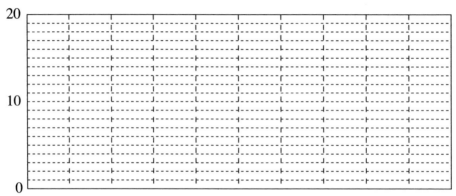

똑같네! 역시 올바른 계산이었다.

다음과 같이 복합 파동에서 분해된 단순 파동들을 도표로 나타내보면 알기 쉽고 재미있다.

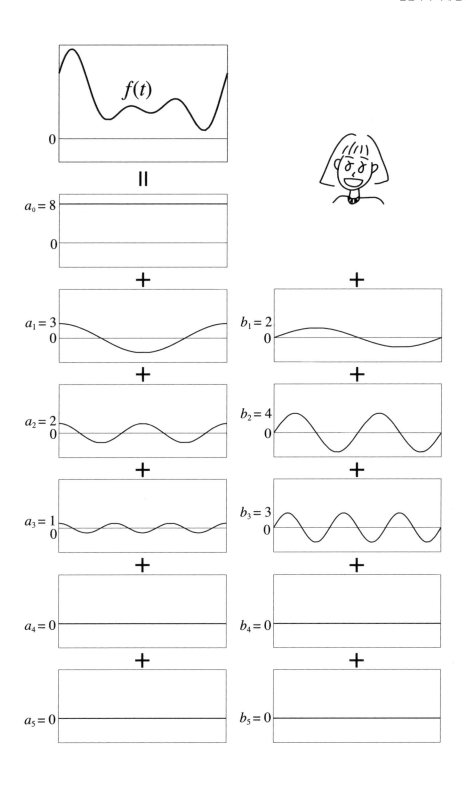

"물론 이해를 위해서는 이런 도표만한 게 없지. 하지만 서른 개나 마흔 개의 파동들을 포함하는 사람의 음성 같은 경우엔 일일이 그릴 수도 없는 노릇이잖니? 이럴 땐 쓰기 알맞은 그래프가 따로 있지."

"스펙트럼spectrum!"

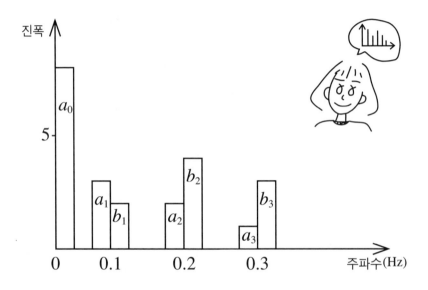

"그렇지! 스펙트럼은 복합 파동 내에서 어떤 종류의 단순 파동이 얼마만큼의 양을 차지하고 있는지 한눈에 파악할 수 있게 해준단다. 뿐만 아니라 두 개의 파동을 비교할 때에도 매우 유용하지."

"정말 알기 쉬워졌네요."

"오늘 우리가 a_0, a_n, b_n의 값을 구할 때 사용한 방법을 **불연속 푸리에 전개**라고 한단다."

"왜 하필 '불연속'이죠?"

"파동은 연속적인 선으로 되어 있잖니? 하지만 우리는 그 선 위에 1초 간격으로 10개의 점을 찍어 $f(t)$를 분석했어. 연속 파동을 정해진 시간 간격으로 나누고 불연속적으로 $f(t)$의 값을 늘어놓아 그것을 푸리에 전개했기 때문에 그렇게 부르지."

"흐음. 나누는 간격을 좁힐수록 원래의 연속 파동에 가까운 파동을 얻게 되겠군요. 하지만 계산할 생각을 하면 끔찍해요! 전 편하게 갈래요. 10개의 점만으로도 거의 정확한 $f(t)$값을 얻을 수 있는 걸요, 신기할 정도로."

"거기엔 작은 비밀이 숨어 있지. 파동이 한 번 진동하는 것을 나타내려면 최소 몇 군데의 점이 필요할까?"

"2군데요!"

"그건 왜지?"

"아래 그래프처럼 되니까요."

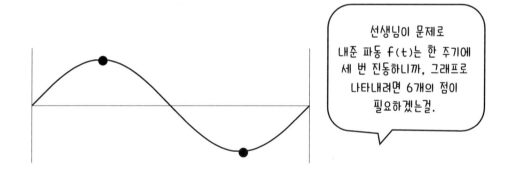

선생님이 문제로 내준 파동 f(t)는 한 주기에 세 번 진동하니까, 그래프로 나타내려면 6개의 점이 필요하겠는걸.

위 도표처럼 두 점만 있으면 한 번 진동하는 파동을 볼 수 있다.

"만약 점이 10개라면 몇 번 진동하는 파동을 볼 수 있을까?"

"5번이요!"

"맞았어. 그래서 우리가 오늘 10개의 $f(t)$값으로 각기 다섯 번 진동하는 사인 파동과 코사인 파동의 진폭(a_5, b_5)을 알아낼 수 있었던 거야."

"그랬구나. 재미있네요!"

"오늘 분석한 파동 $f(t)$는 한 주기가 10 였으니까 기본 주파수는 0.1Hz가 된단다. 하지만 '아'나 '이'의 파동은—개인차는 있지만 —대개 기본 주파수가 100~250Hz정도지. 100Hz란 초당 100번 진동한다는 뜻이니, 매초 회전하는 각도는 무려 36000°가 되겠구나."

"엄청난 속도군요!"

"불연속 푸리에 전개를 이해하게 되면 푸리에의 모든 것을 이해한 거나 마찬가지지. 앞으로 더 재밌어질 게다."

"세계가 점점 넓어지는 느낌이에요! 지금까지 신경 쓰지 않았거나 눈치채지 못했던 것들이 차츰 눈에 보이고 선명해져요!"

이론상으로는 우리가 가진 점의 절반 횟수만큼 진동하는 사인 파동과 코사인 파동을 그릴 수 있을 것처럼 보이나, 사실 그중 가장 세심하게 진동하는 사인 파동(점이 10개라면 b_5, 18개라면 b_9)의 진폭 값은 구할 수 없다.

10개의 점을 찍었을 때를 생각해보자. 아래의 도표에서 확인할 수 있듯이 다섯 번 진동하는 사인 파동의 값은 어느 점에서나 반드시 0이 되어버린다. 즉 다섯 번 진동하는 사인 파동까지 나타내고 싶다면 10개 이상의 점이 필요하다. 점이 8개인 경우도 마찬가지로 4번 진동하는 사인 파동은 그래프로 표시할 수 없다.

그래서 불연속 푸리에 전개를 사용할 때 우리가 볼 수 있는 파동의 개수는, a_0를 포함하여 찍은 점의 절반에 불과한 것이다.

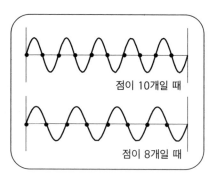

점이 10개일 때

점이 8개일 때

물체를 가열했을 때 열이 퍼지는 모습을 설명하기 위해 파동의 합으로 그래프를 그려내듯, 자연 대부분의 일을 '푸리에' 식으로 생각할 수 있지 않을까?

예를 들어 갓 태어난 아기를 생각해보자! 처음엔 아무 말도 못하지만 시간이 가면서 점점 말이 늘어나지 않는가? 이건 마치 푸리에 급수에서 더해지는 파동의 수가 증가하는 것과 같다. 그렇다면 이 파동 또한 푸리에 계수로 풀이가 가능할 것이다.

생활환경에 따른 차이는 있겠지만 반복해서 들리는 소리의 파동이 아름다운 자연 질서를 따라 '말'이 되어간다. 인간도 자연 속에서 만들어진 존재이니 자연의 질서에 속해 있다.

인간이란 뭘까? 말이란 무엇일까?

자연은 반드시 대답해줄 것이다! 그때가 되면 자연의 질서도 이해하게 될 것이다. 오늘 함께한 '불연속 푸리에 전개'는 재미있었다. 다음엔 뭘 새롭게 알아낼 수 있을지, 생각만 해도 가슴이 뛴다!

스펙트럼의 수수께끼

이번 코너에서는 스펙트럼 최대의 비밀이라고 할 수 있는 'FFT는 어떻게 a_n, b_n을 하나로 요약해 표시하는가?'를 해명해보고자 한다. 그러면 우선 불연속 푸리에 전개 때 사용했던 파동을 예로 들어 생각해보자.

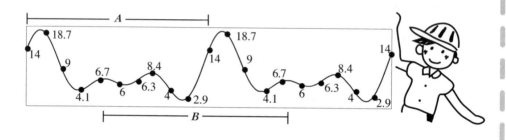

여러분은 이 파동이 어떠한 단순 파동들의 합인지 푸리에 계수를 통해 조사했다. 푸리에 계수에 대해 다시 한 번 떠올려보자. 푸리에 계수를 사용함에 앞서 우선적으로 해야 하는 것은 '한 주기를 잘라내는' 일이다. 푸리에 계수가 가능한 파동은 반드시 주기운동을 하므로 파동 전체가 아닌 한 주기만 봐도 충분하다. 그런데 이 한 주기라는 놈은 무척 성미가 까다롭다. 푸리에 계수 및 그 외의 곳에서도 많이 다뤘듯 한 주기란, '하나의 패턴이 반복하는 구간'이다. 이 한 주기란 의미 안에는 '어디부터 어디까지'란 범위는 들어 있지 않으므로 굳이 파동의 시작부터 한 주기를 잘라낼 필요는 없다. 이 예에서 주기는 10초이므로 A부분을 잘라내든 B부분을 잘라내든 상관없는 것이다. 불연속 푸리에 전개 때는 별 생각 없이 가장 앞에서 10초 후까지의 파동으로 계산해 아래의 결과를 얻었다. 그렇다면 B부분을 잘라내어 계산하면 어떻게 될까? A와 같을까?

A	$a_0 = 8$		B	$a_0 = 8$	
	$a_1 = 3$	$b_1 = 2$		$a_1 = -1.25$	$b_1 = -3.4$
	$a_2 = 2$	$b_2 = 4$		$a_2 = -3.2$	$b_2 = 3.13$
	$a_3 = 1$	$b_3 = 3$		$a_3 = 3.16$	$b_3 = 0$

어라? A와 B의 답은 전혀 다르다.

게다가 A의 부분을 살짝 빗겨간 곳에서 한 구간을 취하면 푸리에 계수 공식의 값은 A에서 구한 a_n과 b_n이 완전히 반대가 된다. 사인 파동과 코사인 파동은 딱 $90°$ ($360°$의 $\frac{1}{4}$)만큼 빗겨간 파동이기 때문에 A부분을 $\frac{1}{4}$만큼 이동하면 사인 파동은 코사인 파동, 코사인 파동은 사인 파동이 되는 것이다. 이렇게 같은 파동의 한 주기를 잘라냈는데도 분해된 파동은 전혀 다른 것이 되고 말았다. 푸리에 계수로 얻은 결과는 잘라낸 한 주기의 파동을 그대로 재생하는 데 필요한 파동이다. 그러므로 A에서 도출된 단순 파동을 전부 합하면 A와 똑같은 형상이 되고, B에서 도출된 개개의 파동을 전부 합하면 B와 똑같은 형상의 파동이 완성된다.

그러나 이래서는 한 주기를 어디에서 취하느냐에 따라 답이 달라지고 마니 곤란하게 되었다. 그래서 복합 파동의 특징을 나타내는 데 편리한 스펙트럼을 사용하는 경우에는, 어느 부분을 취하더라도 완전히 같은 값이 나오는 방식을 써야 한다. FFT라는 기계는 푸리에 계수에 의해 나온 a_n, b_n을 같은 주파수끼리 묶어(a_1과 b_1, a_2와 b_2, a_3와 b_3, …) 어디를 한 주기로 취하든 답이 변하지 않도록 표현한다. 그 계산 방법은 이렇다.

$$d_n = \sqrt{a_n{}^2 + b_n{}^2}$$

d_n은 a_n, b_n을 정리한 값을 나타낸다. 왜 이런 계산법을 쓰는지 그래프로 간단히 살펴보자.

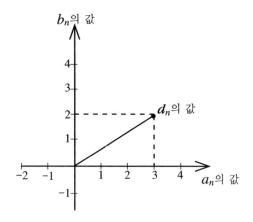

위와 같은 그래프를 만들면 a_n과 b_n을 하나의 점으로 나타낼 수 있다. 예를 들어 $a_1 = 3$, $b_1 = 2$라면 d_1으로 나타낼 수 있다. 스펙트럼에서 표시하는 것은 0부터 d_1까지의 거리가 되는 것이다. 이것을 구하기 위해 피타고라스의 정리를 이용한다.

$d_n = \sqrt{a_n{}^2 + b_n{}^2}$ 이므로 답은 $d_1 = \sqrt{3^2 + 2^2} = 3.61$이 된다.

불연속 푸리에 전개를 사용한 파동의 경우

$A \quad a_0 = 8$

$$d_1 = \sqrt{3^2 + 2^2} \fallingdotseq 3.61$$

$$d_2 = \sqrt{2^2 + 4^2} \fallingdotseq 4.47$$

$$d_3 = \sqrt{1^2 + 3^2} \fallingdotseq 3.16$$

$B \quad a_0 = 8$

$$d_1 = \sqrt{(-1.25)^2 + (-3.4)^2} \fallingdotseq 3.62$$

$$d_2 = \sqrt{(-3.2)^2 + 3.13^2} \fallingdotseq 4.48$$

$$d_3 = \sqrt{3.16^2 + 0^2} \fallingdotseq 3.16$$

값이 거의 맞아떨어진다. 스펙트럼은 다음과 같다.

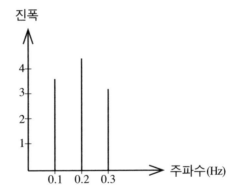

d_n의 값은 어떤 구간을 취하더라도 동일하며, 스펙트럼은 이를 그래프로 나타낸다.

memo

Chapter

4

음성과 스펙트럼

'푸리에 급수'와 '푸리에 계수'를 이해했다면 이제 푸리에
변환의 전체 모습이 보일 것이다. 파동의 기본도 잡혔으니
이번 장에서는 실제 음파를 분석해보자.
스펙트럼을 써서 모음의 특징을 조사하면 생각지도 못한
질서를 발견할 것이다.

1. 파동과 언어에 관한 이야기

1.1 파동에 대해

푸리에의 모험을 시작한지 꽤 시간이 흘렀다. 의외로 즐겁다는 사람
도 있을 테고 험한 산이나 가파른 절벽에 가로막히거나 함정에 굴러떨
어진 사람도 있을 것이다. 어찌됐든 여기까지 왔다면 고개는 하나 넘
었다! 적어도 푸리에 변환이 무엇을 다루고 있는지 윤곽 정도는 잡은
것이다. 잠시 모험은 접어두고 숨을 돌리자.

이제껏 푸리에의 모험을 함께 하면서 여러분은 푸리에 변환이 '파동
을 다루는 공식'이란 것을 알았을 것이다. 그렇다면 파동이란 무엇일
까? 우리 주위에는 어떤 파동들이 있는지 생각나는 대로 열거해보자.

바다의 파도, 전자파, 웨이브 진 머리카락, 산등성이, 심장 박동, 뇌파 등 여러 가지가 떠오를 것이다. 이 외에도 '들쭉날쭉한 성미', '굴곡이 많은 인생'처럼 눈에 보이진 않지만 사람이 파동의 형상으로 인식하고 표현하는 감정도 있다. 이렇듯 우리 주변에는 숱한 파동들이 존재한다. 우리가 이야기하는 말 또한 소리이니, 파동으로 그려볼 수 있다. 이 언어라는 파동엔 재미있는 것이 많이 숨어 있다.

1.2 언어에 대해

사람은 누구나 말을 할 수 있다. 일본에서 태어나면 일본어를, 한국에서 태어나면 한국어를 자연스레 익히게 된다. 어린 아기는 누가 가르쳐주지 않더라도 엄마가 하는 말이나 주위 사람들의 대화를 듣고 자라나면서 옹알이를 시작한다. 그리고 세 살 무렵에는 어느 아기나 어른들의 방식으로 말을 구사하게 된다. 엄마가 굳이 쉬운 말만 아이에게 가르치진 않았을 테고, 아기의 주위에는 수많은 말이 무작위로 날아다닌다. 하지만 아기는 이 뒤엉킨 말들을 들으며 점차 입이 트여간다. 그렇다면 아무리 복잡하고 우연처럼 느껴지더라도 여기엔 분명 갓난아기라도 이해할 수 있는 간단하고 명쾌한 질서가 존재할 것이다.

또 하나, 히포 패밀리클럽의 언어 테이프를 듣고 있으면 재미있는 현상이 일어난다. 처음 테이프를 들으면 전혀 알아들을 수 없다가 시간이 조금 흐르면 다른 언어를―어느 게 한국어고 어느 게 프랑스어인지―구분할 수 있게 된다. 그리고 더듬더듬 따라할 수 있는 부분이 나오고, 긴 문장 속의 단어 하나하나를 정확하게 구분하게 되며 국제 교류 모임에 참가해서는 말이 저절로 나오는 자신에게 놀라기도 한다. 스스로 익힌 언어인데도 자신이 말속의 어떤 질서를 발견해서 말을 하게 되었는지 알지 못한다.

말이란 누구나 구사하는, 너무나 당연하고 가까운 것이기에 어떻게 말을 하게 되는지 생각해본 적조차 없지만 한 번 알아채고 나니 무척 신기하게 여겨진다. 복잡해 보이는 언어 속에 대체 어떤 질서가 숨어 있는 걸까? 들여다보고 싶지 않은가? 하지만 언어를 어떻게 볼 수 있단 말일까? 우리는 지금까지 푸리에의 모험을 해오며 파동을 보는 방법을 알고 있으니 이 수수께끼에 도전해보자.

1.3 언어의 파동과 모음

'언어의 파동'을 보기 위해 FFT의 힘을 빌리자. 이전에도 몇 번 만난 적이 있다. FFT는 눈에 보이지 않는 소리를 파동으로 나타내 보여주는 기계이다. FFT는 Fast Fourier Transform의 약자다.

오른쪽은 '사루'라고 말한 파동이다. 어쩐지 지금까지 상대한 파동에 비해 퍽 복잡하고 어려워 보인다. 어디부터 손을 대야 할지 망설여진다.

다음엔 '아'와 '카', '사'라고 말한 파동을 살펴보자.

'사루(원숭이라는 뜻의 일본어)'라고 말하는 목소리의 파동(①→②→③)

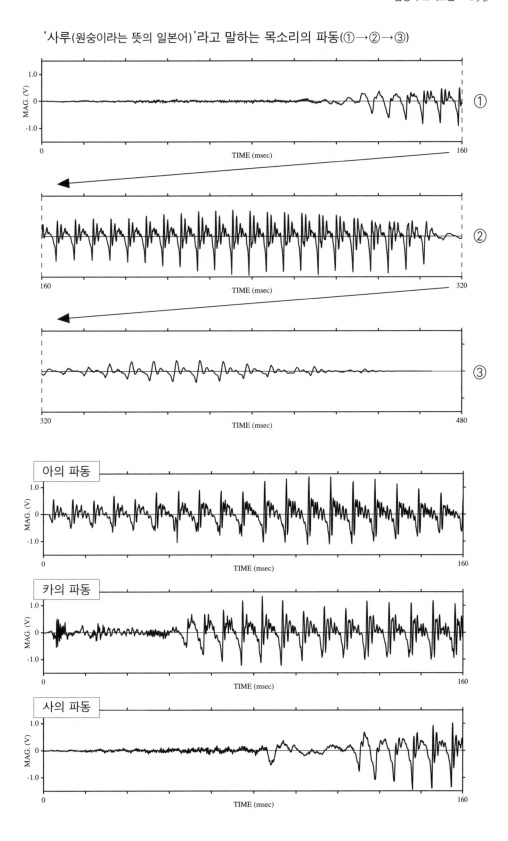

이 세 파동을 비교하면 '사루'의 파동보다는 간단해 보인다. **아**의 파
동은 처음부터 같은 형태가 이어지고 있다. **카**와 **사**의 파동은 불규칙
적인 형태로 시작되는데, 이 부분이 **카**의 ㅋ과 **사**의 ㅅ 부분에 해당되
는 듯하다. 그 뒤는 맨 위의 **아** 파동처럼 규칙적인 형태가 된다.

이쯤에서 우리가 배운 것을 돌이켜보자.

> **푸리에 급수**: 복잡하나 주기운동을 하는 파동은 단순 파동
> 으로 분해할 수 있다.
>
> **푸리에 계수**: 각각의 단순 파동의 진폭을 구한다.

아무리 복잡한 파동이라도 주기적이기만 하다면 푸리에 공식으로
풀 수 있다. 이 중에선 **아**의 파동이 해당된다. 시험 삼아 아이우에오
다섯 모음의 파동을 살펴보자.

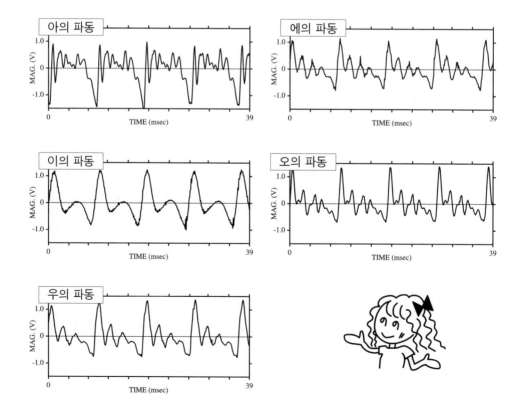

도표에서 알 수 있듯이 사실 모든 모음의 파동은 주기적이다. 그럼 푸리에 공식으로 모음들을 파헤쳐보자.

1.4 모음에 대해

우선 모음이란 무엇인지부터 짚어보자. 일본어엔 아, 이, 우, 에, 오라는 다섯 개의 모음이 있다. 그러나 만약 '아'와 '오' 사이의 소리, 혹은 '이'와 '우' 사이지만 '이'에 좀 더 가까운 소리를 내달라는 청을 받는다면 꽤 그럴듯한 발음을 할 수 있다. 다른 모음들의 경우도 마찬가지이다. 누구나 온갖 무수한 소리를 연속으로 내는 것이 가능하다.

그런데 왜 (일본어에서) 모음이 다섯 개뿐일까? 그것은 듣는 쪽의 머릿속에서 질서를 따라 모음을 다섯 개로 구별하고 있기 때문이다. 갓난아이라도 알 수 있는 이 단순한 질서는 무엇일까?

2. 스펙트럼으로 만나는 모음의 파동

2.1 푸리에와 스펙트럼

모음의 파동이 어떤 종류인지를 조사하기에 앞서, 우리가 배운 푸리에 공식을 다시 한 번 복습하자.

제3장의 '불연속 푸리에 전개'에서 사용한 파동이 좋겠다. 손으로 직접 이 파동의 푸리에 계수를 찾았던 기억을 떠올려보라. 다음과 같은 그래프가 생각났는가?

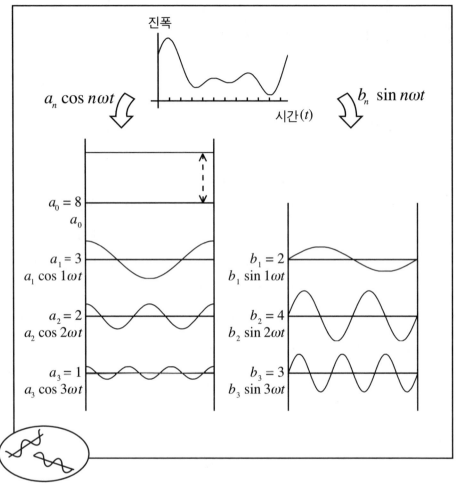

　　푸리에 계수 공식은 그 파동을 이루는 사인 파동과 코사인 파동이 어떤 진폭을 가졌는지 구해주고, 위의 도표처럼 각 단순 파동들(a_0, a_1, a_2, …, b_1, b_2, b_3, …)의 진폭 값을 확인할 수 있다.

　　그런데 사실 복합 파동을 구성하는 단순 파동의 성분과 그 양을 더욱 빠르게 눈으로 확인하는 방법이 있다.

　　바로 스펙트럼을 이용하는 것이다(스펙트럼이란 변화의 범위를 말한다).

그러면 사용할 스펙트럼을 만들어보자. 이 파동은 10초마다 주기적으로 반복된다.

· $\cos n\omega t$의 스펙트럼

우선 이 파동의 기본 주파수를 구해보자. 다른 파동들은 이 기본 주파수의 배수(2배, 3배, 4배, …)가 되는 주파수를 가지게 될 것이다.

기본 파동의 주기 T는 10초 였다. 그러므로 기본 주파수는 $f = \dfrac{1}{T} = \dfrac{1}{10} = 0.1(\text{Hz})$가 된다. 기본 파동은 초당 0.1번 진동하는 파동이다.

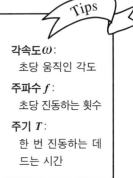

파동의 속도를 알아냈으니 그 배수가 되는 파동의 주파수도 구할 수 있다. 각 파동의 진폭은 이미 알고 있으므로 수평축은 주파수, 수직축은 진폭을 나타내는 그래프를 그려보면 다음과 같다.

Tips

각속도 ω:
 초당 움직인 각도

주파수 f:
 초당 진동하는 횟수

주기 T:
 한 번 진동하는 데
 드는 시간

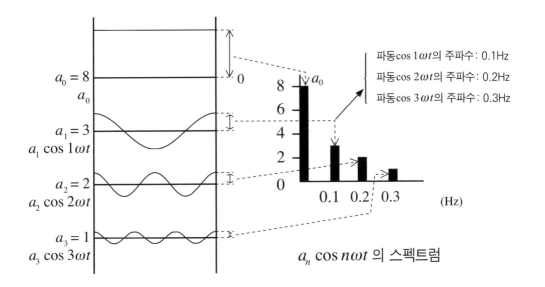

$a_n \cos n\omega t$ 의 스펙트럼

· sin $n\omega t$ 의 스펙트럼

cos $n\omega t$가 완성되면 sin $n\omega t$쪽은 간단하다. n이 같다면 코사인 파동과 사인 파동의 주파수는 같으므로 코사인의 스펙트럼과 수평축의 주파수는 정확히 일치한다. 그렇게 각각의 진폭을 적어 넣으면 되는 것이다.

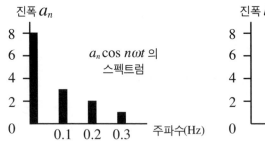

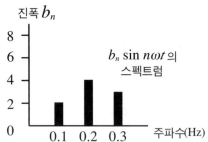

완성된 사인 파동과 코사인 파동의 그래프를 나란히 놓아보자. 한눈에 어떤 진폭과 주파수의 단순 파동이 얼마나 포함되어 있는지 알 수 있다. 지난번처럼 많은 그래프를 그리시 않고도 단 두 장의 스펙트럼으로 복합 파동의 성분을 알 수 있다는 건 정말 편리하다. 이로써 스펙트럼은 완성이다.

예전 야채 주스 퀴즈 때 스펙트럼은 야채 주스의 성분표 역할을 했다. 이 야채 주스는 토마토가 많이 들어 있군 하고 그 주스의 특징을 바로 알려주었다. 음성의 스펙트럼 또한 이 파동은 몇 Hz의 파동이 많이 포함돼 있구나 하고 그 파동의 특징을 한눈에 알게 해준다. 이른바 파동의 성분표에 해당하는 것이다.

이 스펙트럼이 있으면 모음의 특징도 알아낼 수 있을지 모른다.

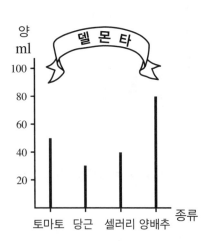

2.2 모음의 스펙트럼을 살펴보자!

모음 아이우에오, 다섯 파동의 푸리에 계수를 구해 스펙트럼을 만들어 보자. 그런데 혹 불연속 푸리에 전개 당시의 파동을 기억하는가? 그 파동은 사인과 코사인을 포함한 7개의 단순 파동으로 구성되어 있었다. 그때 7개 파동의 계수를 구하는 것만으로도 상당한 시간이 걸렸다. 사람의 음성은 100에 가까운 사인 파동과 코사인 파동으로 이루어져 있다. 그렇게 많은 파동의 계수를 일일이 구하려 했다간 평생 모음의 비밀에 다가서지 못할 것이다. 우리는 지금 파동의 계수를 구하는 게 아니라, 모음이 대체 어떤 파동인지를 알기를 원한다.

그러니 FFT의 도움을 받아보자. 여태껏 실체가 없는 목소리를 그래프로 나타내주는 기계로 여겨왔지만, 실은 단번에 파동의 푸리에 계수를 구하는 능력도 가지고 있다. FFT는 '눈 깜짝할 사이에 푸리에 변환을 마친다'는 뜻이다. 더 대단한 건 푸리에 변환만 해주는 게 아니라 그 스펙트럼까지 밝혀낸다는 점이다. 한 파동의 푸리에 변환부터 스펙트럼을 그려내는 데 드는 시간은 고작 1초이다. 아래는 FFT가 그려낸 모음 '아'의 스펙트럼이다.

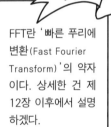

Tips

FFT란 '빠른 푸리에 변환(Fast Fourier Transform)'의 약자이다. 상세한 건 제12장 이후에서 설명하겠다.

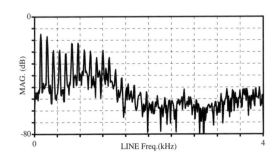

아까 우리가 만든 스펙트럼과의 차이점을 눈치 챘는가?

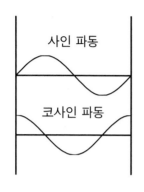

사인 파동

코사인 파동

① 아까는 사인과 코사인이 각각 분리된 스펙트럼이었는데 FFT가 만든 스펙트럼은 하나뿐이다. 왼쪽의 그림에서처럼 n이 같은 값일 때 $\sin n\omega t$와 $\cos n\omega t$의 주파수는 같다. 이 특성을 이용하면 사인과 코사인 파동을 한꺼번에 그려낼 수 있다는 걸 우리는 이미 쉬어가는 페이지의 '스펙트럼의 수수께끼'에서 배웠다. 그래프를 보는 법은 사인, 코사인의 스펙트럼 때와 같다.

② 아까는 단순한 막대그래프였는데, FFT의 스펙트럼은 전체가 가늘고 뾰족하게 진동하는 선으로 이어져 있다.

이는 FFT가 계산할 때 막대그래프 사이의 틈을 매끄럽게 이어주기 때문이다. 모양이 다르더라도 그래프를 읽는 방법은 같다. 각 막대의 꼭대기만을 보면 된다.

의문이 풀렸으면 푸리에 계수는 FFT에게 맡겨두고 다섯 모음의 스펙트럼을 살펴보자.

이 스펙트럼들을 보고 알 수 있는 것을 정리하자.

① 아이우에오 다섯 모음의 공통점은 막대 사이의 간격이 모두 같다는 점이다. 막대가 균등하게 늘어서 있다는 건, 각 막대의 주파수가 어떤 기본 주파수의 정수배임을 뜻한다. 가장 왼쪽의 파동이 주파수가 가장 낮고(주기가 가장 크다), 이 목소리의 주인공의 경우 그 주파수는 140Hz이다. 그다음 파동의 주파수는 2배인 280Hz, 그다음은 3배인 420Hz로 140Hz의 정수배가 된다.

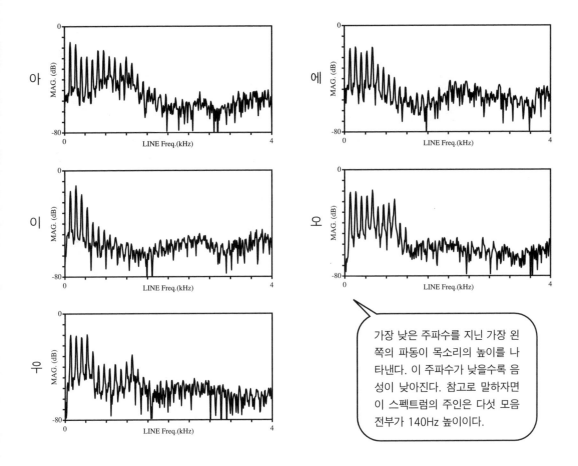

가장 낮은 주파수를 지닌 가장 왼쪽의 파동이 목소리의 높이를 나타낸다. 이 주파수가 낮을수록 음성이 낮아진다. 참고로 말하자면 이 스펙트럼의 주인은 다섯 모음 전부가 140Hz 높이이다.

② 다음엔 다섯 모음들을 비교해보자.

전부 같은 주파수의 파동으로 구성되어 있지만, 모음에 따라 스펙트럼의 전체 형태가 다르다. 이는 어느 주파수의 파동이 많이 들어 있느냐에 따라서 서로 달라지기 때문이다. 그것이 각각의 파형波形에 나타나 있는 것 같다. 하지만 고작 한 명의 샘플만 봤을 뿐이니, 이것이 모음의 특징이라고 할 수 있을지는 모르겠다. 어쩌면 이 사람의 목소리만 이런 형태를 하고 있을지도 모를 일이다.

그러므로 이번엔 남녀 각 다섯 명의 스펙트럼을 살펴보자.

〈남성의 목소리〉 일본인 남성 5명에 의한 다섯 모음의 스펙트럼

〈여성의 목소리〉 일본인 여성 5명에 의한 다섯 모음의 스펙트럼

202쪽의 스펙트럼은 남성의 목소리, 203쪽의 스펙트럼은 여성의 목소리이다. 전체적으로 보아 여성에 비해 남성 쪽의 막대 간격이 좁다. 이는 남성이 여성보다 목소리가 낮기 때문이다. 남성 ①과 여성 ①을 비교해보자. 남성 ①의 음성의 가장 낮은 주파수는 140Hz로, 그다음 주파수는 2배인 280Hz, 3배인 420Hz, … 로 140Hz의 간격을 갖는다. 여성 ①은 220Hz, 440Hz, 660Hz, … 로 220Hz의 간격을 갖는다.

2.3 다섯 모음의 특징을 파헤치기

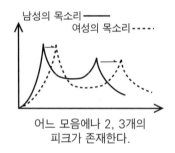

남성의 목소리 ——
여성의 목소리 ·····

어느 모음에나 2, 3개의
피크가 존재한다.

스펙트럼에서 같은 모음끼리 잘 관찰해보자. 어떤 공통점이 있지 않는가? 그렇다. 같은 모음들은 같은 형태의 그래프를 그리고 있다. 언뜻 남성과 여성의 스펙트럼은 달라 보이지만, 잘 살펴보면 여성의 스펙트럼은 남성의 그것을 오른쪽으로(주파수가 큰 쪽으로) 옮긴 걸 알 수 있을 것이다. 즉 그래프의 솟아오른 부분과 꺼진 부분의 위치는 같다. 더 정확히 말하자면 스펙트럼상에서 어떤 주파수를 가진 파동이 많고, 어떤 주파수를 가진 파동이 적은가 하는 것이다.

야채 주스만 해도 많이 들어간 재료일수록 맛에 끼치는 영향이 크다. 예를 들어 토마토가 많이 들어간 야채 주스는 토마토 향이 강한 야채 주스가 될 것이다. 그렇다면 소리도 큰 파동의 영향을 받는 게 아닐까? 가장 큰 파동을 나타내는 피크의 위치가 모음을 결정하는 중요한 특징일지도 모른다. 그렇다면 어떻게 이것을 증명할 수 있을까? 야채 주스의 경우로 생각해보자.

어떤 야채 주스를 마시고 의문을 느꼈다고 가정하자. '이건 좀 쓰군, 어째서지?' 확인한 성분은 그림과 같았다. 이걸 보면 당근과 토마토에 비해 셀러리가 많이 들어가 있다. 양이 가장 많은 걸로 미루어보아, 셀러리가 주스에 쓴맛이란 특징을 부여하는 원인임이 틀림없다. 그럼 이 추리를 확인하려면 어떻게 해야 할까? 그렇다. 주스에서 셀러리를 제거해보면 될 것이다.

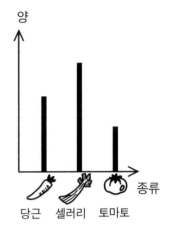

 앞에서 푸리에 계수를 구할 때 썼던 특정 야채만을 걸러주던 필터를 기억하는가? 여기에서는 이 셀러리용 필터를 써서 셀러리만을 걸러내겠다. 그리고 여과된 주스에선 어떤 맛이 날지 조사해보자.

여전히 맛이 쓰다 → 셀러리는 쓴맛의 원인이 아니다
쓴맛이 사라졌다 → 쓴맛의 원인은 역시 셀러리였다

모음에도 같은 실험을 해보자.

 다음 남성이 발음한 모음 '에'의 스펙트럼이다. 강조된 3개의 피크가 보인다. 주파수가 낮은 것부터 차례대로 번호를 붙여 피크 1, 피크 2, 피크 3이라고 하자. 그리고 소리용 필터를 써서 하나씩 순서대로 걸러낸 뒤 소리가 어떻게 들리는지 알아보자.

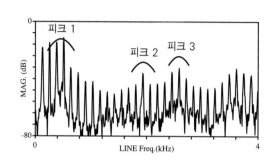

피크 1 → 걸러냈더니 모음 '이'로 들렸으며, 소리가 조금
　　　　　거칠어졌다.

피크 2 → 걸러냈더니 모음 '이'로 들렸다.

피크 3 → 웅얼대는 듯한 소리로 원래의 목소리는 흔적도
　　　　　없어졌지만 '에' 발음으로 들렸다.

이 결과로 피크 1과 2가 모음 '에'의 특징이라는 걸 알게 됐다. 나머지 모음으로도 실험해봤더니 다섯 모음 모두, 피크 1과 2 중 어느 하나만 없어져도 본래의 발음으로 들리지 않는다는 결과를 얻었다. 즉 다음 사실을 알게 된 것이다.

Tips

만약을 위해 피크 이외의
부분을 잘라내봤으나 소리
의 변화는 없었다.
역시 나머지 부분은 모음의
특징과는 관계없어 보인다.

피크 1, 피크 2가 각 모음의 큰 특징이다.

그러면 각 모음이 어떤 관계를 지니고 있는지 피크 1과 2에 주목하며 생각해보자. 이제부터 스펙트럼에서 이 두 개의 피크만을 끄집어내 연구할 것이다. 모처럼 큰 특징이라는 사실이 밝혀졌는데 그냥 '피크'라고 부르는 건 아쉬우니까

이름을 붙여주자.

'포르만트Formant'는 어떨까? 앞으로 피크 1은 제1포르만트(F1), 피크 2는 제2포르만트(F2)라 칭하겠다. Formant 는 형성음形聲音이라 번역하는데, 한 성음을 결정짓는 요소가 된다.

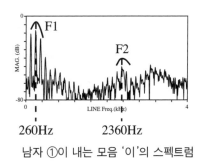

남자 ①이 내는 모음 '이'의 스펙트럼

2. 4 포르만트의 질서

포르만트를 추출해내기 전 준비 단계로, 그 주파수의 값부터 읽어보자.

일례로 202쪽의 남자 ①이 발음한 '이'의 스펙트럼의 경우 F1(제1포르만트)는 280Hz, F2(제2포르만트)는 2310Hz가 된다. 그러나 같은 모음을 발음한다 해서 누구나가 다 같은 포르만트를 가지진 않는다. 사람에

모음	남자 목소리		여자 목소리	
	F1	F2	F1	F2
아	790Hz	1270Hz	980Hz	1640Hz
이	280Hz	2310Hz	340Hz	2830Hz
우	320Hz	1300Hz	390Hz	1550Hz
에	520Hz	1950Hz	620Hz	2430Hz
오	510Hz	860Hz	650Hz	1060Hz

따라 다소의 개인차가 있다. 그래서 준비했다! 남녀 각각 25명의 다섯 모음의 포르만트 주파수를 모아 평균을 냈다. 위의 표가 그것이다.

숫자만 바라보면 감이 잘 안 올 테니, 스펙트럼에서 추출한 이 수치를 다시 한 번 그래프로 만들어보자.

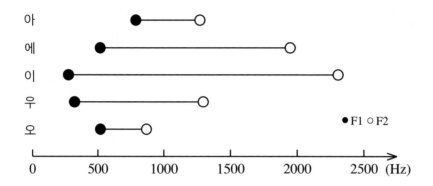

위의 그래프는 지금까지 봐온 스펙트럼과 크
게 다르지 않다. 아래 도표에서처럼 스펙트럼에
서 포르만트만을 추출해 아, 에, 이, 우, 오순으로
정렬한 것뿐이다. 이 포르만트 그래프를 보고 다
섯 모음의 질서가 무엇인지 짐작할 수 있겠는가?

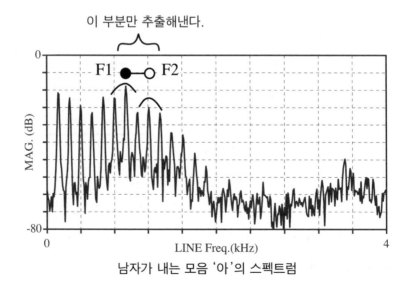

남자가 내는 모음 '아'의 스펙트럼

2.5 우리 생활과 친근한 로그

실은 앞의 그래프에서 질서다운 것은 보이지 않는다. 여기서 로그라는 새로운 개념을 빌려오도록 하겠다. 새롭다고 말했지만 우리에게 생소한 것은 아니다. 오히려 아주 익숙한 개념이다.

예를 들어 가진 돈이 100원뿐일 때 10원을 잃어버린다면 조금 동요할 것이다. 그러나 가진 돈이 만 원이었다면 10원을 잃어버려도 별 타격을 받지 않는다. 1000원 정도는 잃어버려야 같은 동요를 느낄 것이다. 가지고 있는 액수와 잃어버린 액수를 비교해 비율이 같다고 느끼는 것이다. 이것이 로그이다. 로그는 인간의 이런 감각을 나타내주는 수학적 표현법이다. 이 외에도 지진의 세기, 빛의 밝기 등 우리가 로그적으로 느끼는 것이 많다.

사람은 소리의 높이도 로그적으로 받아들인다. 예를 들어 음계는 도레미파솔라시도레미파솔라시도레미… 식으로 같은 음이 반복된다.

거꾸로 말하면 같은 간격으로 느껴졌으니 그것을 '반복'이라고 사람들이 정의한 것이다. 음의 높이가 변하더라도 간격이 그대로라면 높은 '도'와 낮은 '도'도 똑같이 들린다. 그런데 과연 사람이 인식하는 간격이 정말 일정할까?

라   라   라
110Hz 220Hz 440Hz
　　　두 배　두 배

※ 자세한 내용은 제9장 'e와 i'를 참조

보다시피 어떤 음계의 라의 주파수가 110Hz일 때 다음 옥타브의 라는 220Hz, 그다음 옥타브의 라는 440Hz이다. 주파수상에서 보면 같은 라와 라 사이라도 간격이 다르다. 그럼 왜 사람은 같은 간격으로 인식할까? 3개의 라의 주파수를 비교해보자. 가장 낮은 라는 110Hz, 가운데 라의 주파수는 첫 번째 라의 두 배인 220Hz, 마지막 라는 440Hz로 역시 한 옥타브 아래인 라의 두 배이다. 이처럼 간격이 두 배씩 차이가 나는데도 인간의 귀는 같은 간격으로 느끼는 것이다.

다음 그래프는 사람의 감각을 눈으로 볼 수 있게 나타내준다. 100과 200, 200과 400, 400과 800 사이가 각각 같은 간격의 눈금으로 되어 있다. 이들은 모두 두 배의 관계로 이루어져 있다. 그러면 아까의 다섯 모음 그래프를 로그의 그래프로 옮겨보자.

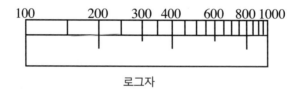

로그자

3. 다섯 모음에 숨겨진 질서

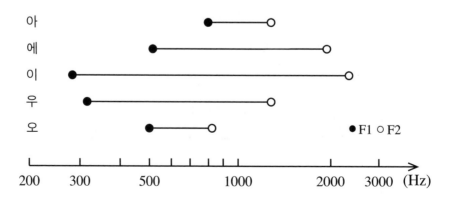

아주 깔끔해 보이는 그래프다. 다섯 모음은 극히 대칭적인 배치로 이루어져 있다.

아래 그림처럼 한가운데에 굵은 선을 하나 그어보자. 그러면 이 선을 기준으로 모음 **아**와 **오**, **에**와 **우**가 대칭이며 **이**는 그 자신에 대해 대칭이 된다. 놀랍게도 다섯 모음은 한 주파수를 기준으로 대칭적인 관계를 이루고 있었던 것이다.

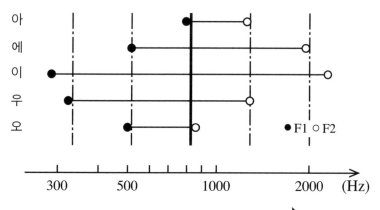

인간이 이 중심선(주파수)을 기준으로 삼고 있다는 건 무얼 뜻할까? 우리는 물건의 위치를 가리킬 때 흔히 자신을 기준으로 삼곤 한다. '그 오른쪽, 왼쪽'이라고 말하는 것이 '벽에서는 약 3미터, 바닥에서 1미터 위치'라고 하는 것보다 훨씬 자연스럽기 때문이다.

소리를 들을 때도 예외는 아니다. 어떤 소리를 들었을 때 직감적으로 '높다, 낮다' 정도를 인식할 뿐이지, '0Hz에서

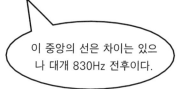

이 중앙의 선은 차이는 있으나 대개 830Hz 전후이다.

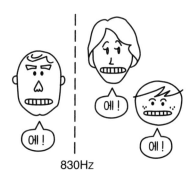

830Hz

500Hz, 이건 1200Hz쯤 되겠는걸'하고 머릿속에서 가늠하진 않는다. 어쩌면 모음 '이'의 F1과 F2의 한가운데 주파수가, 소리의 높낮이를 결정할 때의 인간이 지닌 자연스런 기준인지도 모른다.

우리는 모음의 질서를 찾기 위해 이곳까지 왔다. 왜 수많은 소리 중에서 아이우에오가 선택된 걸까? 그 이면에는 누구라도 알 수 있는 질서가 숨어 있을 거라고 생각했던 것이다. 그것은 '이'의 F1과 F2의 정중앙을 새로운 기준으로 삼는 것으로 설명이 가능해진다.

그리고 다섯 모음 전체가 근사한 하나의 관계를 이루고 있다. 우리가 찾고 싶은 건 하나의 모음 안에만 존재하는 것이 아니라 '다섯 모음의 관계' 안에서만 볼 수 있는 질서이다. 이렇게 생각하고 다섯 모음의 그래프를 들여다보면 너무나 아름답지 않은가?

끝으로

푸리에 공식을 아주 조금 익힌 것만으로 재미있는 모음의 질서를 찾아낼 수가 있었다. 언어의 비밀에 한발 다가섰다는 뿌듯함을 안고 모험을 계속하기 바란다.

3·5·9 모음을 만들자

우리는 일본어의 다섯 모음에 아름다운 질서가 있다는 사실을 배웠다. 다른 나라의 모음은 어떨까?

미국인에게 영어의 모음이 몇 개냐고 물으면 '5개(알파벳에서 모음을 나타내는 문자가 a e i u o 다섯 가지라서)', '11개' 혹은 '9' 등등 여러 대답이 돌아온다. 일본인이라면 누구나 일어의 모음이 아이우에오 다섯 가지라는 걸 알고 있다. 스페인어도 같은 다섯 모음을 가지고 있다. 스페인 사람에게 당신네 모국어의 모음이 몇 개냐고 물으면 a e i u o 다섯 가지라는 대답이 바로 튀어나온다. 그에 비해 아무래도 다섯 모음 이외의 나라말은 몇 모음인지가 확실치 않다.

그러나 같은 인간이 말하는 언어이니만큼 어떤 언어의 모음도 기본적으로는 같은 구조를 가질 것이다. 일본인 아기라도 미국에서 태어나면 유창한 영어를 구사하게 된다. 이런 사실을 바탕으로 다섯 모음 이외의 모음도 기본적으로는 다섯 모음과 같은 조건으로 이루어져 있다고 여기면, 세 모음과 아홉 모음이라는 사고가 가능해진다. 아래에 조건을 적어놓았으니 여러분이 직접 세 모음, 아홉 모음을 만들어보라.

① 모음 '이'의 F1, F2는 모든 모음의 F1, F2 중에서 각각 최소치와 최대치이다.

② F1과 F2로 이루어진 하나의 모음은 반드시 중심선을 넘는다(입의 구

조로 인해 F1은 중심 주파수보다 낮으며 F2는 중심 주파수보다 높아진다).

③ 하나의 모음에 대해 대칭되는 또 하나의 음이 반드시 존재한다('아'에는 '오'가, '에'에는 '우'

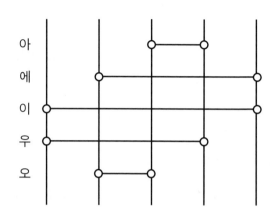

가 그렇듯이, '이'는 자기 자신에게 대칭이다).

④ '이'의 F1과 F2를 양끝에 두고 5등분한 선상에 포르만트가 있다.

⑤ 하나의 선(주파수) 위에 음은 두 개밖에 못 들어간다.

이 조건에 맞는 세 모음과 아홉 모음을 만들어보자. 다섯 모음의 경우는 위의 도표와 같이 '이'의 F1, F2를 양끝으로 하는 5등분의 선(주파수) 상에 포르만트가 있었다. 세 모음의 경우는 '이'의 F1, F2를 양끝으로 둔 3등분의 선상에, 아홉 모음의 경우는 9등분의 선상에, 포르만트가 있다고 추측된다. 또한 아홉 모음의 경우 다음의 두 가지 조건이 필요하다.

⑥ 3, 5, 9모음에서 공통되는 건 '이'뿐이다. 그 외의 같은 모음은 존재하지 않는다.

⑦ F1, F2가 이웃하는 음은 없다(주파수가 너무 가까워서 구별이 불가능).

① 세 모음

② 다섯 모음
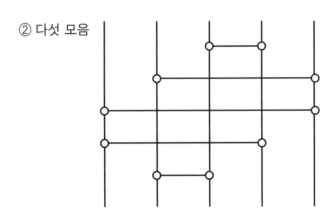

③ 아홉 모음
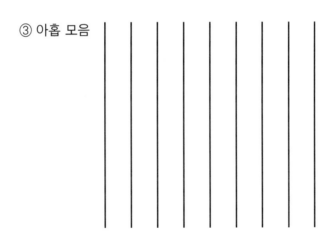

힌트: 세 모음에도, 다섯 모음에도 '이'가 포함된다. 우선 각 표의 한 가운데에 기준 삼아 '이'를 적어 두자.

해답

① 세 모음
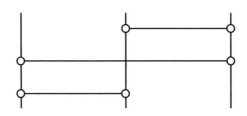

② 다섯 모음
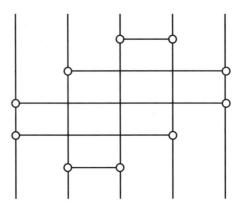

③ 아홉 모음
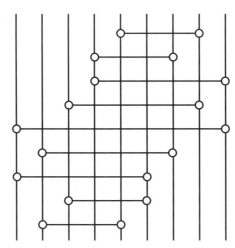

Part
2

Chapter

5

미분

이 장에서 다루는 '미분'은 푸리에와 직접적인 관계가 있진
않지만, 실은 제7장에서 다루게 될 '적분'과 밀접한 관계가
있다. 양쪽의 공통된 개념은 극한(lim)이다.
여기에서는 순간속도를 계산하며 미분이란 무엇인가를 알
아가게 될 것이다.

제1부의 여정 끝에 우리는 푸리에 성의 전체 모습을 볼 수 있게 되었다. 복합 파동을 단순 파동의 합으로 나타내는 방법도 배웠다. 당신은 이제 푸리에 성의 성문 앞에 서 있다. 원한다면 여기서 모험을 그만 둘 수도 있다. 기왕 여기까지 도달했으니 성 안에 들어가는 걸 추천하지만 말이다. 선택은 당신의 몫이다.

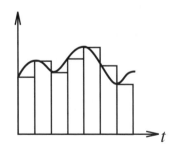

제3장 '불연속 푸리에 전개'에서 우리는 막대를 이용해 파동을 나누는 방법으로 파동의 넓이를 구했다. 하지만 꼭 막대가 넘치거나 모자라는 부분이 있어서 정확한 넓이를 구할 수 없었다. 우리는 이 방식에 만족하지 않고 더욱 정확한 넓이를 구하기 위해 제2부의 모험을 시작할 것이다. 자, 푸리에 성 안으로 들어가자!

여기 몇 개의 문이 가지런히 늘어서 있다. 이 문들 너머에는 '궁극의 면적'을 구하는 데 요한 열쇠가 떨어져 있다. 그 열쇠들을 주워 하나하나 문을 열어가다 보면 상상을 뛰어넘는 모험이 당신을 맞이할 것이다. 그럼 제2부 '궁극의 면적을 구하는 여행'을 시작하자.

첫 번째 문 '미분의 방'에 들어간다.

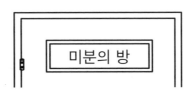

• 등장 인물 •

 하나
이 방의 안내인

 아이작 뉴턴
위대한 자연과학자

 정미
도우미로 활약할 소녀

 후 군
덜렁대지만, 많은
질문을 해주는 소년

푸리에 강의에 참가해주신 여러분

🙂 네, 질문 나갑니다! 이 칠판지우개는 왜 움직이는 걸까요?

🙂 손으로 밀어서.

🙂 아깝지만 땡~, 그걸 다르게 표현한다면요?

🙂 힘을 가해서?

😀 딩동댕! 힘을 가했기 때문에 칠판지우개가 움직이는 것입니다. 물체를 움직이려면 힘을 줘야 한다는 건 다들 경험을 통해 알 거예요.
그럼 질문 하나 더! 제가 손을 놓으면 칠판지우개는 떨어집니다. 아래 방향으로 움직인다고도 할 수 있겠네요. 이번엔 제가 손으로 민 것도 아닌데

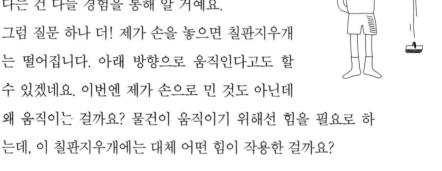

왜 움직이는 걸까요? 물건이 움직이기 위해선 힘을 필요로 하는데, 이 칠판지우개에는 대체 어떤 힘이 작용한 걸까요?

🙂 인력!

🙂 인력이란 무슨 힘인가요?

🙂 어… 음…, 지구가 끌어당기는 힘.

🙂 그래요. 무언가가 바닥에 떨어지는 건 지구가 '이리 와' 하면서 잡아당기고 있기 때문이에요.
물체의 움직임에 대해 조금 더 생각해봅시다. 여러분, 자전거를 타본 적이 있지요? 페달을 밟을 때를 떠올려보세요. 멈춰 있는 자전거를 움직이려 할 때는 힘이 들지요. 힘껏 페달을 밟으면 밟을수록 자전거의 속도는 빨라집니

다. 그러다 충분히 속도가 빨라졌을 때 밟는 것을 멈추고 페달에서 발을 뗍니다. 그러면 어떻게 될까요?

 쌩하고 나아간다!

 그래요. 자전거는 속도의 변화가 거의 없이 달려갑니다. 자전거가 어떤 속도에 다다르면 그 속도를 유지하는 데 힘은 필요로 하지 않게 됩니다. 그 상태에서 페달을 더 밟으면… 아시겠죠? 자전거의 속도는 더욱 빨라질 거예요. 다음은 자전거에 짐을 싣고 달리는 경우를 생각해봅시다. 무거운 짐을 싣고 있을 때 자전거를 타려면, 가벼운 짐을 실었을 때에 비해 많은 힘이 필요합니다. 그런데 이 무거운 짐을 실은 자전거가 어떤 속도에 이르러 페달 밟는 것을 그만둔다면…. 네, 자전거는 짐을 싣지 않았을 때처럼 그대로의 속도로 달려갑니다. 짐의 무게는 상관없답니다.

지금 배운 것을 정리해봅시다.

1. 정지 상태의 자전거를 움직이려면 힘이 필요하다. 그러나 자전거가 어떤 속도에 이르면, 그 속도를 유지하는 데 힘은 필요치 않다.

2. 짐의 무게가 무거울수록 자전거를 움직일 때 많은 힘이 든다. 그러나 어떤 속도에 이르면 짐의 무게와는 상관없이, 그 속도를 유지하는 데 힘은 더 필요치 않다.

흠. 이게 물체가 운동할 때의 특징인가….

실은 이러한 운동을 한마디로 정리한 사람이 있답니다.

어쩜! 이런 긴 문장을 한마디로? 대체 누굴까?

이게 바로 내가 발견한 운동방정식이라네. 물체의 운동을 기술할 수 있게 해주지.

이 식은 무슨 뜻일까? F, m, a 각 단어는 무얼 뜻하나요?

F는 힘(force), m은 물체의 무게(mass), a는 가속도(acceleration)야.

가속도요?

가속도란 속도가 얼마나 변화했는지를 나타내지. 자전거로 예를 들어보자. 멈춰 있던 자전거를 움직이기 시작하면 점점 속도가 빨라지지? 그런 때의 속도의 변화를 가속도로 표현한단다. $F = ma$에서 ma는 $m \times a$라는 뜻이지. 즉 이 식은 물체의 무게(m)가 무거우면 무거울수록, 그리고 가속도(a)가 크면 클수록 물체를 움직일 때 드는 힘(F)은 커진다는 거란다. 자전거가 속도의 변화 없이 달릴 때 힘은 필요 없었지. 속

도가 변함없다는 건 바로 가속도가 0이라는 의미야. 그런 때
를 위의 공식에 대입한다면 힘의 값은 얼마일까?

$F=ma$ 공식 말이죠. 가속도를 0으로 하면 $F=m\times0$.
아, 이거 0이네. 속도 변화가 없을 때의 F(힘)는 0이에요.

그렇지. 마찬가지로 가속도가 크면 클수록
—멈춰 있던 자전거의 속도를 급히 올리
려 할수록—힘을 많이 들여야 한단다.
그리고 아까 무거운 짐을 실을수록 자
전거를 움직이는 데 더 큰 힘이 든다고
했지? 무게는 m이니까 m이 커진 때와
작아졌을 때를 아까의 공식으로 비교해볼까?

네. $F=ma$이고 ma는 $m\times a$였죠. 그럼 가속
도가 같다면 m이 커질수록 $m\times a$의 값, 즉
힘 F는 커지겠네요.

맞아. 이 공식은 물체의 운동에 대해 우리가
아는 모든 것을 기술할 수 있는 식이란다.
이 식을 사용하면 자전거의 움직임은 물론
칠판지우개가 어떤 식으로 떨어지는지, 심지
어 별이 어떤 식으로 움직이는지, 정확하고
상세한 계산이 가능해지지.

이 장에서 말하는 '무게'란 정확히 말해 '질량'을 가리킵니다. 물리의 세계에서는 보통 '무게'와 '질량'을 따로 구분하고 있습니다. 달에서 체중을 재면 지구에서보다 가벼워진다는 이야기를 들어본 적 있나요? '무게'란 그런 식으로 장소에 따라 변화합니다. 그에 비해 '질량'은 우주 어딜 가더라도 변함없는, 그 물체가 지니는 기본적인 양을 뜻한다고 하네요.

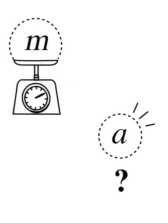

대단하다! 그럼 난 이제 $F = ma$란 공식을 알게 됐으니, 그런 것들을 전부 계산할 수 있게 된 거네. 무게 m은 저울로 재면 될 테고. 하지만 가속도는 대체 어떻게 측정한다지? 멈춰 있을 때는 가속도가 0이고 속도 변화가 클수록 가속도도 커진다는 것도 알지만 세세한 부분까진 모르겠어.

실은 말이죠. 그 가속도를 어떻게 구해낼지를 연구하는 게 바로 이번 장의 주제인 미분이에요. 미분을 이해하면 자와 시계만으로도 가속도를 계산할 수 있게 된답니다.

$F = ma$는 아까 언급된 인력에도 적용할 수 있단다. 문제를 하나 내볼까? 손에서 떨어뜨린 토마토와 빌딩에서 떨어뜨린 토마토가 있을 때, 두 토마토가 어떻게 됐을지 짐작해보렴.

이렇게 되겠지요.

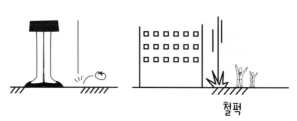

철퍽

그 이유도 알 수 있겠니?

높은 곳에서 떨어지는 쪽이 더 빠를 것 같긴 한데, 이유까지는 잘 모르겠어요.

 전 처음 썰매를 탔을 때가 생각났어요. 미끄러지기 시작할 때는 움직임이 느려서 까불기도 했는데, 밑으로 갈수록 무섭게 빨라지는 거예요. 높은 곳에서 떨어질수록 더 빨라지는 게 아닐까요?

좋은 걸 알아차렸구나. 네 말이 맞아. 그걸 설명하기 위해 공이 떨어지는 순간을 그림으로 그려뒀지. 알기 쉽도록 공이 손을 떠난 순간부터 매초 떨어진 거리도 표시했단다.

 점점 빨라지는 게 보여요.

 이 공도 아까의 칠판지우개처럼 지구가 끌어당긴 거구나.

 힘을 가하지 않는 한 자전거의 속도는 변함없었어요. 공이 떨어질 때 점점 빨라진다는 건 무얼 의미할까요?

 자전거의 페달은 계속 밟을수록 빨라지니까, 지구가 계속 공을 끌어당긴다는 뜻인가?

 정답이에요! 지구는 공을 계속 당기고 있답니다.

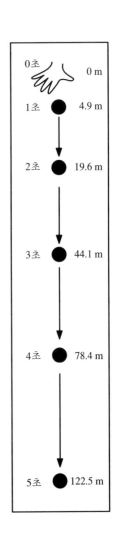

시간	거리
0초	0 m
1초	4.9 m
2초	19.6 m
3초	44.1 m
4초	78.4 m
5초	122.5 m

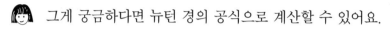

흐음. 지구가 끌어당기는 힘은 어느 정도이려나.

그게 궁금하다면 뉴턴 경의 공식으로 계산할 수 있어요.

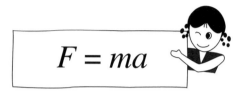

$$F = ma$$

m에 공의 무게를 대입하고, a에 공이 떨어지는 가속도를 대입하면 지구의 인력을 구할 수 있습니다.

어서 가속도를 계산하는 방법을 가르쳐줘.

좋아요! 하지만 가속도를 계산하기 위해선 먼저 '속력'을 구해야만 해요. 문제를 하나 풀어볼까요?

평평한 바닥에서 3개의 공 ①, ②, ③을 굴렸습니다.

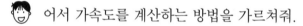

①은 200m 지점을 50초에 통과했습니다.
②는 400m 지점을 50초에 통과했습니다.
③은 280m 지점을 40초에 통과했습니다.

각 공을 빠른 순서대로 적어주세요.

50초 후에 하나는 200m, 다른 하나는 400m 전진이라… 이 두 개는 간단하네. ②번 공이 ①번 공 앞에 오겠어. 문제는 40초에 280m를 통과한 ③번인데 이걸 어디 놓아야 할지.

그럴 때 편리한 게 숫자 1이에요. 각각의 공들이 1초에 몇 m 지점에 있었는지를 계산하면 서로 비교해볼 수 있겠지요.

① $\dfrac{200\ \mathrm{m}}{50\ \mathrm{sec}} = 4\ \mathrm{m/sec} = $ 1초에 4m 전진

② $\dfrac{400\ \mathrm{m}}{50\ \mathrm{sec}} = 8\ \mathrm{m/sec} = $ 1초에 8m 전진

③ $\dfrac{280\ \mathrm{m}}{40\ \mathrm{sec}} = 7\ \mathrm{m/sec} = $ 1초에 7m 전진

1초 동안 간 거리를 알고 싶다면 $\dfrac{\text{나아간 거리(m)}}{\text{걸린 시간(초)}}$ 로 계산하면 됩니다.

와, ②-③-①순이라는 답이 바로 나오는걸!

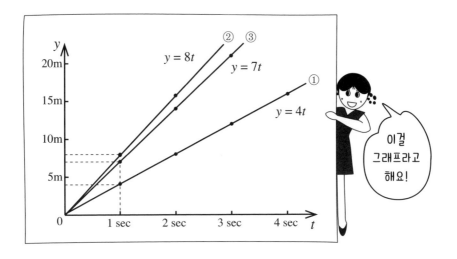

어떻게 그래프를 그렸는지 알겠어요? 예를 들어 공 ①의 경우엔 1초에 4m, 2초에 8m, 3초에 12m 지점에 있었잖아요? 그걸 그래프에 점으로 찍으면 돼요. 나머지 두 공도 마찬가지고요.

①에는 $y=4t$, ②에는 $y=8t$, ③에는 $y=7t$라고 쓰인 건 뭐야?

그건 각 그래프의 이름이에요. y는 거리를, t는 시간을 나타내요. t에 1초, 아니면 2초를 대입해 각각의 y값을 구해보세요.

방정식 $y=4t$에 1을 대입하면 y는 4m, 2를 대입하면 8m, 3을 대입하면 12m가 됐어. 이렇게 대입한 시간 t에 해당하는 공의 위치를 알 수 있구나. 이 방정식은 공의 운동을 알려주고 있어.

맞았어요. 물체의 운동은 거리와 시간, 즉 y와 t로 나타낼 수 있어요. 그 외에도 그래프를 보고 알게 된 것이 있나요?

그래프의 경사가 급할수록 속도는 빨라지는구나.

그래요. 그리고 각도기 없이도 기울기를 계산할 수 있어요. 수평으로 1만큼 움직일 때 수직으로 얼마나 움직였는지가 그래프의 기울기가 되거든요. $\dfrac{수직}{수평}$을 쓰면 돼요.

어? 그래프의 $\dfrac{수직}{수평}$이라면 $\dfrac{거리}{시간}$가 되겠는데.

물체가 1초 동안 움직인 거리를 '속력'이라고 해요. 속도라고도 부르지요.

오오. 속도란 게 속도계 없이도 언제 어느 지점에 있는지만 알면 계산으로 알 수 있는 거였구나.

문제 나갑니다. 쭉 같은 속도로 달리는 차가 4시간 후 360km 지점을 지난다면, 이 차의 속력은 시속 몇 km일까요?

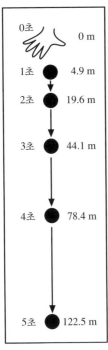

속력은 $\dfrac{\text{나아간 거리}}{\text{걸린 시간}}$ 였으니까 $\dfrac{360km}{4시간}$ 를 계산하면 답은 시속 90km 가 나와.

딩동, 이 식을 잘 기억해 두세요.

$$속도 = \dfrac{거리}{시간}$$

속력(속도) 구하는 방법을 알았으니 이제 가속도를 구할 수 있겠군.

잠깐만요, 속도 문제를 하나만 더 풀어봐요. 아까 그 공이 떨어지는 모습이에요. 이 공이 떨어지는 속도를 구할 수 있겠어요?

5초에 122.5m 지점이니까 계산하면

$$속도 = \dfrac{122.5m}{5sec} = 24.5m/sec$$

낙하 속도는 24.5m/sec야.

그럼 3초일 때 공의 속도도 구해줄래요?

응. 속도 $= \dfrac{w44.1m}{3sec} = 14.7m/sec$

어라? 5초일 때와 3초일 때의 속도가 다르잖아. 공식대로 했는데 뭐가 잘못된 거지?

그 내막은 그래프를 그려보면 알게 될 거예요.

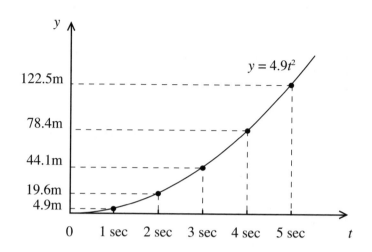

공이 떨어지는 그래프는 바닥에서 구르는 공의 그래프와는 좀 다르지 않나요?

 응. 이건 굽어 있네.

 왜 그런지 알겠어요?

 아, 공이 떨어지는 속도가 점점 빨라져서. 맞지?

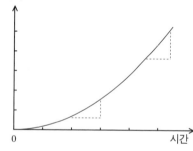

 맞아요! 바닥에서 구르는 공은 계속 같은 속도였잖아요. 하지만 이번처럼 위에서 공을 떨어뜨리는 경우엔 점점 속도가 달라지겠지요. 아까 후 군이 공식으로 속도를 구해줬지요?

$$\frac{5\text{초 동안 움직인 거리}}{5\text{초}} = \frac{122.5\text{m}}{5\text{sec}}$$

이건 5초 동안 계속 같은 속도로 떨어졌을 때의 속도예요.

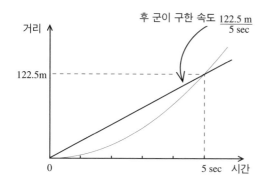

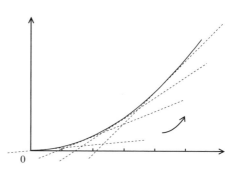

하지만 오른쪽 그래프를 보면 기울기가 점점 더 급해진다는 걸 알 수 있지요.

이렇게 계속 변하는 공의 속도를 어떻게 구하지? 기울어질 때마다 계산해줘야 하나?

후훗 … 아직 멀었군요. 계속 변하는 공의 속도를 한 단어로 표현할 수 있어요.

일단 3초일 때 공의 속도부터 구해보도록 해요. 어떻게 구하는 게 보다 정확할까요?

3초와 4초 사이의 기울기를 계산하는 게 어떨까? 0에서 3초 사이의 속도를 구하는 것보단 훨씬 정확할 거야.

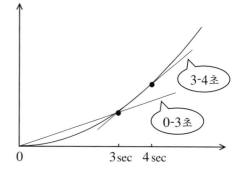

그렇겠네요. 계산해주겠어요?

 거리는 44.1m와 78.4m 사이, 시간은 3초와 4초 사이니까

$$속도 = \frac{거리}{시간}$$
$$= \frac{78.4 \text{ m} - 44.1 \text{ m}}{4 \text{ sec} - 3 \text{ sec}}$$
$$= \frac{34.3 \text{ m}}{1 \text{ sec}}$$
$$= 34.3 \text{ m/sec}$$

아마도 이게 딱 3초일 때의 속도일 거야. 고작 1초 사이에 속도가 변하면 얼마나 변하겠어.

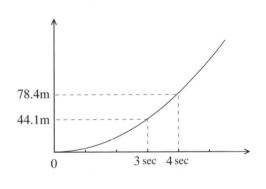

과연 그럴까요? 잠시 확인해보지요. 정미 양, 그거 좀 가져다주세요.

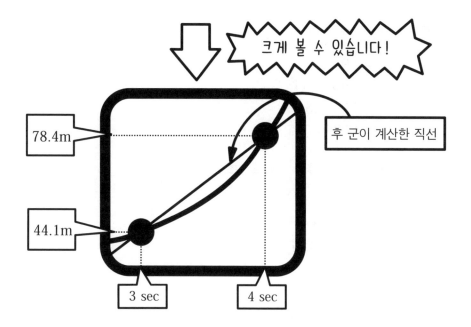

어이쿠. 확대해보니 1초 동안이라도 속도는 꽤 변하는걸.

그것 봐요. 3~3.1초와 3.9~4초의 속도도 꽤 다르니까 계산해 보세요.

시간이 0.1초 단위인 계산은 어떻게 하지? 우리가 아는 속도 는 1초 단위잖아.

여기 봐봐. 이 그래프의 이름은 $y = 4.9t^2$이라고 적혀 있네. 이 공식을 쓰는 게 아닐까?

$y = 4.9t^2$은 어떻게 나온 식인데?

그…글쎄요. 아무튼 옛날에 뉴턴 경이 계산해낸 공식일 거예요.

지금은 따지지 말고 쓰자꾸나. 여행을 계속하다 보면 그 궁금 증도 풀릴 날이 올 테니까. 자자, 멍하니 있지 말고 $y = 4.9t^2$ 을 써서 $t = 3.1$(초)를 계산해야지!

3.1초일 때 공의 위치는,

$$y = 4.9t^2$$
$$= 4.9 \times (3.1)^2$$
$$= 4.9 \times 9.61$$
$$= 47.089$$

47.089m 지점이네. 그럼 3.9초도 대입해보자.

$$y = 4.9t^2$$
$$= 4.9 \times (3.9)^2$$
$$= 4.9 \times 15.21$$
$$= 74.529$$

74.529m! 거리를 알았으니 당장 속도를 구해보자!

- 3 ~ 3.1초의 속도

$$속도 = \frac{거리(y)}{시간(t)}$$
$$= \frac{47.089 - 44.1}{3.1 - 3}$$
$$= \frac{2.989}{0.1}$$
$$= \underline{29.89(m/sec)}$$

- 3.9 ~ 4초의 속도

$$속도 = \frac{거리(y)}{시간(t)}$$
$$= \frac{78.4 - 74.529}{4 - 3.9}$$
$$= \frac{3.871}{0.1}$$
$$= \underline{38.71(m/sec)}$$

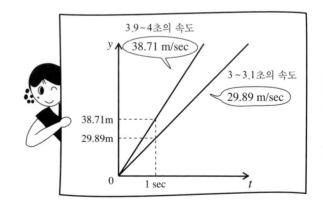

휴, 아무리 그래도 0.1초 동안 속도가 변하진 않겠지?

어떨까요? 직접 확인해봐요.

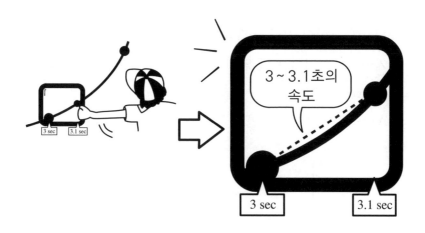

 으악! 설마 했더니! 0.1초 동안에도 저렇게나 변하네! 이래서야 3초일 때의 속도는 영원히 알지 못할 거야. 속도 = $\dfrac{움직인 거리}{걸린 시간}$ 이니까 공이 어떤 시간 동안 움직여야 구할 수 있는데, 0.1초 사이에도 속도는 계속 움직이고 있잖아. 그런데 무슨 재주로 3초일 때의 정확한 속도를 계산해내겠어?

후후. 사실 계산이 가능해요. 그 방법을 발견한 사람은…

 저랍니다. 잘 있었나요?

 엥, 또 뉴턴 경이었어요? 부탁이니 제발 방법을 가르쳐주세요.

자네는 지금 3초일 때의 정확한 속도를 구하고 싶은 거지?
물론 속도는 $\dfrac{거리}{시간}$ 로만 구할 수 있지. 그러니 어떤 유한한 시간으

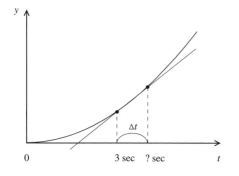

로 그 시간 동안 움직인 거리를 나눠야만 해. 그 값을 3초일 때의 속도에 접근시키려면, 3초부터 ?초 사이의 시간을 점점 줄여가야 하는 거지. 그동안의 시간을 Δt라 하자.

Δt를 점점 작게 만들면,

Δt(초)는 '변화한 시간'이란 뜻으로 Δ는 '델타'라고 읽습니다. Δt(초) 사이에 변화한 거리는 Δy(미터)라고 하지요.

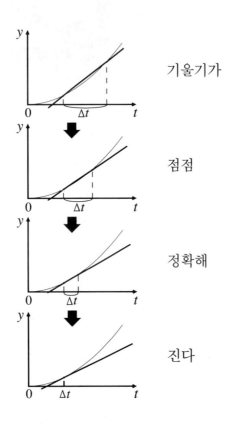

기울기가

점점

정확해

진다

 마지막 그래프에서 두 시간은 겹쳐져 하나가 된 듯 보이지만 여전히 두 점으로 존재한단다. 이제부터가 중요해! Δt를 작게 만들수록 정확한 속도에 가까워진다고 얘기했지? 그렇다면 Δt를…

0으로 만드나요?

 아니지. 시간 Δt를 0으로 만들었다간 $\dfrac{거리}{시간}$에 대입할 수 없게 되잖니. 그게 아니라 시간 Δt를 한없이 0에 가깝게 만드는 거야.

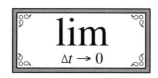

$$\lim_{\Delta t \to 0}$$

노트에 적을 때는 이렇게 쓴단다. 시간 Δt를 0으로 만들 순 없지만 한없이 0에 가깝게 하는 건 가능하지. Δt가 0에 한없이 가깝다는 말은 0.1초보다도 훨씬 0에 가깝고, 0.000000001초보다도 훨씬 0에 가깝다는 소리야. 0을 백만 개 넣은 0.000⋯001초보다도 훨씬, 훨씬 가깝지.

이처럼 Δt는 아무리 작더라도 유한한 값이기 때문에 $\dfrac{거리}{시간}$의 계산이 가능해. 게다가 Δt가 한없이 0에 가깝다면 그 사이에 일어나는 속도 변화는 무시해도 된다는 거지.

 그렇군요. 아직 알쏭달쏭하지만.

 이 방법으로 정확히 3초일 때의 속도를 계산해보자. 우선 3초에서 $3+\Delta t$초까지의 속도를 구하렴. 3초에서 $3+\Delta t$초까지의 거리는 구할 수 있겠지?

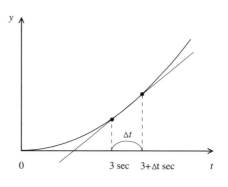

 으음, $y = 4.9t^2$ 공식을 쓰면 되려나요? 먼저 $3+\Delta t$초일 때까지 떨어진 거리부터 구하면 $y = 4.9(3+\Delta t)^2$이 되네요.

여기에서 3초일 때까지 공이 떨어진 거리 $y = 4.9 \times 3^2 = 44.1$을 빼면 됩니다.

 맞았어. 그럼 이제 속도를 구해보자.

 대입하면 이렇군요.

$$\frac{\Delta y}{\Delta t} = \frac{4.9(3 + \Delta t)^2 - 44.1}{\Delta t}$$

계산해보면 다음과 같아요.

$$\frac{\Delta y}{\Delta t} = \frac{4.9(3 + \Delta t) \cdot (3 + \Delta t) - 44.1}{\Delta t}$$
$$= \frac{4.9\{9 + 3\Delta t + 3\Delta t + (\Delta t)^2\} - 44.1}{\Delta t}$$
$$= \frac{4.9\{9 + 6\Delta t + (\Delta t)^2\} - 44.1}{\Delta t}$$
$$= \frac{44.1 + 29.4\Delta t + 4.9(\Delta t)^2 - 44.1}{\Delta t}$$
$$= \frac{29.4\Delta t + 4.9(\Delta t)^2}{\Delta t}$$
$$= 29.4 + 4.9\Delta t$$

$(3 + \Delta t) \cdot (3 + \Delta t)$

화살표 표시대로 곱한 뒤에 더하면 돼요.

$\dfrac{29.4\Delta t + 4.9(\Delta t)^2}{\Delta t}$ 은 $\dfrac{29.4\Delta t}{\Delta t} + \dfrac{4.9(\Delta t)^2}{\Delta t}$ 과 같고 이것은 $\dfrac{29.4\Delta t}{\Delta t} + \dfrac{4.9(\Delta t)^2}{\Delta t}$ 같이 소거되어 $29.4 + 4.9\Delta t$가 됩니다.

 이제 3 부터 $3 + \Delta t$초 사이의 속도가 구해졌구나. 앞으로 3초일 때의 정확한 속도를 구하려면 이 시간 Δt를 한없이 0에 접근시켜야 해. 잘 봐두렴.

$$\lim_{\Delta t \to 0} (29.4 + 4.9\Delta t) = 29.4 + 4.9\Delta t$$
$$= 29.4$$

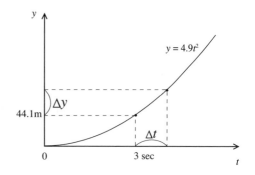

3초일 때의 순간속도: 29.4m/sec

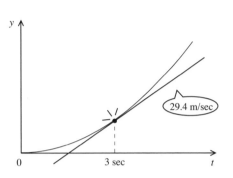

29.4 m/sec

4.9Δt는 왜 사라지는 건가요?

Δt는 0에 무한히 가까운 수잖니? 4.9에 한없이 0에 가까운 수를 곱하는 것이니까, 역시 무한히 0에 가까운 수가 된단다. 그러니 0과 같은 취급을 하는 거지.

멋져요, 뉴턴 경! 귀신에 홀린 것 같지만 덕분에 3초일 때의 순간속도를 알게 됐어요.

3초의 순간속도는 구했지만 공의 속도는 계속 변화하잖아. 하나는 아까 이 변화하는 속도를 한마디로 표현할 수 있다고 했지? 그런 게 정말 가능한 거야?

후후후. 그건 말이죠, 3초를 임의의 시간 t초로 바꿔서 지금까지 해온 방식으로 계산해보면 알게 돼요.

알았어, 해볼게. t초일 때 순간속도를 구해보겠어.

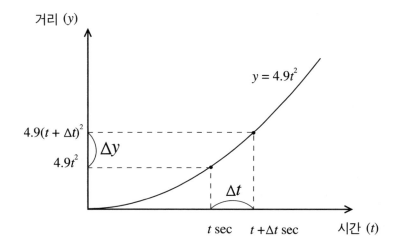

$$\frac{\Delta y}{\Delta t} = \frac{4.9(t + \Delta t)^2 - 4.9t^2}{\Delta t}$$

$$= \frac{4.9\{t^2 + 2t\Delta t + (\Delta t)^2\} - 4.9t^2}{\Delta t}$$

$$= \frac{4.9t^2 + 9.8t\Delta t + 4.9(\Delta t)^2 - 4.9t^2}{\Delta t}$$

$$= \frac{9.8t\Delta t + 4.9(\Delta t)^2}{\Delta t}$$

$$= 9.8t + 4.9\Delta t$$

$$속도 v = \lim_{\Delta t \to 0}\left(9.8t + 4.9\Delta t\right)$$

$$= 9.8t$$

t 초일 때 순간속도: $9.8t\,(\text{m/sec})$

 $9.8t$ 란 값이 나왔는데 대체 이게 뭐야?

 잠깐만요, t 부분에 3을 넣어볼게요. $9.8 \times 3 = 29.4$ **29.4m/sec**

 왠지 낯익은걸… 아! 아까 고생해서 구했던 3초일 때의 순간속도다. 그렇다는 건 $9.8t$ 의 t 부분에 원하는 시간을 대입하면 그때의 순간속도를 알 수 있다는 건가.

 어때요? 어떤 시간의 속도라도 이 한마디로 나타낼 수 있겠지요?

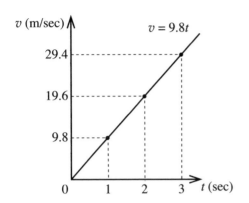

$v = 9.8t$ 의 그래프를 그려보아요.
이건 공의 낙하속도 그래프예요.
아까 나온 $y = 4.9t^2$ 그래프는 공이
떨어지는 위치(거리)의 그래프였죠.

 그런데 미분은 나오려면 아
직 멀었니?

 아, 미분은 벌써 지나갔어요.

$$\lim_{\Delta t \to 0} \frac{\Delta y}{\Delta t} \left(= \frac{dy}{dt} \right)$$ 이거였답니다.

$\frac{dy}{dt}$ 는 $\lim_{\Delta t \to 0} \frac{\Delta y}{\Delta t}$ 를 짧게
표기한 기호입니다.
'dy · dt'의 순서로
읽어요.

그래프로 표현하면 다음과 같죠.

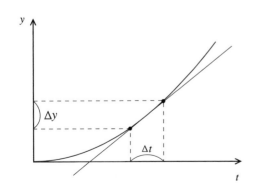

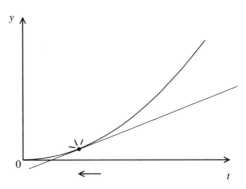

어떤 순간속도 $\frac{거리}{시간}$ 를 구할 때 쓰곤 해요. $y = 4.9t^2$ 그래프를 미분하면 $v = 9.8t$ 그래프로 변하지요. 왼쪽 그래프의 곡선의 모든 시간에 대해 미분을 해서, 기울기의 값을 찾아 그래프에 점을 찍으면 오른쪽 그래프처럼 돼요. 놀랍지 않나요?

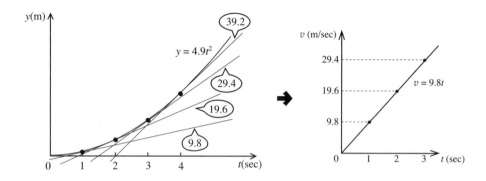

'몇 초일 때에 공은 몇 m 지점에 있다'라는 거리의 그래프를 미분한다는 건 '1초 동안에 공은 몇 m 떨어지고 있는가'의 속도를 아는 것을 말해요.

 이 $v = 9.8t$ 그래프를 다시 미분하면 어떻게 돼?

 좋은 질문이에요. 그래프를 그려보세요.

 이 그래프는 직선이라 기울기 계산이 간단하네.

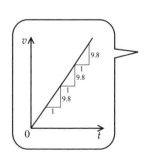

$v = 9.8t$ 그래프는 어느 점에서나 1초당 속도가 9.8씩 증가하기 때문에, 미분하면 아래 그래프처럼 되어버려요.
이게 바로 공이 떨어질 때의 가속도 그래프예요. $a = 9.8$인 거죠.

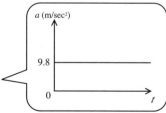

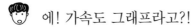 에! 가속도 그래프라고?!

와아, 겨우 나왔구나. 그런데 가속도란 뭘 말하는 걸까? 거리가 1초 동안 얼마나 변화하느냐가 속도였잖아. 그럼 가속도는 속도가 1초 동안 얼마나 변화하는가를 뜻하는 건가?

맞아요. 공이 떨어지는 속도가 점점 변해가잖아요? 그래프에서 알 수 있듯이 초당 9.8m/sec만큼 속도가 늘어나고 있어요. 이때의 가속도는 9.8m/sec²이라고 해요.

가속도를 알고 싶을 땐 움직이는 물체가 몇 초에 몇 m 위치에 있는지, 시계와 자로 측정해서 그래프로 그리고 그래프의 식을 구하면 나머진 간단해. 미분을 두 번 행하면 알 수 있지.

그럼 가속도도 찾아냈으니 $F = ma$ 공식으로 돌아가요. 우리는 지구가 공을 끌어당기는 힘을 알고 싶어 했었죠.

$$F \quad = \quad m \quad \cdot \quad a$$

$\left(\begin{array}{c}\text{지구가 공을}\\\text{당기는 힘}\end{array}\right)$ $\left(\text{공의 무게}\right)$ $\left(\begin{array}{c}\text{공이 떨어지는}\\\text{가속도}\end{array}\right)$

공이 떨어지는 가속도 $a = 9.8$을 알았으니까, 공이 2kg일 때 지구가 공을 당기는 힘을 계산해보죠!

$$F = m \times a = 2 \times 9.8 = 19.6$$

지구가 2kg의 공을 당기는 힘: 19.6N

N은 '뉴턴'이라는 힘의 단위입니다. 아마 아이작 뉴턴 경이 발명했기 때문인가 봐요.

  19.6N이란 어느 정도의 힘을 말하지? 우리가 실감할 수 있는 힘을 예로 설명해줄래?

그건 말이죠. 지구상에서 무게 2kg인 공을 들었을

때 느끼는 힘과 같아요.

그런데 지금까지 한 공이 떨어지는 이야기, 실은

공기가 없을 때로 가정한 얘기였어요. 공기가 있으

면 공기저항이라든가, 여러 요소를 염두에 두고 다

른 계산도 해야만 해요. 놀랍게도 공기가 없는 곳에서는 사람

도 공과 마찬가지로 가속도 $9.8 \text{m}/\text{sec}^2$으로 동시에 떨어지게

돼요.

 정말? 사람과 공의 무게가 다른데 똑같이 떨어져?

 그래요. 사람도 공도 깃털도 물방울도,

뭐든지 다 가속도 $9.8 \text{m}/\text{sec}^2$으로 동시

에 떨어져요. 지구가 당신을 당기는 힘

을 계산해보세요.

내 체중이 35kg이니까

$$F = 35 \times 9.8 = 343$$
지구가 35kg의 체중을 당기는 힘: 343N

어라? 지구가 공을 끌어당기는 힘과 나를 당기는 힘이 다른 걸.

후 군이 공보다 무거우니까요. 후 군과 공이 동시에 떨어지려면 후 군 쪽에 무게의 차이만큼 힘이 더 주어져야 해요!

흐음. 공기가 없는 세계의 이야기니까 영 실감이 나질 않네. 하지만 눈에 보이지 않는 '힘'이란 것을 수식을 통해 보이는 형태로 만든다는 건 재미있는 일이야!

아직 비밀은 많이 남았지만, 무사히 지구의 힘을 구해냈다고 해서 안심하면 안 돼요. 우리는 이 '미분의 방'이라는 문 안에서, 다음 문을 열기 위한 열쇠를 주워야만 해요. 다음 쪽에 열쇠가 떨어져 있으니까 잊지 말고 가져가세요.

시간이 흐를수록 속도가 계속 변할 때 원하는 순간의 속도를 구하려
면, 원하는 순간(t초)부터 Δt초 지난 시간까지의 속도를 구한다.

$$\frac{\Delta y}{\Delta t} = \frac{f(t + \Delta t) - f(t)}{\Delta t}$$

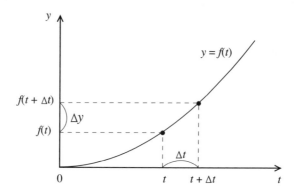

그리고 Δt를 무한히 0에 가깝게 한다.

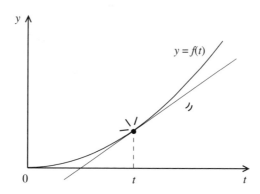

$$\frac{dy}{dt} = \lim_{\Delta t \to 0} \frac{\Delta y}{\Delta t}$$

$$= \lim_{\Delta t \to 0} \frac{f(t + \Delta t) - f(t)}{\Delta t}$$

열쇠는 잘 챙기셨나요? 이렇게 오래도록 미분의 방을 떠돌았는데도 열쇠는 딱 한 쪽에만 사용되고 마는군요.

하지만 열쇠 말고도 재미있는 보물이 굴러다닐지도 모르니까 시간이 있으면 다시 찾으러 가줘요. 가령 아이작 뉴턴 경의 힘의 이야기는 '역학'이라는 하나의 학문으로 자리 잡았을 만큼 심오해요. 기회가 있다면 그쪽으로도 모험을 떠나보는 게 좋을 거예요.

이 미분은 속도나 가속도를 낼 때만 사용하는 거야?

아니요, 그뿐만이 아니에요. 예를 들어 언덕을 오른다고 해보죠. 여기에서 몇 m 이동한 지점이 제일 경사가 가파른지 알고 싶은 때에도 미분을 사용해요. 아래 그래프를 보면 어느 부분이 얼마나 가파른지 '정확한' 숫자로 구할 수 있지요.

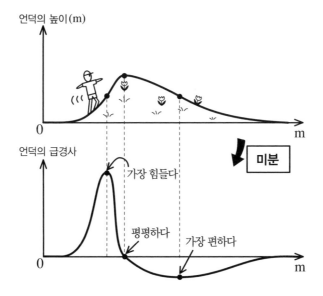

이 외에도 사탕을 먹으
면 살이 찐다든가

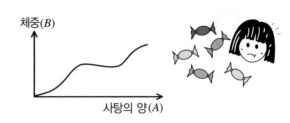

오래 달리면 땀이 난다
든가

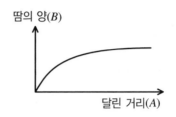

볼륨을 높이면 소리가
커진다든가

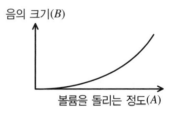

어떤 *A*를 해서 어떤 *B*가 영향을 받고 변화하는 것에는 미분을 쓸
수 있어요.

나도 내 주변에서 '아! 이거 미분인데?'라고 할 만한 걸 찾
아볼까.

그거 멋진데요! 미분의 프로가 되어 이번엔 여러분이 미분의
방의 안내인이 되어주세요!

슬슬 출입구에 도착했으니까 그 열
쇠를 가지고 다음 문을 열러 가야
죠. 그럼 다들 힘내요!!

어째서 y = 4.9t²인가?

$y = 4.9t^2$이라는 공식이 있다. t는 물체를 떨어뜨린 때부터 걸린 시간, y는 떨어진 거리를 나타냈다. 그렇다면 4.9란 무엇일까? 4.9라니 너무 어정쩡한 숫자 아닌가? 차라리 반올림해서 깔끔하게 5로 만들고 싶어지지 않나? 하지만 적어도 지구상에서는 4.9가 아니면 안 된다. 체중이 50kg인 사람도, 40kg인 사람도 체중이나 체형과는 상관없이 $y = 4.9t^2$의 속도로 추락한다. 한국이든 멕시코이든 바다 위든 북극이든 어느 장소건 간에, 동시에 떨어지기 시작한 물체는 대개 동시에 바닥까지 도착하게 되어 있다.

$y = 4.9t^2$은 시간과 거리의 관계이다. 이것을 한 번 미분하면 시간과 속도의 관계를 나타내는 $v = 9.8t$라는 공식이 되는데, 9.8이란 숫자는 지구의 **중력가속도**라고 한다. 이 중력가속도는 별의 질량에 비례한다. 달은 지구보다도 작고 질량이 적은 만큼 중력가속도가 줄어든다. 아폴로의 달 착륙 영상을 보면 우주인이 사뿐사뿐 움직이는 걸 볼 수 있다. 중력가속도가 적어 지구에 비해서 물체가 느리게 떨어지기 때문이다.

'지구상에서 물체는 $y = 4.9t^2$으로 떨어진다.' 이렇게 공식 하나로 움직임을 나타낼 수 있다니 놀랍지 않은가? 하지만 여기에는 공기저항을 계산에서 뺀 '진공상태의 지구'란 제한이 따른다. 그러므로 63빌딩 옥상에서 무게가 같은 작은 공과 큰 공을 동시에 떨어뜨린다면 반드시 작은 쪽이 먼저 지면에 도착한다. 그렇지 않다면 사람이 비행기에서 뛰어내릴 때

낙하산을 펼치더라도 $v = 9.8t$ 의 속도로 떨어져 죽고 말 것이다. 그러니 실제로 공중에서 물체가 떨어지는 움직임을 나타낼 때는 $v = 9.8t$ 공식만 이 아니라 공기저항도 계산에 넣어야 한다. 더 자세히 알고 싶은 사람은 뉴턴 경이나 갈릴레오 경과 만날 수 있는 책을 찾아보자!

sin θ의 미분

이제 '미분'의 개념을 이해했는가? 이 장에서는 실제로 푸리
에에서 흔히 사용하는 사인 파동의 미분을 해보자.
꽤 만만찮은 상대일지도 모르지만 '삼각함수의 덧셈정리'의
인도를 받으며 하나씩 열쇠를 주워나가자.

앞 장에서는 '미분'에 대해 여러 가지 분석을 해봤다. '궁극의 넓이'를 찾는 모험의 시작점이기도 했다. '미분의 방'에서 우리가 발견한 것은 다음과 같은 열쇠였다.

$$\frac{df(t)}{dt} = \frac{dy}{dt} = \lim_{\Delta t \to 0} \frac{f(t + \Delta t) - f(t)}{\Delta t}$$

미분을 익혔으니 드디어 '궁극의 넓이를 구할 수 있다'고 생각할지도 모른다. 하지만 조금만 더 참자. 그전에 이 미분의 열쇠를 이용해 지금까지 몇 번이나 튀어나왔던 'sinθ의 미분'을 풀어보자. 이번 장에서 sin θ의 미분의 열쇠를 찾아낸다면 '적분의 방'의 문을 열 수 있게 된다. 적분의 방에는 궁극의 면적을 구할 수 있는 열쇠가 숨겨져 있다.

그러면 함께 sin θ의 미분의 열쇠를 찾는 여행을 떠나볼까?

1. 사인을 미분하면 코사인이 된다!?

제1장에서 공부한 사인 파동($\sin \theta$)과 코사인 파동($\cos \theta$)을 기억하는가?

직접 빈칸을 채워봅시다!
만약 잊어버렸다면
스스로 찾아내야 해요!

$\sin \theta =$ _____

세로 = _____

$\cos \theta =$ _____

가로 = _____

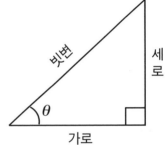

그리고 각도 θ를 점점 키워나갔더니 $\sin \theta$와 $\cos \theta$는 아래의 그래프가 되었다.

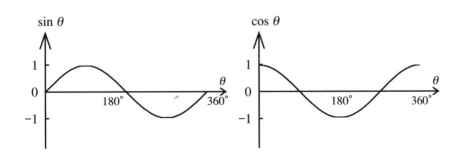

사인 파동을 미분한다는 건 제5장 '미분'에서 했다시피 그래프의

'접선의 기울기를 구하는 것'이다. 그러면 두 파동의 접선의 기울기를 구해보자.

접선의 '기울기'는 수직/수평을 이용하여 구한다. 이 $\sin\theta$의 그래프에서 수직 값은 사인 파동의 값을, 수평 값은 각도를 나타낸다. 여기에서는 각도를 라디안을 사용해 재도록 하자. 각도를 라디안으로 재면 $\sin\theta$를 미분할 때 답이 매우 간단해진다는 장점이 있다. 360°는 몇 라디안이었는지 기억하는가? 맞다. 2π라디안, 즉 약 6.28라디안이었다. 수평축을 라디안으로 표시하면 그래프는 다음과 같다.

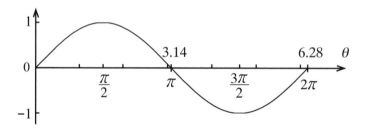

우선 각도가 0(라디안으로 각도를 재는 경우엔 번거롭게 '0라디안'이라 할 필요 없이 숫자만을 말하면 된다)일 경우의 미분 값은 얼마가 될지 생각해보자. 각도 0인 곳에서 접선을 그어보자. 이 접선의 수직/수평은 얼마일까?

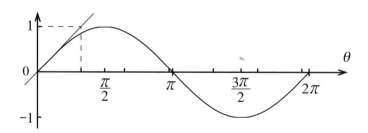

1이다. 다음은 각도 θ가 $\pi/2$일 때를 보자.

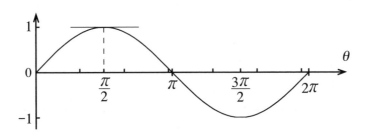

이때의 접선의 기울기는 얼마가 될까? 각도가 $\pi/2$일 때, 사인 파동의 그래프는 마침 봉우리의 정점에 올라 있으므로 접선은 평평해진다. 그러면 '수직'의 값은 0이 되니 접선의 기울기인 수직/수평도 0이 된다.

각도가 π일 때는 어떨까?

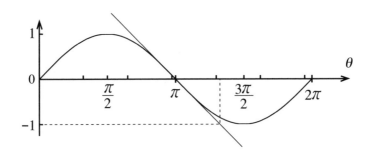

그래프를 유심히 보면 접선의 기울기가 -1이 된다는 걸 알 수 있다. 각도가 $3\pi/2$일 때는 $\pi/2$일 때와 마찬가지로 접선의 기울기는 0이다.

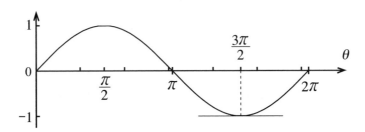

각도가 2π일 때는 다시 처음으로 돌아가기 때문에 접선의 기울기는 각도가 0일 때와 같은 1이 된다.

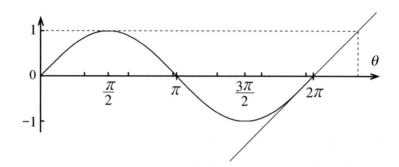

지금 구한 접선의 기울기 값을 그래프에 표시하자. 그리고 그 점들을 매끄럽게 이어보면 아래처럼 된다.

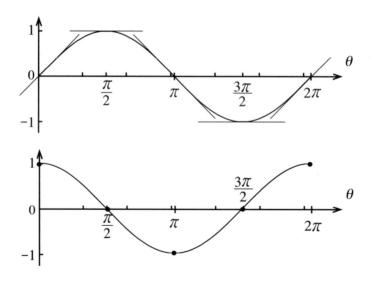

무척 낯이 익지 않는가? 그렇다. 이것은 코사인 파동의 그래프이다. 엥? 사인 파동을 미분하면 코사인 파동이 되는 것인가? 그렇다면 코사인 파동을 미분하면 사인 파동이 되는 걸까? 확인해보자.

아까 했던 그대로 접선을 긋고 그 기울기 값인 수직/수평을 구하자.
그리고 완성된 그래프를 살펴보자.

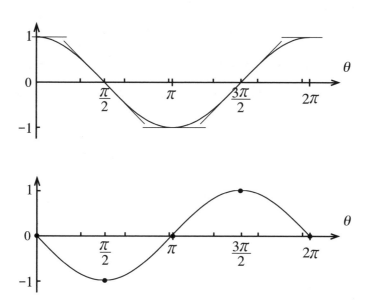

이 그래프, 사인 파동의 그래프와 닮긴 했지만 조금 다르다. 위아래
가 뒤집혀 있다. 각도 θ가 $\pi/2$일 때 $\sin\theta$의 값은 1이다. 그러나 이 그
래프에서는 -1이 되었다. 마찬가지로 각도 θ가 $3\pi/2$일 때 $\sin\theta$의
값은 -1이다. 그런데 여기에서는 1이 되어 있다. 이 그
래프는 사인 파동의 그래프에 비해 부호가 전부 거꾸
로 되어 있다. 이 같은 그래프를 뭐라고 해야 할까?
맞다. '$-$사인 파동($-\sin\theta$)'이다.

　이제 알겠는가? 사인 파동을 미분하면 코사인 파
동이 된다. 그리고 코사인 파동을 미분하면 $-$사인
파동이 된다. 이걸로 미분의 열쇠를 손에 넣었다! 이제
사인 파동의 미분은 끝!…이라고 말하고 싶지만….

　조금 더 정확하게 구하면 좋지 않을까? 우리는 아까 그래프에 접선을 긋고 거기에서 기울기를 읽어냈다. 그 접선은 정확하게 그어졌던 걸까? 게다가 접선의 기울기를 구한 것은 0, $\pi/2$, π, $3\pi/2$, 2π의 위치만이며, 그 사이는 '그래프를 매끄럽게 잇는' 일을 했다. 조금 더 자세히 알고 싶은 사람을 위해 사인 파동의 미분이 정말 코사인 파동이 되는지, 그리고 코사인 파동의 미분이 정말로 −사인 파동이 되는지를 천천히 생각해보자.

2. $\sin(\theta + \Delta\theta)$와 $\sin\theta + \sin\Delta\theta$는 다르다!

제5장 '미분'에서 손에 넣은 열쇠는 다음의 공식이었다.

$$\frac{df(t)}{dt} = \frac{dy}{dt} = \lim_{\Delta t \to 0} \frac{f(t + \Delta t) - f(t)}{\Delta t}$$

　이것은 순간 t에 대한 미분, 즉 속도를 구하는 식이었다. 그러나 제5장에서 분석한 대로 미분은 꼭 t에 따라붙어 나오지 않아도 상관없다. 우리는 비탈길의 경사각도라든가, 볼륨 다이얼을 돌리면 소리가 커지는 현상에도 얼마든지 미분을 사용할 수 있다. 하지만 우선 각도 θ를 미분해봐야 한다. 각도 θ가 조금 늘어났을 때 사인 파동이 얼마나 늘어나느냐를 알아내는 계산이다. 그래서 위의 공식에서 t 대신에 θ를 대입한다.

$$\frac{df(\theta)}{d\theta} = \frac{dy}{d\theta} = \lim_{\Delta\theta \to 0} \frac{f(\theta + \Delta\theta) - f(\theta)}{\Delta\theta}$$

자, $f(\theta) = \sin\theta$를 이용해 계산을 해보자.

$$\frac{df(\theta)}{d\theta} = \lim_{\Delta\theta \to 0} \frac{\sin(\theta + \Delta\theta) - \sin\theta}{\Delta\theta}$$

다음은 어떻게 해야 할까? 문제는 $\sin(\theta + \Delta\theta)$ 부분이다. 이번에도 평소처럼 이렇게 해도 될까?

$$\sin(\theta + \Delta\theta) = \sin\theta + \sin\Delta\theta$$

잠시 생각해보자. $\theta = 60°$, $\Delta\theta = 30°$라고 가정할 때 $\theta + \Delta\theta = 90°$가 된다. 이것을 $\sin\theta$의 그래프 안에 그려보면,

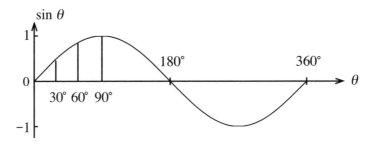

이 3개의 sin값을 그래프에서 추출해 정렬해보자.

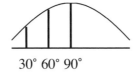

다음으로 $\sin 30°$와 $\sin 60°$의 값을 더해보자.

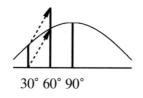

$$30° \quad 60° \quad 90°$$

$\sin 30° + \sin 60°$ 의 값은 $\sin 90°$ 의 값보다 커진다. 그렇다는 건

$$\sin 30° + \sin 60° \neq \sin (30° + 60°)$$

즉, $\sin \theta + \sin \Delta\theta \neq \sin (\theta + \Delta\theta)$ 이 된다.

난처하다. 이대로는 진행이 안 되겠다. 어떻게든 $\sin(\theta + \Delta\theta)$를 계산할 수 있는 형태로 만들어야만 한다. $\sin \theta$의 미분은 잠시 미뤄두고 이 $\sin(\theta + \Delta\theta)$를 먼저 연구해보자. 알기 쉽게 $\sin(\theta + \Delta\theta)$를 $\sin(\alpha + \beta)$로 전환하기로 하자(α: 알파, β: 베타). 하지만 어디까지나 지금은 **$\sin \theta$의 미분을 푸는 도중**이란 사실을 잊지 말라!

3. $\sin (\alpha + \beta)$를 α와 β의 삼각함수로 나타내기

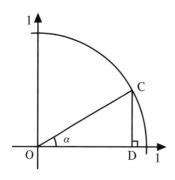

반지름이 1인 원을 생각해보자. 이와 같은 원을 '단위원'이라고 한다.

이 원 안에서 하나의 각도가 α가 될 만한 삼각형 COD를 떠올려보자.

이때, $\sin\alpha$의 값은 무엇이 될까? 이 원의 반지름은 1이므로

$$\frac{\overline{CD}}{\overline{OC}} = \sin \alpha = \frac{\overline{CD}}{1}$$

즉, $\sin \alpha = \overline{CD}$가 된다.

$$\frac{\overline{OD}}{\overline{OC}} = \cos \alpha = \frac{\overline{OD}}{1}$$

$$\cos \alpha = \overline{OD}$$

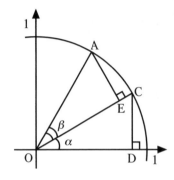

이번에는 이 원 안에서 하나의 각도가 β가 될 만한 삼각형 AOE를 떠올린다. 이때 $\sin\beta$의 값은? 이미 알고 있겠지만 선분 AE의 길이이다. $\cos\beta$는 선분 OE가 된다.

다음으로, 삼각형 AOB를 생각해보자. 이 삼각형의 각 AOB는 $\alpha + \beta$로 되어 있다. 조금 전처럼 생각해보면, $\sin(\alpha + \beta)$의 값은 선분 AB의 길이가 된다.

알기 쉽게 정리해보자.

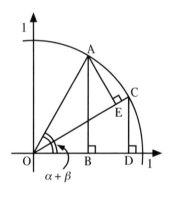

$$\sin \alpha = \overline{CD}$$
$$\cos \alpha = \overline{OD}$$
$$\sin \beta = \overline{AE}$$
$$\cos \beta = \overline{OE}$$
$$\sin (\alpha + \beta) = \overline{AB}$$

이제 모든 준비가 끝났다. 이제부터 우리는 $\sin(\alpha + \beta)$의 값, 즉 선분 AB의 길이를 $\sin\alpha$, $\cos\alpha$, $\sin\beta$, $\cos\beta$의 4가지를 써서 나타낼 것이다.

선분 AB를 두 부분, $\overline{AF}$와 $\overline{FB}$로 나눈다.

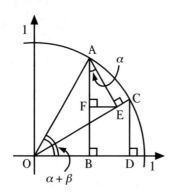

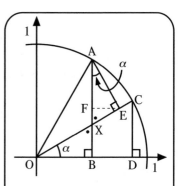

삼각형 내부의 각도의 합은 180° 입니다. 선분 AB와 OC의 교점을 X로 두면 삼각형 AXE와 OXB 모두 직각이 있고 각 OXB와 AXE 는 서로 마주보는 각이므로 크기 는 같습니다. 두 개의 각이 같기 때문에 남은 각 XOB, XAE도 같 은 α가 됩니다.

여기서 삼각형 AFE가 만들어졌지만 이 삼각형의 각 EAF는 α가 되어버렸다. 그러므로 $\dfrac{\overline{AF}}{\overline{AE}} = \cos\alpha$에서, $\overline{AF} = \overline{AE}\cos\alpha$ 이고

곱셈은 순서를 바꾸어도 답은 같습니다.

$$\overline{AF} = \sin\beta\cos\alpha = \cos\alpha\sin\beta\ \text{가 된다.}$$

이번엔 $\overline{FB}$를 생각해보자. $\overline{FB}$는 선분 EG와 같은 길이이다.

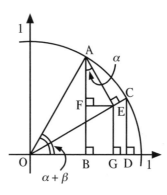

여기서 $\overline{FB}$를 직접 구하는 대신에 이 $\overline{EG}$를 구하기로 한다. 각 EOG = α이므로

$$\frac{\overline{EG}}{\overline{OE}} = \sin \alpha$$

$$\overline{EG} = \overline{OE} \sin \alpha$$

동시에 $\overline{OE}$는 $\cos \beta$였다. 따라서,

$$\overline{EG} = \cos \beta \sin \alpha = \sin \alpha \cos \beta$$

$\overline{EG} = \overline{FB}$이므로

$$\overline{FB} = \sin \alpha \cos \beta$$

자, 겨우 $\sin(\alpha + \beta)$를 구했다.

$\sin(\alpha + \beta) = \overline{AB}$이고 $\overline{AB}$는 $\overline{AF} + \overline{FB}$이므로

$$\sin(\alpha + \beta) = \overline{AB} = \overline{AF} + \overline{FB}$$
$$= \cos \alpha \sin \beta + \sin \alpha \cos \beta$$

우리가 지금 뭘 하고 있었는지를 떠올려라. 바로 **sin θ의 미분**을 찾던 도중이었다. 그러면 지금 갓 발견한 공식을 사용해 아까 하던 것을 계속해보자.

$$\lim_{\Delta\theta \to 0} \frac{\sin(\theta + \Delta\theta) - \sin\theta}{\Delta\theta}$$

$$= \lim_{\Delta\theta \to 0} \frac{\cos\theta \sin\Delta\theta + \sin\theta \cos\Delta\theta - \sin\theta}{\Delta\theta}$$

$$= \lim_{\Delta\theta \to 0} \frac{\cos\theta \sin\Delta\theta + \sin\theta(\cos\Delta\theta - 1)}{\Delta\theta}$$

$$= \lim_{\Delta\theta \to 0} \left\{ \frac{\cos\theta \sin\Delta\theta}{\Delta\theta} + \frac{\sin\theta(\cos\Delta\theta - 1)}{\Delta\theta} \right\}$$

· $\alpha = \theta$, $\beta = \Delta\theta$
· 두 번 나오는 $\sin\theta$는 하나로 묶자.

우선 ┌╌╌╌╌┐ 부분부터 살펴보자.

$\cos \Delta\theta$의 $\Delta\theta$를 0에 무한히 가깝게 하면, $\cos 0 = 1$이므로

$$\frac{\sin \theta(1-1)}{\Delta\theta} = \frac{\sin \theta \cdot 0}{\Delta\theta}$$

그리고 분모 $\Delta\theta$도 0으로 하면, 0/0이 되어 1이 될 것 같지만 사실 그렇지 않다. 수학의 금기 중에 '0으로 나눗셈을 해서는 안 된다'라는 항목이 있다. 따라서 이 계산은 여기서 끝이다.

그러면 딴청을 피우는 김에, 이번에는 $\cos(\alpha + \beta)$를 같은 방법으로 α와 β의 삼각함수로 나타내보자.

4. $\cos(\alpha + \beta)$를 α와 β의 삼각함수로 나타내기

이것도 아까의 $\sin(\alpha + \beta)$를 구할 때처럼 생각해보자.

5. $\sin(\alpha - \beta)$와 $\cos(\alpha - \beta)$를 α와 β의 삼각함수로 나타내기

지금까지는 $\sin(\alpha + \beta)$나 $\cos(\alpha + \beta)$ 등을 α와 β의 삼각함수로 표기할 수가 있었지만, 이번은 $(\alpha - \beta)$처럼, α와 β의 뺄셈이 되겠다. $\sin(\alpha - \beta)$란 대체 무엇일까?

한 예로 $\alpha = 60°$, $-\beta = -20°$로 생각하면 다음처럼 된다.

$$\sin(60° - 20°) = \sin 40°$$

> 양각은 각도를 시계 반대 방향으로 재는 데 비해 음각은 각도를 시계 방향으로 재는 것이다.

어때, 간단하지 않은가?

그럼 $\alpha = 60°$, $-\beta = -120°$라면 어떻게 될까?

$$\sin(60° - 120°) = \sin(-60°)$$

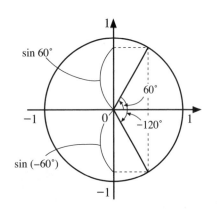

이렇게 된다.

여기서 잠깐 왼쪽 도표를 보자.

$\sin(-60°)$란 $\sin 60°$와 크기는 같고 부호만 다를 뿐이다. $\sin 60°$의 값에 $-$를 붙이면 양쪽은 완전히 같아진다.

$$\sin(-60°) = -\sin 60°$$

$\cos 60°$와 $\cos(-60°)$의 경우는 어떨까? 오, 이것도 완전히 같다.

$$\cos(-60°) = \cos 60°$$

정리하면 다음과 같다.

$$\sin(-\theta) = -\sin\theta$$
$$\cos(-\theta) = \cos\theta$$

이걸로 확실해졌다. $\sin(\alpha-\beta)$란, $\sin(\alpha+\beta)$의 +부호를 −로 바꾼 것뿐이다.

$$\sin(\alpha+\beta) = \sin\alpha\cos\beta + \cos\alpha\sin\beta$$
$$\sin(\alpha-\beta) = \sin\alpha\cos(-\beta) + \cos\alpha\sin(-\beta)$$
$$= \sin\alpha\cos\beta - \cos\alpha\sin\beta$$

$\cos(\alpha-\beta)$도 같은 방식으로 수식화해보자.

$$\cos(\alpha+\beta) = \cos\alpha\cos\beta - \sin\alpha\sin\beta$$
$$\cos(\alpha-\beta) = \cos\alpha\cos(-\beta) - \sin\alpha\sin(-\beta)$$
$$= \cos\alpha\cos\beta + \sin\alpha\sin\beta$$

> 마이너스×마이너스는 플러스가 된다.

간단하다. 그런데 잊진 않았는가? 지금 **sin θ의 미분**을 구하던 중이라는 것을. 한데 신기하게도 이렇게 많은 수식을 발견하고 말았다. 어디, 모아서 정리해보자.

[A]
$$\sin(\alpha+\beta) = \sin\alpha\cos\beta + \cos\alpha\sin\beta \cdots ①$$
$$\cos(\alpha+\beta) = \cos\alpha\cos\beta - \sin\alpha\sin\beta \cdots ②$$
$$\sin(\alpha-\beta) = \sin\alpha\cos\beta - \cos\alpha\sin\beta \cdots ③$$
$$\cos(\alpha-\beta) = \cos\alpha\cos\beta + \sin\alpha\sin\beta \cdots ④$$

공식을 4개나 발견했지만 사실 이대로 'sinθ의 미분'에 쓸 수는 없다. 그러면 조금만 더 이 식들을 관찰하기로 하자. 어떤 단서를 잡을 수 있을지도 모른다.

6. sin α cos β

이 4개의 식을 잘 살펴보면 $\sin \alpha \cos \beta$가 2개 있는 것이 눈에 띈다. 바로 공식 ①과 공식 ③이다. 어쩌면 이 부분만의 식이 만들어질지도 모른다. 공식 ①과 ③을 더해보자. ①＋③은,

$$\sin(\alpha+\beta) = \sin\alpha\cos\beta + \cos\alpha\sin\beta$$
$$+\,) \ \sin(\alpha-\beta) = \sin\alpha\cos\beta - \cos\alpha\sin\beta$$
$$\overline{\sin(\alpha+\beta) + \sin(\alpha-\beta) = 2\sin\alpha\cos\beta}$$

$$2\sin\alpha\cos\beta = \sin(\alpha+\beta) + \sin(\alpha-\beta)$$

$$\sin\alpha\cos\beta = \frac{1}{2}\left\{\sin(\alpha+\beta) + \sin(\alpha-\beta)\right\}$$

꽤 쉽게 찾았다. $\cos \alpha \sin \beta$, $\cos \alpha \cos \beta$, $\sin \alpha \sin \beta$도 같은 방법으로 찾아낼 수 있다. 자, 해보자.

$\cos \alpha \sin \beta$ (힌트: ① － ③)

$\cos \alpha \cos \beta$ (힌트: ② ＋ ④)

$\sin \alpha \sin \beta$ (힌트: ② － ④)

나온 답들을 정리해보자.

$$\sin \alpha \cos \beta = \frac{1}{2}\left\{\sin(\alpha+\beta)+\sin(\alpha-\beta)\right\}$$

$$\cos \alpha \sin \beta = \frac{1}{2}\left\{\sin(\alpha+\beta)-\sin(\alpha-\beta)\right\}$$

[B]

$$\cos \alpha \cos \beta = \frac{1}{2}\left\{\cos(\alpha+\beta)+\cos(\alpha-\beta)\right\}$$

$$\sin \alpha \sin \beta = -\frac{1}{2}\left\{\cos(\alpha+\beta)-\cos(\alpha-\beta)\right\}$$

이제 적당히 **sin θ의 미분**을 찾으러 가고 싶겠지만 아직도 무리다. 잠시 여기 정리된 답을 보면, $\sin(\alpha+\beta)-\sin(\alpha-\beta)$라는 식이 있다. 분명히 sin끼리의 뺄셈이 'sinθ의 미분'에서도 나왔다.

7. $\sin A - \sin B$

$\sin(\alpha+\beta)-\sin(\alpha-\beta)$를 $\sin A-\sin B$로 바꿔 생각해보자.

$$\alpha+\beta=A,\ \alpha-\beta=B$$

가 될 테니 [B]의 2번째 식을 사용하면 되겠다.

$$\cos \alpha \sin \beta = \frac{1}{2}\{\sin A-\sin B\}$$

α와 β도 A, B를 써서 나타내자.

$$
\begin{array}{ll}
\alpha+\beta=A & \alpha+\beta=A \\
+)\ \alpha-\beta=B & -)\ \alpha-\beta=B \\
\hline
2\alpha\quad=A+B & 2\beta=A-B \\
\alpha=\frac{A+B}{2} & \beta=\frac{A-B}{2}
\end{array}
$$

여기 $\alpha = \dfrac{A+B}{2}$, $\beta = \dfrac{A-B}{2}$ 를 각각의 식에 대입한다.

$$\cos\frac{A+B}{2}\sin\frac{A-B}{2} = \frac{1}{2}\{\sin A - \sin B\}$$

$$\boxed{\sin A - \sin B = 2\cos\frac{A+B}{2}\sin\frac{A-B}{2}}$$

자아, 이것으로 sin끼리 정확한 뺄셈을 할 수 있는 형태로 바꿔줄 수 있게 되었다. 다른 $\sin A + \sin B$, $\cos A + \cos B$, $\cos A - \cos B$도 앞쪽의 식 [WB]를 보면서 해보도록 하자.

$\sin A + \sin B$

$\cos A + \cos B$

$\cos A - \cos B$

결과는 아래에 정리해 두겠다.

$$[C] \quad \begin{aligned} \sin A + \sin B &= 2\sin\frac{A+B}{2}\cos\frac{A-B}{2} \\[6pt] \sin A - \sin B &= 2\cos\frac{A+B}{2}\sin\frac{A-B}{2} \\[6pt] \cos A + \cos B &= 2\cos\frac{A+B}{2}\cos\frac{A-B}{2} \\[6pt] \cos A - \cos B &= -2\sin\frac{A+B}{2}\sin\frac{A-B}{2} \end{aligned}$$

지금까지 4개가 한 묶음인 공식이 총 3묶음 나왔다. 가장 첫 번째 [A]그룹의 공식을 묶어서 특별히 **삼각함수의 덧셈정리**라고 부른다. 그리고 [A], [B], [C]를 다 뭉뚱그린 것이 바로 '삼각 공식'이다. 그리고 이 삼각 공식이 오늘 처음 얻은 열쇠이다.

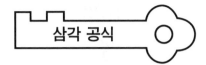

삼각 공식

자아, 오랜 시간을 들여 찾아낸 이 열쇠를 써서, 당장 'sinθ의 미분'을 풀어보도록 하자.

8. sin θ의 미분으로 돌아가기

$$\frac{d}{d\theta}\sin\theta = \lim_{\Delta\theta \to 0} \frac{\sin(\theta + \Delta\theta) - \sin\theta}{\Delta\theta}$$

여기에서 아까의 공식을 떠올리자! $\theta + \Delta\theta$ = A, θ = B로 둔다.

$$\sin A - \sin B = 2\cos\frac{A+B}{2}\sin\frac{A-B}{2}$$

$$= \lim_{\Delta\theta \to 0} \frac{2\cos\dfrac{\theta+\Delta\theta+\theta}{2}\sin\dfrac{\theta+\Delta\theta-\theta}{2}}{\Delta\theta}$$

$$= \lim_{\Delta\theta \to 0}\left\{\frac{2}{\Delta\theta}\cos\frac{2\theta+\Delta\theta}{2}\sin\frac{\Delta\theta}{2}\right\}$$

예를 들어 $3 \times \dfrac{2}{5} = \dfrac{6}{5}$ 의 경우는…

$$\frac{3}{\frac{5}{2}} = \frac{3}{\frac{5}{2}} \times \frac{2}{2}$$

$$= \frac{6}{5}$$

둘 다 같다!

$$= \lim_{\Delta\theta \to 0}\left\{\frac{2}{\Delta\theta}\cos\left(\theta+\frac{\Delta\theta}{2}\right)\sin\frac{\Delta\theta}{2}\right\}$$

$$= \lim_{\Delta\theta \to 0}\left\{\cos\left(\theta+\frac{\Delta\theta}{2}\right)\frac{\sin\dfrac{\Delta\theta}{2}}{\dfrac{\Delta\theta}{2}}\right\}$$

왜 이런 괴상한 모습으로 만들었을까? 실은 이렇게 해두면 어떤 편리한 기술을 쓸 수 있다. 방금 나왔던

$$\frac{\sin \frac{\Delta\theta}{2}}{\frac{\Delta\theta}{2}}$$

부분만을 살펴보자. $\frac{\Delta\theta}{2}$를 θ로 하여, θ를 한없이 0에 가깝게 만들면 $\frac{\sin\theta}{\theta}$는 1이 된다는 것이다. 이것이 1이 되는 건 θ를 라디안으로 측정했을 때뿐이다. 제1장 '푸리에 급수'에서 라디안을 조금 다루어보았다. 한번 복습하고 지나가자.

9. 라디안

반지름이 r인 원의 어떤 부분이, 피자 조각처럼 잘려나갔다고 하자.

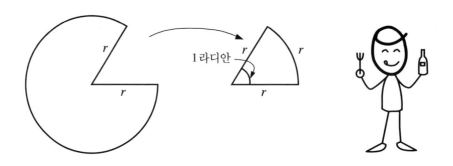

그럼 이 피자 조각의 둥근 부분의 길이가, 반지름의 길이와 같은 r이라 할 때, 각도 θ를 1라디안이라고 정하자. 그러면 한 바퀴(360°)는 몇 라디안일까? 원주는,

$$원주 = 지름 \times 3.14 = 2\pi r$$

π는 사실 무한대 (3.1415…)로 이어지는 수이기 때문에 'π(파이)'라고 합니다.

1라디안 분의 호의 길이는 r이다. 그러니까 원주를 r로 나누면, $360°$가 몇 라디안인지 알 수 있다.

$$2\pi r \div r = 2\pi (\text{라디안})$$

$360°$는 2π라디안이다. 오늘의 2번째 열쇠를 찾아냈다.

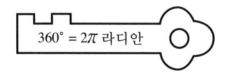

$$360° = 2\pi \text{ 라디안}$$

반지름 1인 단위원을 사용해 라디안에 대해서 좀 더 깊게 생각해보자.

원의 반지름은 1이므로, 호의 길이가 1일 때의 각도는 1라디안이다.

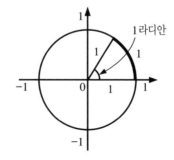

호의 길이가 2가 된다면?

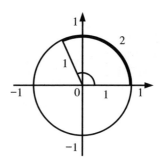

그래, 2라디안이다.

그렇다면 호의 길이가 0.5일 때는?

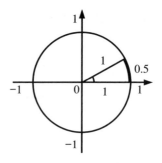

0.5라디안이다.

어라? 반지름이 1이면 호의 길이
와 라디안으로 쟀던 각도가 같은 값
이 되는군. 이거 편리한데!

여기에서, 반지름 1에 호의 길이
가 θ인 피자가 있다고 하자. 그렇게
하면 각도도 θ가 된다. 다음으로 각
도가 θ인 sin, 즉 $\sin\theta$를 생각하자.

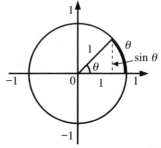

반지름이 1이니까 $\sin\theta$의 값은 점선의 길이에 해당한다.

이번에는 호의 길이 θ와 $\sin\theta$의 길이를 비교해보자. 어떻게 될까?

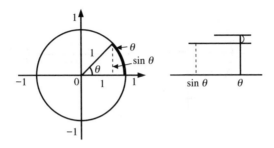

θ가 큰 경우엔 θ와 $\sin\theta$의 크기는 상당히 다르다. 그러면 θ를 작게 만든다면 어떻게 될까?

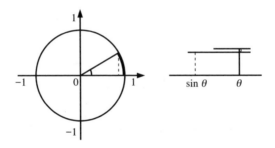

$\sin\theta$와 θ의 차가 점점 줄어든다.

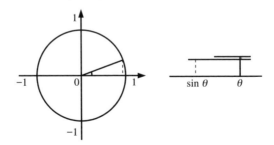

그리고 θ의 값을 무한히 0에 가까이 한다면…

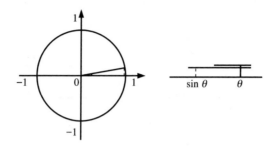

아마도 θ값과 $\sin\theta$값은 완전히 같아질 것이다. 이렇게.

$$\lim_{\theta \to 0} \sin \theta = \theta$$

그리고 이것이 바로 3번째 열쇠이다.

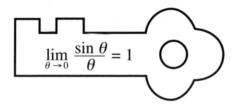

$$\lim_{\theta \to 0} \frac{\sin \theta}{\theta} = 1$$

열쇠도 많이 찾았으니 이제 정말 **$\sin\theta$의 미분**으로 돌아가자.

10. 또다시 sin θ의 미분으로!

여기에서 아까의
공식을 쓰자!

$$\lim_{\theta \to 0} \frac{\sin \theta}{\theta} = 1$$

$$\frac{d}{d\theta} \sin \theta = \lim_{\Delta\theta \to 0} \left\{ \cos \left(\theta + \frac{\Delta\theta}{2} \right) \frac{\sin \frac{\Delta\theta}{2}}{\frac{\Delta\theta}{2}} \right\}$$

$$= \cos (\theta + 0) \cdot 1$$

$$= \cos \theta$$

드디어 나왔다! 상세히 검토한 결과, 역시 'sin θ의 미분'
은 'cos θ'가 되었다. 꽤나 먼 여정이었지만, 멋지게 골인
했다. 그리고 이것이야말로 오늘의 가장 중요한 열쇠이다.

$$\frac{d}{d\theta} \sin \theta = \cos \theta$$

cos A − cos B

$$= -2 \sin \frac{A + B}{2} \sin \frac{A - B}{2}$$

를 쓰세요!

sin θ를 미분하면 cos θ가 되는데, cos θ
를 미분하면 어떨까? 처음 그래프를 보고
시도했을 땐 − sin θ가 되었다. 이 계산은
지금까지 찾아낸 열쇠를 쓰면 당장이라도
가능하다. 각자 꼭 답을 구해보자.

자, 무사히 'sin θ의 미분'을 구해낼 수 있었다. 하지만 푸리에에서
는 단순한 sin θ는 잘 쓰이지 않는다. 많이 쓰이는 것은 θ가 시간에 따
라 변화하는 경우, 즉 θ = nωt인 사인이나 코사인 등이다.

그러면 그와 같은 경우의 sin과 cos, 즉

$$f(t) = \sin n\omega t$$
$$f(t) = \cos n\omega t$$

를 미분하면 어떻게 될까? $\sin n\omega t$의 미분은 과연 $\cos n\omega t$가 될까? 직접 확인해보자.

11. $\sin n\omega t$ 의 미분

> 좀 전의 삼각 공식을 떠올려봐요!
>
> $\sin A - \sin B$
>
> $= 2 \cos \dfrac{A+B}{2} \sin \dfrac{A-B}{2}$

$$\frac{d}{dt} \sin n\omega t = \lim_{\Delta t \to 0} \frac{\sin(n\omega t + n\omega\Delta t) - \sin n\omega t}{\Delta t}$$

$$= \lim_{\Delta t \to 0} \frac{2 \cos \dfrac{n\omega t + n\omega\Delta t + n\omega t}{2} \sin \dfrac{n\omega t + n\omega\Delta t - n\omega t}{2}}{\Delta t}$$

$$= \lim_{\Delta t \to 0} \left\{ \frac{2}{\Delta t} \cos \frac{2n\omega t + n\omega\Delta t}{2} \sin \frac{n\omega\Delta t}{2} \right\}$$

$$= \lim_{\Delta t \to 0} \left\{ \frac{2}{\Delta t} \cos \left(n\omega t + \frac{n\omega\Delta t}{2} \right) \sin \frac{n\omega\Delta t}{2} \right\}$$

$$= \lim_{\Delta t \to 0} \left\{ \cos \left(n\omega t + \frac{n\omega\Delta t}{2} \right) \frac{\sin \dfrac{n\omega\Delta t}{2}}{\dfrac{\Delta t}{2}} \right\}$$

그 필살기를 쓰고 싶어지는 순간이군.

$$\lim_{\theta \to 0} \frac{\sin \theta}{\theta} = 1$$

하지만 ⌐ ̶ ̶ ̶ ̶ ̶ ̶ ̚를 주목하자. 분모는 $\frac{\Delta t}{2}$ 인데 분자가 $\frac{n\omega\Delta t}{2}$ 이다.

$\theta = \frac{\Delta t}{2}$ 라고 하면, 분자 sin의 알맹이는 θ가 되지 않는다. 그럼 여기에 $\frac{n\omega}{n\omega}$ 를 곱해보자. $\frac{n\omega}{n\omega} = 1$이므로 변하는 건 하나도 없다.

그런 뒤 아까의 미분을 계속한다.

$$= \lim_{\Delta t \to 0} \left\{ \cos\left(n\omega t + \frac{n\omega\Delta t}{2}\right) \frac{\sin\frac{n\omega\Delta t}{2}}{\frac{\Delta t}{2}} \cdot \frac{n\omega}{n\omega} \right\}$$

$$= \lim_{\Delta t \to 0} \left\{ \cos\left(n\omega t + \frac{n\omega\Delta t}{2}\right) \frac{(\sin\frac{n\omega\Delta t}{2})n\omega}{\frac{\Delta t}{2}n\omega} \right\}$$

뒤에 있던 수식이 앞으로 나왔다!

$$= \lim_{\Delta t \to 0} \left\{ n\omega \cdot \cos\left(n\omega t + \frac{n\omega\Delta t}{2}\right) \frac{\sin\frac{n\omega\Delta t}{2}}{\frac{n\omega\Delta t}{2}} \right\}$$

여기에서 $\theta = \frac{n\omega\Delta t}{2}$ 로 만들면 $\lim_{\theta \to 0} \frac{\sin\theta}{\theta} = 1$을 쓸 수 있습니다.

$$= n\omega \cos(n\omega t + 0) \cdot 1$$

$$= n\omega \cos n\omega t$$

그냥 $\cos n\omega t$가 될 줄 알았는데 $n\omega \cos n\omega t$가 되어버렸다. 하지만 이것을 그래프로 그려보면 어떻게 될까? 뭔가를 알아낼 수 있을지도 모른다. $n\omega = 2$로 두고 생각해보자.

$$\frac{d}{dt} \sin 2t = 2 \cos 2t$$

우선 $\sin 2t$의 파동을 그리고, 각 점에서의 접선의 기울기를 구하고 그걸 그래프에 표시하면 된다. 하지만 점마다 일일이 구할 수는 없는 노릇이니까 0의 점이나 파동이 가장 높거나 가장 낮은 곳 등 포인트가 되는 곳의 접선의 기울기를 구해서 그래프로 그려보자.

$\sin 2t$의 파동

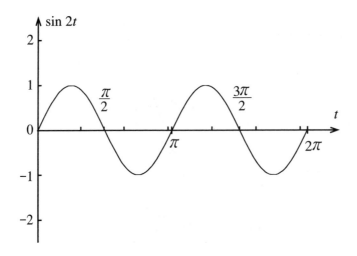

구한 접선의 기울기 값을 그래프에 표시하자.

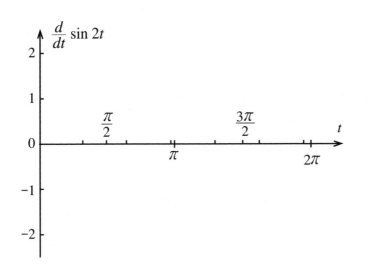

정답은 다음과 같다.

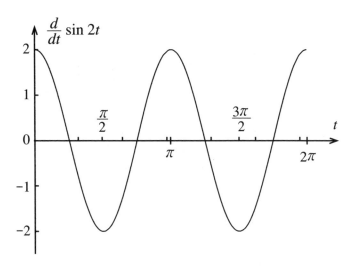

다 됐는가? 정확히 $2\cos 2t$의 파동이 되었다. 그리고 열쇠도 발견했다!

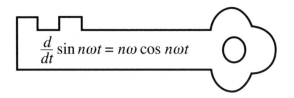

$$\frac{d}{dt}\sin n\omega t = n\omega \cos n\omega t$$

여기까지 오느라 고생 많았다. $\sin n\omega t$의 미분을 배웠으니 '$\cos n\omega t$의 미분' 같은 것도 해보면 재미있을 것이다.

슬슬 오늘 탐험의 끝이 보인다. 오늘 발견한 열쇠는 잘 지니고 있는 지 잠깐 확인해보자.

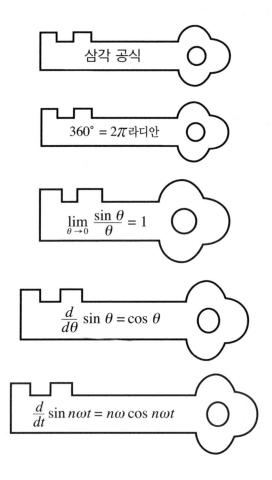

'$\sin \theta$의 미분'만을 알아낼 생각이었는데 어느새 이렇게 많이 모았을까? 이 다섯 개의 열쇠만 가지고 있으면 두려울 게 없다. 틀림없이 적분의 방에서 '궁극의 넓이를 찾을 수 있는 열쇠'를 발견하게 될 것이다. 그럼, 또 만나자!

형식적 미분법

여기에서는 미분의 편리한 방법을 살펴보자. 앞에서 $4.9t^2$을 미분하면 $\frac{df(t)}{dt} = 9.8t$ 가 되었다. 여기서 잠깐 $f(t)$와 $\frac{df(t)}{dt}$의 형태를 관찰해보자. 눈치챘는가? 4.9에 t의 지수 2를 곱하면 9.8이 된다. 실은 우연히 미분의 결과가 9.8이 된 것은 아니다.

예를 들어, $f(t) = 3t^2$을 미분하면 $\frac{df(t)}{dt} = 2 \times 3t = 6t$ 가 된다. 참고로 제5장에서 익힌 방법으로 미분해보자.

$$
\begin{aligned}
f(t + \Delta t) - f(t) &= 3(t + \Delta t)^2 - 3t^2 \\
&= 3(t^2 + 2t\Delta t + \Delta t^2) - 3t^2 \\
&= 6t\Delta t + 3\Delta t^2
\end{aligned}
$$

다음에는 Δt로 나누고 Δt 동안의 변화율을 구하는 거였다.

$$
\frac{f(t + \Delta t) - f(t)}{\Delta t} = \frac{6t \cdot \Delta t + 3\Delta t^2}{\Delta t} = 6t + 3\Delta t
$$

그리고 Δt를 무한히 0에 가깝게 한다.

$$
\lim_{\Delta t \to 0} 6t + \underset{\downarrow}{3\Delta t} = 6t \\
\phantom{\lim_{\Delta t \to 0} 6t + }0
$$

이로써 정확히 $6t$ 가 되었다.

이런 방식으로 $f(t) = at^n$ 과 같은 형태를 미분하면 $\frac{df(t)}{dt} = ant^{n-1}$ 이 된다. 이러한 형태로 미분하는 것을 '형식적 미분법'이라고 한다.

그러면, 정말 모든 $f(t) = at^n$ 이 $\dfrac{df(t)}{dt} = ant^{n-1}$ 이 되는지 실제로 계산해보자. 물론 여러분이 알고 있는 방법이다.

$$f(t + \Delta t) - f(t) = a(t + \Delta t)^n - at^n$$

아, 뭔가 생소한 게 튀어나왔다. $(t + \Delta t)^n$ 은 어떻게 해야 하는 걸까?

$(a+b)^2$ 이라면 $a^2 + 2ab + b^2$ 이다. 하지만 $(a+b)^3$ 은 $a^3 + 3a^2b + 3ab^2 + b^3$ 이 된다.

이 정도라면 $(a+b)(a+b)(a+b) = \cdots$ 하고 풀어 계산할 수도 있다. 말하자면 이 세 쌍의 괄호에서 a 를 3번 곱한 것$(=a^3)$은 하나, b 를 3번 곱한 것$(=b^3)$도 하나, a 를 2번, b 를 1번 곱한 것은 셋이 있으니까 $3a^2b$. 그리고 ab^2 도 셋이니 $3ab^2$ 이 된다.

그렇다면 $a(t + \Delta t)^n$ 은 어떻게 되는지 알아보자.

$$a\left\{\underbrace{(t + \Delta t)(t + \Delta t)(t + \Delta t) \cdots (t + \Delta t)}_{n\text{개}}\right\}$$

이런 식으로 괄호가 n개 있는 것이니까 모든 괄호에서 t 만을 골라낸 것은 t^n 이 되고, Δt 가 하나뿐이고 나머지는 t 인 것$(=t^{n-1}\Delta t)$을 골라내면 Δt 를 고르는 법이 n개 있으니까 $nt^{n-1}\Delta t$ 가 된다. 이런 식으로 과정을 반복하면 다음 식이 나온다.

$$a\left\{t^n + nt^{n-1}\Delta t + \bigcirc t^{n-2}(\Delta t)^2 + \cdots + (\Delta t)^n\right\}$$

다시 $f(t+\Delta t) - f(t)$로 되돌아가자.

$$f(t+\Delta t) - f(t)$$
$$= a(t+\Delta t)^n - at^n$$
$$= a\left\{t^n + nt^{n-1}\Delta t + \bigcirc t^{n-2}(\Delta t)^2 + \cdots + (\Delta t)^n\right\} - at^n$$
$$= ant^{n-1}\Delta t + a\bigcirc t^{n-2}(\Delta t)^2 + \cdots + a(\Delta t)^n$$

이리하여 t^n의 항목이 사라진다. 다음 순서는 Δt로 나누는 거였다.

$$\frac{f(t+\Delta t) - f(t)}{\Delta t}$$
$$= ant^{n-1} + a\bigcirc t^{n-2}\Delta t + \cdots + a(\Delta t)^{n-1}$$

그리고 이 Δt를 0에 접근시키면 Δt가 붙은 항목은 전부 0이 되어 사라진다. 어라! 남은 건 이것뿐이네?

$$\lim_{\Delta t \to 0}\frac{f(t+\Delta t) - f(t)}{\Delta t} = a\cdot nt^{n-1}$$

이것으로 $f(t) = at^n$을 미분하면 $\dfrac{df(t)}{dt} = a\cdot nt^{n-1}$이 됨을 알 수 있다.

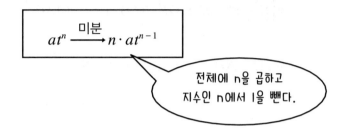

예를 들어보자.

$$f(t) = t^3 \rightarrow \frac{df(t)}{dt} = 3 \cdot t^{3-1} = 3t^2$$

$$f(x) = \frac{1}{3}x^3 \rightarrow \frac{df(x)}{dx} = 3 \cdot \frac{1}{3}x^{3-1} = x^2$$

이것은 '미분'에서 쓰이는 강력한 도구로 그 의미는 완전히 익힌 것이니, 앞으로 아낌없이 써먹자!

Chapter

7

적분

제3장 '불연속 푸리에 전개'에서 실제로 복합 파동의 면적을
구해본 적이 있지만, 그때는 10개로 나눈 '막대'를 썼기 때
문에 정확한 넓이는 구할 수 없었다. 이 장에서는 미분에도
필요했던 극한(lim)을 사용해 '막대'의 폭을 좁혀 '무한히 정
확한 넓이'를 구할 것이다.

첫머리에

제2부에 들어왔다고는 하나, 공이 어떤 식으로 떨어지는지를 조사하거나 사인 파동과 코사인 파동의 기울어짐을 조사하는 등등 푸리에의 이야기에서 멀찌감치 빗나간 것 같아 안절부절못했던 사람은 없는가?

우리가 하고 싶었던 것은 오직 하나, '인간이란 어떤 식으로 언어를 이해하는가' 하는 수수께끼의 해명이었다. 오직 그 목적만을 위해 푸리에의 모험을 계속 해온 것이다.

하지만 안심하라. 이 적분만 읽으면 지금까지 해왔던 일이 쓸모없는 것들이 아니라 오히려 무척 귀중한 체험이었다는 것을 납득하게 될 것이다. 적분이야말로 우리가 찾아 헤매던 이야기이다.

1. 적분이 뭐야?

적분은 한마디로
한없이 정확한 면적을 구하는 것을 말한다.

왜 면적을 구하냐고? 물론 음성을 연구하기 위해서다. 귀로 듣고 있으면 음성은 금세 사라져 아무것도 남지 않지만, FFT라는 기계를 통해 파동의 형태로 보는 것이 가능하다. 그 음성의 파동을 명쾌하게 분석하는 방법이 '푸리에'인 것이다. 그런데 혹시 '푸리에 급수, 푸리에 계수를 헤쳐 왔으니 이제 파동 따위 겁나지 않아'라고 생각하는 사람이 있는가? 실은 아직 거대한 난관이 남아 있다.

우리는 푸리에 계수를 완벽하게 습득하지 못했다.

푸리에 급수에서는 '복잡하지만 주기를 가진 파동은 단순 파동들의 합으로 되어 있다'는 사실을 알게 되었다. 그리고 푸리에 계수에서는 실제로 어떠한 종류의 파동이 어느 정도씩 섞여 있는지 조사해보았다. 파동의 종류를 구하는 것은 매우 간단하다. 자를 이용해 복잡한 파동의 가장 큰 주기의 시간을 재면 기본이 되는 파동의 속도(주파수)를 구할 수 있었다.

제아무리 복잡한 파동이라도 주기만 가지고 있으면 그 파동 안에는 기본이 되는 파동의 정수배(1배, 2배, 3배, …)의 속도로 진동하는 사인

파동, 코사인 파동만이 존재한다. 그저 기본 파동의 속도를 자로 재기만 하면 되는 것이다. 그러나 각각의 파동의 양을 구하는 것은 쉽지 않은 작업이었다. 야채 주스의 경우 필터로 걸러내면 그만인 일도, 파동에서는 그렇게 간단하지 않았다.

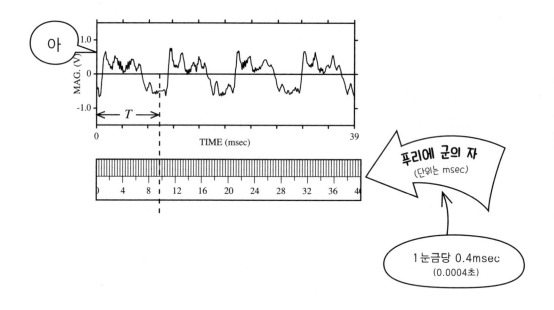

맙소사! **구불거리는 파동의 면적**을 구해야만 했던 것이다.

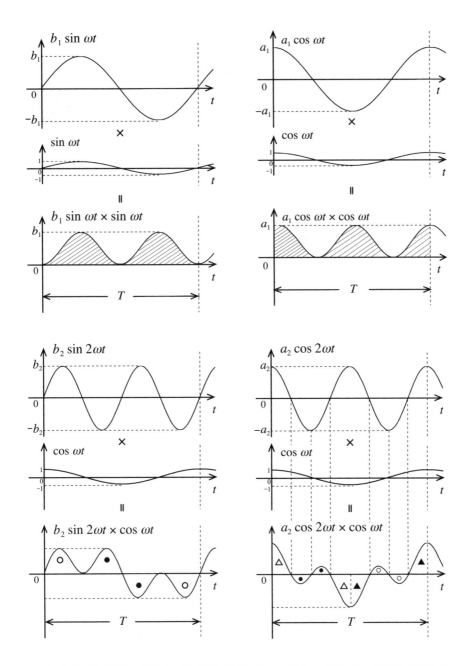

이렇게 복잡한 파동을 분해해서 구하고 싶은 진폭의 파동을 곱하면
된다. 같은 주파수의 코사인 파동과 사인 파동을 모아 없앴을 때만 면
적이 남았다.

복잡한 파동에 포함되어 있는 단순 파동들의 분량을 조사하려면 가위와 풀을 들고 공작까지 하면서 면적을 구해야만 했다. 그러나 음성을 연구하는 자의 입장으로서는 될 수 있는 한 정확한 넓이를 구하고 싶다.

> **무한히 정확한 면적을 구하는 것**   = 정확한 단순 파동의 분량을 구하는 것
> = 음성을 정확히 관찰하는 것

가위와 풀을 잘 다룰 수 있다면 그나마 났겠지만, 앞으로도 쭉 구불거리는 파동의 곡선을 깨끗하게 재단해 정확한 넓이를 구하는 건 상당히 큰일이다. 좀 더 간단히 파동의 면적을 구할 방법은 없는 걸까?

2. 구불구불한 면적을 구하는 방법

그러나 현실적으로 구불구불한 곡선의 면적을 정말 구할 수 있는 걸까?

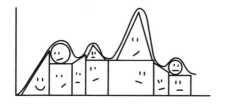

삼각형이나 동그라미 같은 다양한 도형을 퍼즐처럼 조합하면 되는

걸까? 혹시라도 이런 생각을 한 사람이 있다면 '불연속 푸리에 전개'
를 다시 한 번 읽어보자.

그 방법은 막대를 사용해 면적을 구하는 것이다.

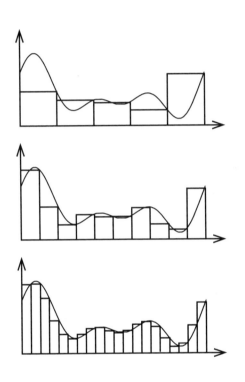

'막대의 면적＝가로×세로'
이것만 알고 있으면 문제없다.
어떤 모양을 하고 있더라도 막
대를 쓰면, 의외로 정확한 너비
를 구할 수 있다.

굵은 막대를 사용하면 자투리
공간이 많아, 무한히 정확한 면
적을 구한다는 건 넌센스로 느껴
지는가? 그렇다면 막대를 좀
더 '가늘게' 만들자. 막대의
폭을 계속 좁혀가다 보면 어느
순간 파동 그 자체의 형상과 흡
사해진다. 이 막대의 면적을 하
나하나 구한 값을 모두 더하면
전체 면적이 나온다. 이거라면 아무리 흐물거리는 도형의 면적이라도
구할 수 있겠지? 막대란 사용법에 따라서 굉장한 힘을 발휘하기도 한다.

적분이란 이런 식으로
막대를 사용해 무한히 정확한 면적을 구하는 것이다.

3. 실제로 적분을 해보자!

막대만 사용할 줄 알면 된다니 극한의 면적도 의외로 간단히 구할 수 있을 것 같다. 여러분도 해보겠는가?

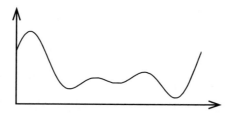

하지만 처음부터 이런 흐느적거리는 파동의 면적을 구하기에는 너무 어렵다. 그러니 우선 간단해 보이는 그래프부터 시작하자. 제5장 '미분'에서 구한 $v = 9.8t$의 그래프가 어떨까?

$$v = 9.8t$$

이 공식은 공이 낙하할 때의 속도와 시간의 관계를 나타내고 있다. 수직축에 속도(v), 수평축에 시간(t)을 두고 그 관계를 표시한 그래프가 이것이다. 시간이 지날수록 공은 점점 가속도가 붙는다. 지구가 공을 계속 끌어당기기 때문이다. 이 그래프라면 쉽게 무한히 정확한 면적도 구할 수 있을 것이다. 우선 이걸 이용해서 적분 세계로 들어가 보자.

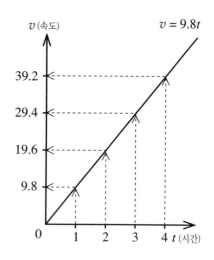

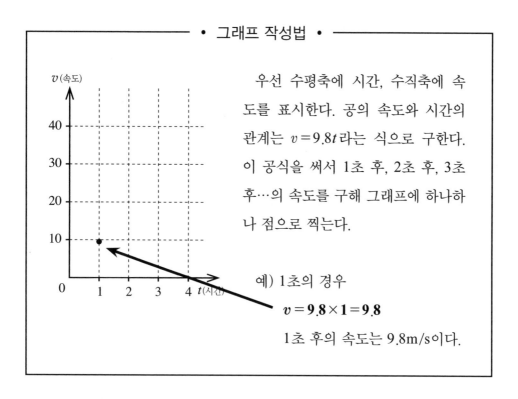

• 그래프 작성법 •

우선 수평축에 시간, 수직축에 속도를 표시한다. 공의 속도와 시간의 관계는 $v=9.8t$ 라는 식으로 구한다. 이 공식을 써서 1초 후, 2초 후, 3초 후…의 속도를 구해 그래프에 하나하나 점으로 찍는다.

예) 1초의 경우

$$v=9.8\times1=9.8$$

1초 후의 속도는 9.8m/s이다.

어서 칠해진 ▦ 부분, 0부터 4까지의 무한히 정확한 면적을 구해 보자! ▦ 부분은 삼각형이라 다음과 같은 식을 사용한다.

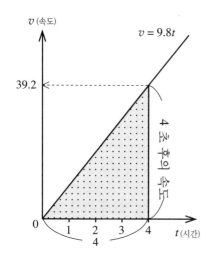

$$삼각형의\ 면적 = \frac{밑변\times높이}{2}$$

밑변= 4

높이= 4초 후의 속도

$$=9.8\times4$$

$$=39.2$$

그러므로 ▨▨▨ 부분의 극한 면적

$$= \frac{4 \times 39.2}{2}$$

$$= \frac{156.8}{2}$$

$$= 78.4$$

$$\boxed{\text{▨▨▨ 부분의 극한 면적} = 78.4}$$

이것이 ▨▨▨의 한없이 정확한 넓이이다. 그렇다는 건 이것이 적분의 답일까?

아니요.

"적분의 룰을 따르지 않았다!"

적분이란 막대를 이용해 한없이 정확한 면적을 구하는 것이다. 그러므로 막대그래프를 사용해야만 한다. 막대이기 때문에 어떤 모양의 면적이라도 간단히 구할 수 있는 것이고, 그렇기에 흐물흐물한 파동도 괜찮았던 것이다.

하지만 사각형인 막대 따위로 정말 삼각형의 면적을 구할 수 있을까?

4. 적분의 룰을 따라 면적 구하기

자, 막대를 써서 적분을 상대해보자. '불연속 푸리에 전개'에서 했듯이 막대 형태로 재단하자.

4.1 가로가 1인 막대(막대 4개)로 면적 구하기

> **막대 면적 = 가로 × 세로**

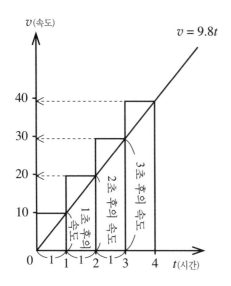

우선 각 막대의 면적을 구하고 나서 막대 4개의 면적을 모두 합치면 된다. 막대의 가로 길이는 모두 1이지만 세로 길이는 시간에 따라 달라진다. 수직축은 속도($v=9.8t$)이므로 이렇게 된다.

1번 막대의 세로 = 1초 후의 속도
2번 막대의 세로 = 2초 후의 속도

번거롭겠지만 나머지 막대의 값도 다 구하자. 표를 사용하면 편리하다.

가령, 1번 막대의 면적을 구할 때,

가로 = 1

세로 = 1초 후의 속도

   = $9.8 \times 1 = 9.8$

그러므로 1번 막대의 면적은 $9.8 \times 1 = 9.8$이 된다.

	세로	가로	면적
1번 막대 →	9.8	1	9.8
2번 막대 →	19.6	1	19.6
3번 막대 →	29.4	1	29.4
4번 막대 →	39.2	1	39.2
네 막대의 합 →	막대의 총면적		98.0

그런데 잠깐! 앞서 구한 **무한히 정확한 면적은 78.4**였다. 지금 구한 것은,

가로 길이	막대 개수	막대의 총면적
1	4	98.0

어라? 오차가 심하다. 그래프의 막대 크기만으로도 예상되는 결과
였지만…. 막대가 너무 굵었다. 지금의 절반 너비로 조금 더 가늘게
만들어보자.

4.2 가로가 0.5인 막대(막대 8개)로 면적 구하기

물론 가로를 1로 했을 때처럼 계산하면 된다. 막대의 세로 길이에
주의하자.

세로	가로	면적
	0.5	
	0.5	
	0.5	
	0.5	
24.5	0.5	12.25
	0.5	
	0.5	
	0.5	
막대의 총면적		88.2

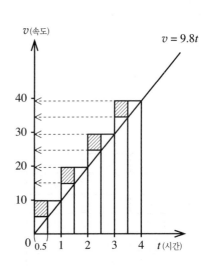

막대의 값을 계산해서 표를 채우자. 총면적이 정확히 88.2가 되었
는가?

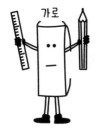
가로

5번 막대의 경우

가로 = 0.5

세로 = 2.5초 후의 속도

  = 9.8 × 2.5 = 24.5

5번 막대의 면적

  = 24.5 × 0.5

  = 12.25

구한 결과를 다음과 비교해보자.

무한히 정확한 면적 = 78.4

가로 길이	막대 개수	막대의 총면적
1	4	98.0
0.5	8	88.2

확실히 극한에 가까워지긴 했다. 가는 막대를 썼더니 굵었을 때의 쓸데없는 ▨ 부분이 사라졌다. 좀 더 가늘게 하면 더욱 극한에 다가설 것이다. 다시 해보자.

4.3 가로가 0.25인 막대(막대 16개)로 면적 구하기

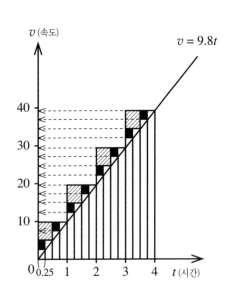

세로	가로	면적
	0.25	
막대의 총면적		

빗금 친 면적에 더해 가로 폭을 0.5
로 좁히자 쓸모없던 검은 면적이 떨어
졌다.

숫자가 늘어나서 큰일이지만 스스로 칸을 채워가자.
계산기를 써도 된다. 정확한 면적에 얼마나 가까워졌는가?

무한히 정확한 면적 = 78.4

가로 길이	막대 개수	막대의 총면적
1	4	98.0
0.5	8	88.2
0.25	16	

직접 기입해보세요.
정답은 오른쪽
아래에 있습니다.

정답 : 83.3

막대의 폭이 좁으면 좁을수록 좋다. 계단처럼 층진 삼각형도 폭을 좁힐수록 점점 매끈해져 간다. 막대를 가늘게 만든다는 건, 즉 구하고 싶은 도형의 형태에 닮게 다듬어간다는 얘기다.

그럼 폭을 더 좁혀보지 않겠는가? 물론 막대를 쪼개는 건 얼마든지 가능하다. 하지만 이래서야 끝이 없다. 그러나 쪼개면 쪼갤수록 면적이 극한에 가까워지는 건 확실하다. 그렇다면 가로 폭을 아예 'Δt'로 두고 자유롭게 값을 바꾸도록 하는 게 어떨까?

$$\Delta t = 작은 시간$$

Δ(델타)는 '작은'이란 뜻의 기호이다. 그래프에서는 수평축이 시간을 표시하고 있었다. 그렇다는 건 당연히 짧은 시간을 표시하는 Δt는 막대의 좁은 가로 폭을 나타내게 된다. 물론 가로 폭을 0.1이나 0.01로 두고 면적을 구해도 좋다. 그러나

가로 폭을 0.1로 두면 막대는 40개
0.01로 두면 막대는 400개

가 되어버린다. 개개의 면적을 구해 더해야 하다니 날이 저물지도 모르는 작업이다. 여기에 Δt를 쓰는 것이다. Δt의 '작은 가로 폭'이란 의미로 0.1도 0.01도 해당하지 않는다. Δt가 나오면 갑자기 어려워진 느낌이 들지만 1이나 0.5 같은 숫자와 마찬가지로 다루면 그만이다. Δt와 1과 0.5는 모두 한 동료인 것이다.

그럼 가로 폭을 Δt로 두면 막대는 몇 개 만들어질까?

가로 폭 1일 때 막대의 수는 4

가로 폭 0.5일 때 막대의 수는 8

가로 폭 0.25일 때 막대의 수는 16

언제나 '가로 폭×막대 개수＝4'가 된다. $\Delta t \times \dfrac{4}{\Delta t} = 4$ 이므로 가로 폭을 Δt로 두면 물론 막대는 $\dfrac{4}{\Delta t}$ 개 생긴다.

4.4 가로가 Δt인 막대(막대 $\frac{4}{\Delta t}$개)로 면적 구하기

막대의 세로 길이를 구하는 방법이 약간의 포인트이다.

1번째 막대의 세로 길이 ＝ Δt초 후의 속도 ＝ $9.8 \cdot \Delta t$

2번째 막대의 세로 길이 ＝ $2\Delta t\,(= \Delta t + \Delta t)$초 후의 속도 ＝ $9.8 \cdot 2\Delta t$

3번째 막대의 세로 길이 ＝ $3\Delta t\,(= 2\Delta t + \Delta t)$초 후의 속도 ＝ $9.8 \cdot 3\Delta t$

$$\vdots \qquad\qquad\qquad \vdots$$

$\dfrac{4}{\Delta t}$번째 막대의 세로 길이 ＝ $\dfrac{4}{\Delta t} \cdot \Delta t$초 후의 속도 ＝ $9.8 \cdot \dfrac{4}{\Delta t}\Delta t$

이것을 사용해 면적을 구해보자.

$\frac{4}{\Delta t}$번째

막대의 면적을 더해보자.

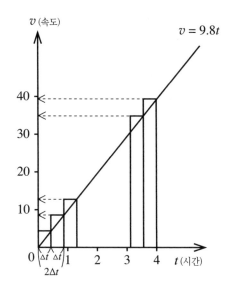

세로	가로	면적
$9.8 \cdot \Delta t$	Δt	$9.8 \cdot (\Delta t)^2$
$9.8 \cdot 2\Delta t$	Δt	$9.8 \cdot 2(\Delta t)^2$
$9.8 \cdot 3\Delta t$	Δt	$9.8 \cdot 3(\Delta t)^2$
$9.8 \cdot \dfrac{4}{\Delta t}\Delta t$	Δt	$9.8 \cdot \dfrac{4}{\Delta t}(\Delta t)^2$
막대의 총면적		

가로 폭을 Δt로 두었을 때 막대의 총면적은 다음과 같다.

$$\boxed{\begin{array}{c}\text{막대의}\\\text{총면적}\end{array}} = \left\{9.8 \cdot (\Delta t)^2\right\} + \left\{9.8 \cdot 2(\Delta t)^2\right\} + \left\{9.8 \cdot 3(\Delta t)^2\right\} + \cdots + \left\{9.8 \cdot \frac{4}{\Delta t}(\Delta t)^2\right\}$$

정말 깔끔한 식이 나왔다. $(\Delta t)^2$의 앞에 둔 숫자가 $1, 2, 3, \cdots, \dfrac{4}{\Delta t}$ 하며 하나씩 늘어가는 것뿐이고 나머진 전부 같은 형태로 이루어져 있다. 게다가 덧셈 순서도 차례대로 정렬했다.

이런 식으로 순서대로 증가하는 덧셈은 $\sum$를 써서 나타내면 편리하다.

Σ의 테크닉을 습득하자

Σ를 기억하는가? Σ는 덧셈을 나타내는 기호이다. $\sum_{n=1}^{5} n$ 이라고 쓰면 '1＋2＋3＋4＋5'라는 뜻이다(자세한 건 '푸리에 급수'편을 참고하라).

그런데 $\sum_{n=1}^{3} 2n = 2\sum_{n=1}^{3} n$ 이란 걸 눈치챘는가? 양쪽 다 같은 것을 나타낸다.

$$\sum_{n=1}^{3} 2n = (2 \times 1) + (2 \times 2) + (2 \times 3) \quad \cdots \text{①}$$

$$2\sum_{n=1}^{3} n = 2 \times (1 + 2 + 3) \qquad\qquad \cdots \text{②}$$

계산하면 $\sum_{n=1}^{3} 2n$ 과 $2\sum_{n=1}^{3} n$ 모두 12라는 답이 나온다. 둘이 같은 것을 나타냄을 분명히 알 수 있다. ②를 괄호 없이 계산하면

$$2 \times (1 + 2 + 3) = (2 \times 1) + (2 \times 2) + (2 \times 3)$$

①과 완전히 같은 형태가 된다. 똑같은 계산을 하는 것이다. 이런 식으로 계속 변함없이 하나하나 곱해나가는 수(이 경우는 2)는 Σ의 앞에 오건 뒤에 오건 아무 상관없다.

기억나?

$$A = 1 + 2 + 3 + 4 + 5 + 6 + 7$$

$$A = \sum_{n=1}^{7} n$$

$$B = (x + 1) + (x + 2) + (x + 3)$$

$$B = \sum_{n=1}^{3} (x + n)$$

가로 폭을 Δt로 두었을 때 막대의 총면적은 아래와 같았다.

$$\boxed{\begin{array}{c}\text{막대의}\\\text{총면적}\end{array}} = \left\{9.8 \cdot (\Delta t)^2\right\} + \left\{9.8 \cdot 2(\Delta t)^2\right\} + \left\{9.8 \cdot 3(\Delta t)^2\right\} + \cdots + \left\{9.8 \cdot \frac{4}{\Delta t}(\Delta t)^2\right\}$$

이것을 $\sum$를 사용해 나타내자.

n	$\displaystyle\sum_{n=1}^{\frac{4}{\Delta t}} n$	$\displaystyle\sum_{n=1}^{\frac{4}{\Delta t}} 9.8 \cdot n(\Delta t)$	$\displaystyle\sum_{n=1}^{\frac{4}{\Delta t}} 9.8 \cdot n(\Delta t)^2$
n에	1부터 $\frac{4}{\Delta t}$까지를 차례대로 넣어,	그것에 각각 9.8과 Δt^2을 곱한 뒤	더한다.

어때, 아주 편리하지? 정리하면 다음과 같다.

막대의 총면적 $= \displaystyle\sum_{n=1}^{\frac{4}{\Delta t}} 9.8 \cdot n(\Delta t)^2$

여기서 테크닉을 쓴다. 계속 변화하지 않는 부분, 즉 n이 변하더라도 전혀 상관없는 9.8과 Δt^2은 $\sum$의 앞에 붙여도 좋다.

$$= 9.8(\Delta t)^2 \sum_{n=1}^{\frac{4}{\Delta t}} n$$

자, 계속 풀어나가자. 하지만 그전에 $\displaystyle\sum_{n=1}^{\frac{4}{\Delta t}} n$부터 풀어야 앞으로 나갈 수 있겠다. $\displaystyle\sum_{n=1}^{\frac{4}{\Delta t}} n$을 $\sum$를 사용하지 않고 써보자. 이런 형태라면 $\sum$를 이용하지 않아도 괜찮겠지?

이 $\displaystyle\sum_{n=1}^{\frac{4}{\Delta t}} n$은 $1 + 2 + 3 + \cdots + \frac{4}{\Delta t}$를 나타내는 것이다. 1부터 순서대로 더해가는 수의 답은 알다시피 다음의 식을 사용하면 간단하다.

$$\frac{(\text{처음 수}+\text{마지막 수}) \times \text{마지막 수}}{2}$$

이 경우 처음 수는 1, 마지막 수는 $\frac{4}{\Delta t}$ 이다.

'천재 소년 가우스 이야기'를 읽어보자.

이번 장의 마지막에 있어요!

막대의 총면적 $= 9.8(\Delta t)^2 \sum_{n=1}^{\frac{4}{\Delta t}} n$

$$= \overset{4.9}{\cancel{9.8}}(\Delta t)^2 \frac{\left(1+\dfrac{4}{\Delta t}\right) \times \dfrac{4}{\Delta t}}{\underset{1}{\cancel{2}}} \qquad \text{약분한다.}$$

$$= 4.9(\Delta t)^2 \left(1+\frac{4}{\Delta t}\right) \times \frac{4}{\Delta t} \qquad \frac{4}{\Delta t} \text{를 괄호 안의 수에 각각 곱한다.}$$

$$= 4.9(\Delta t)^2 \left\{\frac{4}{\Delta t} + \frac{16}{(\Delta t)^2}\right\} \qquad 4.9(\Delta t)^2 \text{을 괄호 안의 수에 각각 곱한다.}$$

$$= 19.6\Delta t + 78.4$$

이리하여 다음과 같이 정리할 수 있다.

> 가로 폭을 Δt로 둘 때 막대의 총면적: $19.6\Delta t + 78.4$

저는 대체 누구일까요?

그런데 이 '$19.6\Delta t + 78.4$'란 면적은 어느 정도의 크기일까?

'Δt'가 복잡해 보이지만 실은 간단하다. Δt는 작은 막대의 가로 폭을 뜻했다. 작은 가로 폭이라면 어떤 값을 넣어도 좋다. Δt 란 수많은 얼굴을 갖고 있기 때문에 0.1이나 0.01 같은 임의로 정한 가로 폭을 넣어주면 되는 것이다. $19.6\Delta t + 78.4$라는 면적도 Δt만 정해지면 얼마큼의 크기인지 알 수 있다.

5. Δt에 실제로 수를 넣어 면적을 구하자!

막대의 가로 폭의 크기를 뜻하는 Δt, 그렇다면 이런 간단한 공식으로 막대의 면적을 구하는 게 가능할까? 정말 가능한지 확인해보자.

가로 폭을 1로 두면 정말로 면적이 98.0이 되는가?

$$19.6 \times 1 + 78.4 = 19.6 + 78.4$$
$$= 98.0 \qquad \text{어때, 맞지?}$$

가로 폭을 0.5로 두면 정말로 면적이 88.2가 되는가?

$$19.6 \times 0.5 + 78.4 = 9.8 + 78.4$$
$$= 88.2 \qquad \text{정말 가능했다!}$$

일일이 더하지 않더라도 이 공식만 쓰면 막대의 면적을 눈 깜짝할 새에 구할 수 있게 된다. 그렇게 번거롭던 작업이 수식을 쓰니 단 한 줄의 공간만으로 해결되는 것이다. $19.6\Delta t + 78.4$, 이런 짧은 식이 지금까지 해온 막대 이야기 전부를 담고 있다. 수식이란 얼마나 편리한가!

막대를 좀 더 쪼개는 것도 간단히 할 수 있을 것이다. 이 $19.6\Delta t +$ 78.4 식을 쓰면 된다. Δt에 아주 작은 가로 폭을 넣어주면 되는 것이다. 간단하다.

$$0.5 \rightarrow \boxed{\begin{array}{c} 19.6\Delta t \\ + \\ 78.4 \end{array}} \rightarrow 88.2$$

Δt에 0.1을 넣어보자.

$$19.6\,\Delta t + 78.4 = 19.6 \times 0.1 + 78.4$$
$$= 80.36$$

Δt에 0.01을 넣어보자.

$$19.6\,\Delta t + 78.4 = 19.6 \times 0.01 + 78.4$$
$$= 78.596$$

▦의 무한히 정확한 면적은 78.4였다.

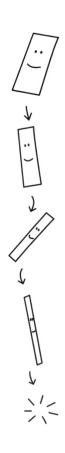

가로 폭	막대 개수	막대의 총면적
1	4	98.0
0.5	8	88.2
0.25	16	83.3
0.1	40	80.36
0.01	400	78.596
〰	〰	〰
0.0001	40000	78.40196

거의 흡사하다! 막대의 폭을 더 좁혀보고 싶지 않은가?
극한까지 이제 코앞이다. 그렇다면 대범하게 lim를 써보자.

$$\lim_{\Delta t \to 0} = \Delta t \text{를 0에 무한히 가깝게 하는 것}$$

lim의 포인트는 0에 아슬아슬할 정도까지 접근시키는 것이다. 하지만 결코 0이 되어선 안 된다. 가로 폭이 0이 되면 '가로×세로=0×세로=0'이 되어 막대 면적은 사라지고 만다.

이것으로 극한으로 가는 막대를 쓸 수 있게 되었다.

$$극한으로 가는 막대의 총면적 = \lim_{\Delta t \to 0} (19.6\Delta t + 78.4)$$

Δt가 0에 다가가므로 $19.6\Delta t$는,

$$19.6 \times 0.0000 \cdots 001 = 매우 작은 수$$

가 되어 놀랍게도 여기에서는 0으로 여겨진다. 너무나도 작아서 면적의 크기에 전혀 영향을 주지 않는다는 이유로 0과 같은 취급을 받는 것이다. 수학이란 의외로 적당한 구석이 있다.

$$= 19.6 \times 0 + 78.4$$
$$= 78.4$$

$$극한으로 가는 막대의 총면적 = 78.4$$

$$\boxed{\vphantom{|}} \ 부분의 극한 면적 = 78.4$$

정말 네모난 막대를 써서 삼각형의 면적을 구했다! 그것도 그저 막대를 가늘게 쪼갠 것만으로.

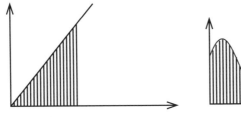
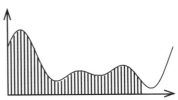

막대를 쪼갠다는 건 구하고 싶은 면적의 형상을 그대로 더듬는 것이었다. 물론 구불구불한 파동의 면적도 막대를 써서 구하면 같은 현상이 일어난다. 막대를 쓰는 것만으로 무한히 정확한 면적을 구하다니 적분이란 무척 간단하면서 편리하다.

6. 0부터 t까지 삼각형 적분하기

지금까지 구했던 면적은 4초까지의 것이었다. 다음은 더욱 수준을 높여서 t초까지의 면적을 구해보려 한다. 그렇게 함으로써 또 한 가지 재미있는 일이 벌어질 것이다.

5초까지의 면적을 구하고 싶다면 5를, 6초까지의 면적을 구하고 싶다면 6을 t에 넣어주면, 0부터 그때까지의 면적이 나온다. t는 Δt와 마찬가지로 여러 가지 얼굴을 가진 시간을 나타내는 문자이다. t초까지의 면적을 구하는 공식은 물론 막대의 가로 폭을 Δt로 두고, 마지막에 0에 접근시킨다. 이는 앞서 4초까지의 면적을 구했던 방법과 같다. 요점은 4초까지의 면적이 아니라 t초까지의 면적이라는 것, 즉 4가 t

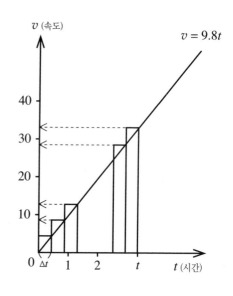

로 바뀐 것뿐이다. 4초까지의 면적을 구하는 식을 사용해 고쳐 쓰면 매우 편하다.

가로 폭을 Δt로 두었을 때 막대의 총면적은 아래와 같다.

$$\boxed{\begin{array}{c}\text{막대의}\\\text{총면적}\end{array}} = \left\{9.8 \cdot (\Delta t)^2\right\} + \left\{9.8 \cdot 2(\Delta t)^2\right\} + \left\{9.8 \cdot 3(\Delta t)^2\right\} + \cdots + \left\{9.8 \cdot \frac{t}{\Delta t}(\Delta t)^2\right\}$$

4초까지의 면적을 구했던 식의 4라는 숫자 대신 t를 넣으면 된다. 막대의 수가 $\frac{4}{\Delta t}$개에서 $\frac{t}{\Delta t}$개로 바뀌는 것이다.

$(\Delta t)^2$ 앞의 수가 순서대로 $1, 2, 3, \cdots, \frac{t}{\Delta t}$로 늘어났을 뿐이고 나머지는 전부 같은 형식이 더해진 것이다. $\sum$를 써서 기술해보자. 이것도 그저 4를 t로 바꾸기만 하면 된다.

$$\text{막대의 총면적} = \sum_{n=1}^{\frac{t}{\Delta t}} 9.8 \cdot n(\Delta t)^2$$

여기서 $\sum$의 기술을 사용한다. 변하지 않는 곳은 $\sum$의 앞에 두면 되는 거였다.

$$= 9.8(\Delta t)^2 \sum_{n=1}^{\frac{t}{\Delta t}} n$$

이제 가우스의 덧셈법을 쓴다. $\sum_{n=1}^{\frac{t}{\Delta t}} n$을 다른 방법으로 나타내보자. 기억하는가?

수고했어.

소년 가우스입니다. 기억해요??

$$= \overset{4.9}{\cancel{9.8}}(\Delta t)^2 \frac{\left(1 + \frac{t}{\Delta t}\right) \times \frac{t}{\Delta t}}{\cancel{2}_1}$$

약분한다.

$$= 4.9(\Delta t)^2 \left(1 + \frac{t}{\Delta t}\right) \times \frac{t}{\Delta t}$$

$\frac{t}{\Delta t}$를 괄호 안의 수에 각각 곱한다.

$$= 4.9(\Delta t)^2 \left\{ \frac{t}{\Delta t} + \frac{t^2}{(\Delta t)^2} \right\} \qquad \text{4.9}(\Delta t)^2 \text{을 괄호 안의 수에 각각 곱해준다.}$$

$$= 4.9\Delta t \cdot t + 4.9 t^2$$

막대를 극한까지 가늘게 하려면 lim를 사용해야 했다.

$$\boxed{\text{극한 면적}} \;=\; \lim_{\Delta t \to 0} (4.9\Delta t \cdot t + 4.9 t^2)$$

$$= 4.9 t^2$$

$$\boxed{t\text{초까지의 무한히 정확한 면적} = 4.9 t^2}$$

나머진 t, 즉 어디까지의 면적을 구하고 싶은지 범위를 정하면 0부터 그곳까지의 무한히 정확한 면적이 구해질 것이다.

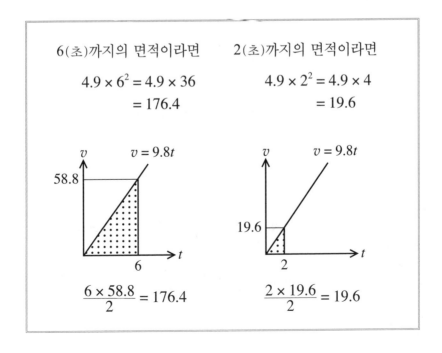

6(초)까지의 면적이라면	2(초)까지의 면적이라면
$4.9 \times 6^2 = 4.9 \times 36$	$4.9 \times 2^2 = 4.9 \times 4$
$= 176.4$	$= 19.6$

$$\frac{6 \times 58.8}{2} = 176.4 \qquad\qquad \frac{2 \times 19.6}{2} = 19.6$$

어때, 정말이지? 그러나

$$무한히\ 정확한\ 면적 = 4.9t^2$$

마치 어디선가 본 것 같은 식이다. '무한히 정확한 면적'이란 부분을
y로 바꿔 넣으면

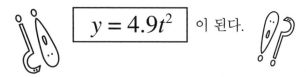

$$y = 4.9t^2$$ 이 된다.

이 식은 **미분**에서 사용했던 식과 같다. 미분에서는 이 식을 미분해서
$v = 9.8t$가 되었다. 여기서는 $v = 9.8t$를 **적분**하여 놀랍게도 $y = 4.9t^2$
으로 돌아오고 말았다.

7. 적분과 미분의 관계

무슨 일이 일어난 거지? 머릿속이 뒤죽박죽된 사람들을 위해 다시
한 번 이야기를 정리하겠다.

1) 우선 제5장 '미분'에서 $y = 4.9t^2$을 미분했다.

  공이 어떤 식으로 떨어지는지, 순간속도를 구해서 조사해본 것이다.
2) 그러자 $v = 9.8t$ 라는 공식이 되었다.

  한마디로 공이 떨어질 때의 속도를 이야기하는 것이다.
3) 이번엔 이 $v = 9.8t$를 사용해 적분을 했다.

막대를 이용해서였다. 참으로 귀찮은, 두 번
은 사양하고 싶은 작업이었다.

4) 대체 무슨 조화인가! 미분에 썼던 식 $y = 4.9t^2$
으로 돌아와 버렸다.

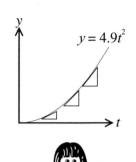

일단 이 이야기를 도식으로 바꿔보자.

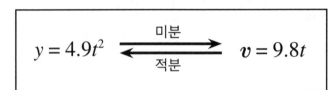

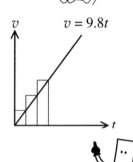

웬일인지 미분한 후에 적분하면 원래의 식으로
돌아온다. 이 두 개의 식은 미분과 적분을 사이에
둔 채 돌고 도는 관계였던 것이다.

적분해서 구한 $y = 4.9t^2$을 미분하면 $v = 9.8t$가 된다. 다시 처음으
로 돌아가는 것이다. 그것도 이 두 식의 관계를 알고 있었다면 막대 따
위를 전혀 쓰지 않더라도 적분이 가능해진다. 미분한 것을 다시 적분
하면 원래로 돌아간다. **미분과 적분의 돌고 도는 관계**를 잘 이용하
면 적분이란 무척 간단해진다.

$v = 9.8t$의 그래프에서 막대를 이용해 면적을 구하는 것은 매우 힘
이 들었다. 그러나 우리는 미분에서 이미 $y = 4.9t^2$을 미분하면
$v = 9.8t$가 된다는 것을 배운 바 있다.

$$y = 4.9t^2 \quad \xrightarrow{\text{미분}} \quad v = 9.8t$$

만약 적분과 미분에 돌고 도는 관계가 있다는 것을 알고 있었다면

$$y = 4.9t^2 \quad \xrightarrow{\text{미분}} \quad v = 9.8t$$
$$\xleftarrow{\text{적분}}$$

이렇게 화살표를 긋고, 이 관계를 완성시키면 그것만으로

$v = 9.8\,t$를 적분하면 $y = 4.9t^2$이 된다

는 사실을 순식간에 알게 된다. 그야말로 '돌고 도는 관계'이기에 가능한 기술인 것이다. 적분에서 살짝 고개를 돌려 미분 방향을 엿보는 것만으로 이렇게 빨리 답을 구하다니 놀라운 일이다. 그래서 미분을 먼저 한 것이다. 갑자기 공의 속도를 구하라고 하다니 이상하게 여겼겠지만 미분을 사용해 적분을 처리할 속셈이었던 것이다. 그리고 그런 식으로 미분을 써서 적분이 만들어지는 것도 다음과 같은 커다란 흐름에 따라 2개의 식이 빙글빙글 돌고 있기 때문에 가능한 것이다.

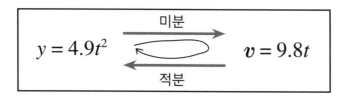

이후로 구불구불한 파동의 면적을 구할 때도 적분과 미분의 돌고 도는 관계를 이용하여 **미분을 통해 보는 방식**을 자주 쓸 것이다. 대단히 편리하니 잘 기억하자.

가령 $\cos x$를 적분하고 싶다면 $\sin x$의 미분이 $\cos x$라는 걸 떠올리며 $\cos x$를 적분하면 $\sin x$가 된다는 사실을 간단하게 알 수 있다.

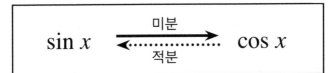

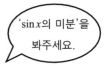

'$\sin x$의 미분'을 봐주세요.

$\cos x$ 파동을 막대 형태로 잘라서 개개의 면적을 구하는 건 무척 번 잡스런 일인데 이렇게 간단히 해결할 수 있다니 놀랍다.

하지만 아무리 편리하더라도 '미분을 통해 보는' 방법은 어디까지나 변칙에 불과하다. 적분의 영원한 주제는 바로 막대를 써서 극한 면적을 구하는 것이다.

실은 $v = 9.8t$를 적분할 때에도 이 영원한 주제는 살아 있다. 수평축이 시간을 나타내는 $v = 9.8t$의 그래프에서 다음 두 표현은 같은 것을 의미한다.

가로×세로＋가로×세로＋가로×세로＋…
속도×시간＋속도×시간＋속도×시간＋…

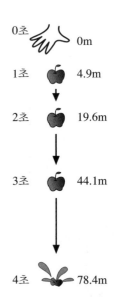

0초　0m
1초　4.9m
2초　19.6m
3초　44.1m
4초　78.4m

속도×시간 ＝ 거리

자잘하게 막대의 면적을 구하던 것이 거리를 구하는 것이기도 했다. 속도가 점점 변함에 따라 순간순간 나아가는 거리 역시 점점 변하기 때문이다. 당연히 속도가 늦으면 늦을수록 좀처럼 나아가지 못하고, 반대로 빠르면 빠를수록 쭉쭉 나아간다. 그러므로 공이 떨어질 때처럼 속도가 변화하는 것은 매 순간의 거리를 구해야만 한다. 순간순간 나아간 거리를 구해 그것을 합산하는 것 외에는 전체 거리를 구하는 방법이 없다. 그러기 때문에 막대로 구했던 **무한히 정확한 면적＝거리**가 되는 것이다.

▦의 극한 면적이 우연히 $4.9t^2$였다는 건 안이한 생각으로 '무한히 정확한 면적'을 y로 바꾼 것이 아니라 '거리'를 나타내고 있으니까 거리를 나타내는 문자인 y로 바꾸는 게 가능했던 것이다.

다시 말해 면적을 나타내는 식과 공의 속도를 나타내는 식이 돌고 도는 관계가 된 게 아니라 공이 떨어지는 거리를 표시한 식 $y = 4.9t^2$과 공이 떨어지는 속도를 나타낸 식 $v = 9.8t$가 미분과 적분을 사이에 두고 돌고 도는 관계가 된 것이다. 대강 감이 오는가?

게다가 이것은 적분의 영원한 주제가 막대를 써서 무한히 정확한 면적을 구하는 것이었기 때문에 생긴 관계이다.

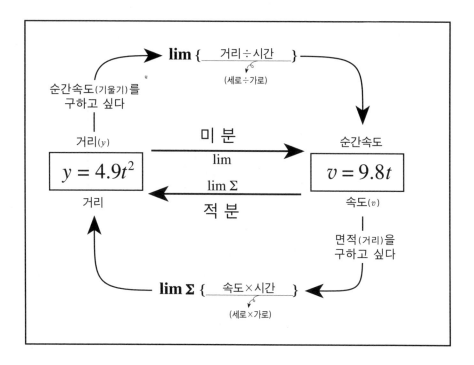

8. 적분의 대단원 – 적분 계산의 실제

이것으로 적분의 이야기가 끝났다. 축하한다. 당신은 이제 아무리 복잡한 파동의 면적이라도 무한히 정확하게 구할 수 있다. 대단하지 않은가?

기본 방법은 '막대'를 쓸 것, 응용으로는 '돌고 도는 관계'를 이용해 '미분을 통해 볼 것'이다.

그럼 마지막으로 실제 적분의 계산이 어떤 식으로 진행되는지를 알아보며 '적분'의 막을 내리고자 한다(340~343쪽을 꼭 읽어보자).

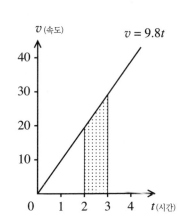

부록 1. 적분의 계산 방법

▓▓▓ 부분의 면적을 구해보자.

▓▓▓의 면적은 $\int_2^3 9.8t\, dt$ 라고 쓴다.

$9.8t$	$\begin{array}{c}3\\ 9.8t\, dt\\ 2\end{array}$	$\int_2^3 9.8t\, dt$
$v = 9.8t$인 그래프를	2부터 3까지	적분하라

어려워 보이지만 기분 탓이다. dt란 극한까지 줄어든 Δt를 나타낸다.

$$\lim_{\Delta t \to 0} \Delta t \to dt$$

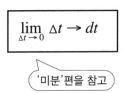

'미분'편을 참고

9.8t는 막대의 세로 길이를 나타낸 식이었다. 세로 길이는 시간에 따라 변화한다. t에는 어떤 시간을 넣어도 무방했기 때문에 9.8t로 한 번에 모든 세로 길이를 나타낼 수 있었다. 즉 다음과 같다.

$$9.8\,t \times dt = \text{세로} \times \text{가로}$$

이 식은 막대 모양으로 면적을 구하는 걸 이야기하는 것이다.

∫는 S가 변형된 모습이다. 영어에서 '합'을 뜻하는 summation의 머리글자 S를 따서 적분용으로 변형한 게 아닐까?

$$\text{S} \rightarrow \text{ʃ} \rightarrow \int$$

막대를 잘게 쪼개서 합해가기 때문에 문자도 가늘어진 걸지도 모를 일이다. 그야말로 적분에 걸맞은 기호 같지 않은가? 생각해보면 수학의 기호들은 이상한 점이 많다.

$$\int_2^3 9.8t\,dt$$

이 짧은 표기 하나로 적분의 과정―극한으로 막대를 쪼개고 더하는 것―까지 나타내고 있다. 대단하다.

실제로 적분하려면 $v = 9.8t$의 면적을 나타내는 식 $y = 4.9t^2$을 써서 아주 간단하게 구할 수 있다.

다음과 같이 대입한다.

$$\int_{2}^{3} 9.8t \, dt = \left[4.9t^2 \right]_{2}^{3}$$

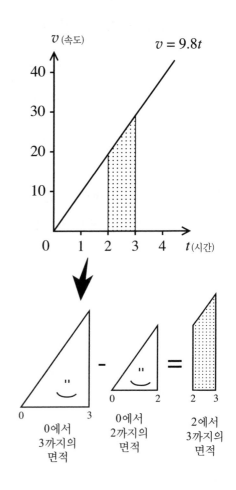

$v = 9.8t$의 적분을 계산 중이라는 것을 잊지 않도록 면적을 나타내는 식 $y = 4.9t^2$에는 [ ]를 씌우자. 2~3이라는 범위도 잊지 않도록 [ ] 옆에 작게 덧붙인다. $v = 9.8t$의 2~3의 면적을 구하려면 3까지의 면적에서 2까지의 면적을 빼주면 되는 것이다.

3까지의 면적은 4.9×3^2
2까지의 면적은 4.9×2^2
그러므로 $(4.9 \times 3^2 - 4.9 \times 2^2)$이 된다.

놀랍게도 이것은 t에 [ ] 옆에 써두었던 범위의 숫자를 순서대로 넣어 뺄셈을 한 것과 같다. 그러면 답은 **24.5**가 된다.

적분했던 식을 이용하면 면적은 순식간에 구해진다. 정말 답이 맞는지 의심스러운 사람은 삼각형을 써서 직접 확인해보라.

그래프로 보면 아래와 같다.

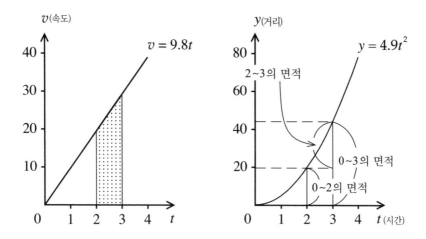

$y = 4.9t^2$의 y는 $v = 9.8t$ 의 면적을 나타낸다. $v = 9.8t$ 의 0부터의 면적을 $y = 4.9t^2$의 그래프로는 세로로 나타내는 것이다.

그러면 $\cos x$에서 0부터 $\frac{1}{2}\pi$까지의 면적을 구해보자. $\sin x$를 미분하면 $\cos x$가 되었으니까, $\cos x$의 적분은 $\sin x$가 되어야 한다. 실제 그래프로 살펴보자.

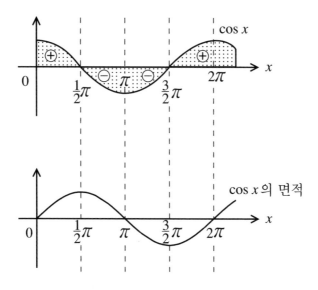

$\cos x$의 면적은 처음에 점점 늘어난다. 그러나 $\frac{1}{2}\pi$를 넘어선 순간 마이너스 면적이 늘어난다. 그 때문에 면적의 총량은 점점 줄어든다. π점에서 플러스마이너스 제로가 되어 $\frac{3}{2}\pi$까지 줄어들기를 계속한다. 그러나 $\frac{3}{2}\pi$를 넘어서면 다시 면적은 늘어나서 2π지점에서 플러스마이너스 제로, 겨우 면적이 회복된다. $\cos x$의 면적 변화를 $\sin x$가 확실하게 나타내고 있다.

$\cos x$의 0부터 $\frac{1}{2}\pi$까지의 면적은 다음처럼 나타낸다.

$$\int_0^{\frac{1}{2}\pi} \cos x \, dx$$

수평축이 x이므로 dx가 된다. 미분해서 $\cos x$가 되는 식을 [ ] 안에 넣자. 그 식이 $\cos x$를 적분한 것이다.

$$\int_0^{\frac{1}{2}\pi} \cos x \, dx = \left[\sin x\right]_0^{\frac{1}{2}\pi}$$

[ ]의 옆에 쓰여 있는 범위의 숫자를 순서대로 넣고 빼면 되는 거였다.

$$= \left(\sin \frac{1}{2}\pi - \sin 0\right)$$
$$= 1 - 0$$
$$= 1$$

$$\cos x \text{의 0부터 } \frac{1}{2}\pi \text{까지의 면적} = 1$$

간단하지? $\cos x$의 $\frac{1}{2}\pi$부터 π까지의 면적은 다음과 같다.

$$\int_{\frac{1}{2}\pi}^{\pi} \cos x \, dx = \left[\sin x\right]_{\frac{1}{2}\pi}^{\pi}$$
$$= \left(\sin \pi - \sin \frac{1}{2}\pi\right)$$
$$= 0 - 1$$
$$= -1$$

$$\cos x \text{의 } \frac{1}{2}\pi \text{부터 } \pi \text{까지의 면적} = -1$$

그렇다면 $\cos x$의 0부터 π까지의 면적은 어떻게 구할까?

$\cos x$의 0부터 $\frac{1}{2}\pi$까지의 면적 + $\cos x$의 $\frac{1}{2}\pi$부터 π까지의 면적
= $\cos x$의 0부터 π까지의 면적

그러므로 $\cos x$의 0부터 π까지의 면적 = 1 + (− 1) = 0이다.

결과는 이와 같다. 분명히 0이 되었다. 놀랍게도 이 작은 공간에서 적분이 잔뜩 만들어졌다. 당신은 이제 완벽하다!

부록 2. 적분의 계산 − 톱니 파동의 푸리에 계수

톱니 파동이란…

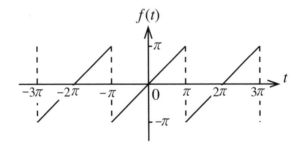

이와 같이 파동의 형태가 톱니처럼 된 파동을 말한다. 여기서는 실제로 톱니 파동의 푸리에 계수를 계산하고자 한다.

그러나 이처럼 직선으로 이루어진 파동을 정말 사인 파동이나 코사인 파동같이 곡선인 파동의 합으로 나타낼 수 있는 걸까?

지금부터 그것을 확인해보자.

자, 계산하기 전에 잊지 말아야 할 것이 몇 가지 있다. 이전의 일을
잘 떠올려보자.

우선 맨 처음의 '푸리에 급수'에서의 핵심

> 복잡하더라도 주기를 갖는 파동은 어떤 파동이라도
> 사인 파동과 코사인 파동의 합으로 나타낼 수 있다.

푸리에 급수 공식

$$f(t) = a_0 + \sum_{n=1}^{\infty} (a_n \cos n\omega t + b_n \sin n\omega t)$$

그리고 '푸리에 계수'에서의 핵심

> 복합 파동은 몇 개의 단순 파동의 합으로 이루어져 있으며
> 그 각각의 분량이 어떤 비율로 들어 있는지 알아낼 수 있다.

푸리에 계수 공식

$$a_0 = \frac{1}{T} \int_0^T f(t)dt$$

$$a_n = \frac{2}{T} \int_0^T f(t) \cos n\omega t\, dt$$

$$b_n = \frac{2}{T} \int_0^T f(t) \sin n\omega t\, dt$$

이때 몇 개의 단순 파동이란 코사인 파동이나 사인 파동을 말한다.

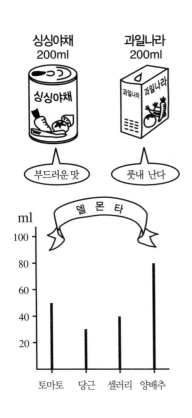

그리고 각각의 진폭을 구함으로써 어떤 파동이 합해져 톱니 파동이 형성되었는지 알 수 있게 된다. 야채 주스로 비유하자면 사용된 야채의 종류와 그 각각의 분량을 조사하는 것이다. 기억났는가? 잊어버린 사람은 '푸리에 급수', '푸리에 계수'를 다시 한 번 잘 들여다보자.

그럼 먼저 1주기분에 주목!

왜냐하면 푸리에 계수 공식에서 계산할 때 0부터 T까지라는 것은 단순히 한 주기분이라는 의미이다. 한 주기분이라면 어느 부분이든 상관없는 것이다. 예컨대 0부터 2π이든, -2π에서 0까지 이든 어디라도 좋다.

여기에서는 $-\pi$부터 π까지를 보겠다(이유는 나중에 설명하자). 그래프로 나타내면 이렇게 된다.

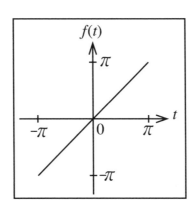

"이건 그냥 직선 파동이잖아요? 아래 그림처럼 되어야 하지 않나요?"

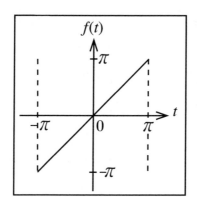

그렇게 이야기하는 당신을 위해 t가 π일 때를 예로 들어 설명하겠다.

톱니 파동은 t가 π가 되기 직전에는 π와 가까운 값을 취하고, t가 π가 된 직후에는 $-\pi$에 가까운 값을 취한다. 그래프에서는 점선으로 파동이 이어진 것처럼 그려져 있지만 실은 이 사이의 톱니 파동은 어느 점도 지나지 않고 π부터 $-\pi$까지 갑작스레 변화한다.

그러면 이 그래프를 식으로 나타내면 대체 어떤 함수가 될까? $f(t)=?$

그래프를 보면 수평축 t가 π일 때 수직축 $f(t)$도 π이다. 다시 말해 $f(t)$와 t가 같다. 즉 $f(t) = t$가 된다.

이제 알겠는가? 범위를 $-\pi$에서 π로 잡은 것은 $f(t) = t$처럼 $f(t)$를 간단히 나타낼 수 있고 계산하기 쉽기 때문이다. 어차피 한 주기를 고른다면 간단한 편이 좋으니까 말이다.

또 T(주기)는 같은 파동의 형태가 반복되는 1회분의 시간(초)이다. 이 경우 $-\pi$에서 π까지로 2π가 된다. ω(각속도)는 1초 동안 몇 라디안 나아가는가(rad/초)이고, 2ω초에 2ω라디안 나아가기 때문에 1이 된다.

$$f(t)=t \quad T=2\pi \quad \omega=1$$

이것으로 $f(t)$, T, ω를 푸리에 계수 공식에 대입해서 계산할 수 있다. 그러면 우선 a_0부터 구해보자.

⟨a_0⟩

a_0란 파동이 중심에서 얼마만큼 위아래로 진동하는가를 말한다. a_0를 구하는 푸리에 계수 공식에 $T=2\pi$, $f(t)=t$를 대입한다.

$$a_0 = \frac{1}{T}\int_0^T f(t)dt$$
$$= \frac{1}{2\pi}\int_{-\pi}^{\pi} t\,dt$$

이것은 t의 적분이다. 미분과 적분은 '돌고 도는 관계'였으니까, 미분해서 t가 되는 것을 구하면 그게 바로 t를 적분한 것이 된다.

그럼 미분에서 보았던 다음의 공식을 떠올리자.

$$9.8t \quad \xrightarrow{\text{적분}} \quad 4.9t^2$$
$$\xleftarrow{\text{미분}}$$

여기에선 $9.8t$를 적분하면 $4.9t^2$이 되었다. 9.8이 절반이 되어 4.9가 되었고, t는 t^2이 되었다. 어쩌면 t의 적분은 $\frac{1}{2}t^2$이 될지도 모르겠다. 시험 삼아 $\frac{1}{2}t^2$을 미분해보자(잘 이해가 되지 않는 사람은 제5장 '미분'을 참고하라).

$$\frac{d}{dt}\left(\frac{1}{2}t^2\right) = \lim_{\Delta t \to 0} \frac{\Delta y}{\Delta t}$$

$$= \lim_{\Delta t \to 0} \frac{\frac{1}{2}(t+\Delta t)^2 - \frac{1}{2}t^2}{\Delta t}$$

$$= \lim_{\Delta t \to 0} \frac{\frac{1}{2}t^2 + t\Delta t + \frac{1}{2}(\Delta t)^2 - \frac{1}{2}t^2}{\Delta t}$$

$$= \lim_{\Delta t \to 0} \frac{t\Delta t + \frac{1}{2}(\Delta t)^2}{\Delta t}$$

$$= \lim_{\Delta t \to 0} \left(t + \frac{1}{2}\Delta t\right)$$

$$= t$$

이것으로 t의 적분이 $\frac{1}{2}t^2$이 된다는 걸 알았다. 남은 건 범위를 넣어 계산하는 것뿐이다.

$$a_0 = \frac{1}{2\pi}\left[\frac{1}{2}t^2\right]_{-\pi}^{\pi}$$

$$= \frac{1}{2\pi}\left\{\frac{1}{2}\pi^2 - \frac{1}{2}(-\pi)^2\right\}$$

$$= \frac{1}{2\pi}\left(\frac{1}{2}\pi^2 - \frac{1}{2}\pi^2\right)$$

$$= \frac{1}{2\pi}\cdot 0$$

$$= 0$$

$$\therefore\ a_0 = 0$$

$$a_0 = \frac{1}{2\pi}\int_{-\pi}^{\pi} t\,dt$$

$$\Downarrow$$

$$a_0 = \frac{1}{2\pi}\left[\frac{1}{2}t^2\right]_{-\pi}^{\pi}$$

당연히
$a_0 = 0$!

a_0는 들어 있지 않았다. 그래프를 보면 톱니 파동은 위로도 아래로도 비뚤어진 곳이 없다. $a_0 = 0$이란 결과도 납득이 간다.

〈a_n〉

a_n이란 톱니 파동에 들어 있는 다양한 주파수의 코사인 파동들의 양이 각각 얼마만큼이냐를 나타낸다.

a_n을 구하는 푸리에 계수 공식에 $T = 2\pi$, $f(t) = t$, $\omega = 1$을 넣어 계산한다.

$$a_n = \frac{2}{T}\int_0^T \left\{ f(t) \cdot \cos n\omega t \right\} dt$$
$$= \frac{2}{2\pi}\int_{-\pi}^{\pi} (t \cdot \cos nt)\, dt$$

$t \cos nt$의 적분은 조금 어렵기 때문에

$$\int (t \cdot \cos nt)\, dt = \frac{\cos nt}{n^2} + \frac{t \cdot \sin nt}{n}$$

이 비법은 부분적분법이라는 공식으로, 계산이 너무나도 복잡하기에 반칙이지만 여기에서 쓰게 되었습니다.

이라는 비법을 쓰겠다. 비법을 설명하기 시작하면 끝이 없으므로 하지 않겠다. 이미 있는 건 감사히 써주자.

$$= \frac{1}{\pi}\left[\frac{\cos nt}{n^2} + \frac{t \sin nt}{n} \right]_{-\pi}^{\pi}$$
$$= \frac{1}{\pi}\left[\left(\frac{\cos n\pi}{n^2} + \frac{\pi \sin n\pi}{n} \right) - \left\{ \frac{\cos n(-\pi)}{n^2} + \frac{(-\pi)\sin n(-\pi)}{n} \right\} \right]$$

$\qquad\qquad\qquad\qquad\qquad 0 \qquad\qquad\qquad\qquad\qquad 0$

$\sin n\pi = \sin n(-\pi)$는 언제나 0이다. 그 이유는 아래 그래프를 참고하라. $\cos n\pi = \cos n(-\pi)$ 이것 역시 아래 그래프를 보면 알 것이다.

$$= \frac{1}{\pi}\left(\frac{\cos n\pi}{n^2} - \frac{\cos n\pi}{n^2}\right)$$

$$= \frac{1}{\pi} \cdot 0$$

$$\therefore \ a_n = 0$$

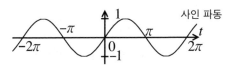

$1\pi, 2\pi, 3\pi, \cdots$ 이렇듯 t가 π의 정수배일 때, $\sin t$의 값은 항상 0이 됩니다.

a_0도 없고 a_n도 없다면 남은 건 b_n 뿐이다.

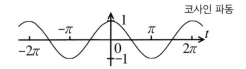

1π와 -1π, 2π와 -2π처럼 t의 부호가 다르다 해도 $\cos t$의 값은 언제나 같습니다.

b_n을 구하기 전에…

a_n을 구할 때에는 적분의 비법이 있었다. b_n을 구할 때도 비슷한 비법이 필요하다. 그러나 이 비법을 쓴 답을 보기 전에 부디, 스스로 b_n을 찾아내자.

$t \sin nt$의 적분은…

$$\int (t \cdot \sin nt)\, dt = \frac{\sin nt}{n^2} - \frac{t \cos nt}{n}$$

〈 b_n 〉

b_n이란 톱니 파동에 들어 있는 여러 가지 주파수의 사인 파동들의 양이 어느 정도인지를 나타낸다. b_n을 구하는 푸리에 계수 공식에 $T = 2\pi$, $f(t) = t$, $\omega = 1$을 넣고 계산하자.

$$b_n = \frac{2}{T}\int_0^T \left\{ f(t) \cdot \sin n\omega t \right\} dt$$

$$= \frac{2}{2\pi}\int_{-\pi}^{\pi} (t \cdot \sin nt)\, dt$$

$t \sin nt$의 적분은 앞에서도 썼다.

$$= \frac{1}{\pi}\left[\frac{\sin nt}{n^2} - \frac{t\cos nt}{n} \right]_{-\pi}^{\pi}$$

$$= \frac{1}{\pi}\left[\left(\frac{\sin n\pi}{n^2} - \frac{\pi\cos n\pi}{n} \right) - \left\{ \frac{\sin n(-\pi)}{n^2} - \frac{(-\pi)\cos n(-\pi)}{n} \right\} \right]$$

$$0 \qquad\qquad\qquad 0$$

a_n과 마찬가지로 $\sin$의 항목은 역시 언제라도 0이다. $\cos n(-\pi)$는 $\cos n\pi$라고 바꿔 쓸 수 있다.

$$= \frac{1}{\pi}\left(-\frac{\pi\cos n\pi}{n} - \frac{\pi\cos n\pi}{n} \right)$$

$$= \frac{1}{\pi}\left(-2\frac{\pi\cos n\pi}{n} \right)$$

$$= -\frac{2}{n}\cos n\pi$$

이것으로 일단 계산은 끝났지만 $\cos n\pi$를 좀 더 간단하게 나타내자.

n은 1, 2, 3, …이 되므로 $\cos n\pi$의 값은 -1, 1, -1, 1, -1, …로 이어진다는 것을 알 수 있다. 즉 $\cos n\pi$는 $(-1)^n$과 같다는 것이다.

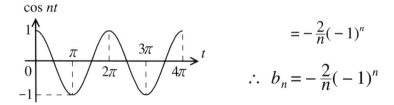

$$= -\frac{2}{n}(-1)^n$$

$$\therefore\ b_n = -\frac{2}{n}(-1)^n$$

드디어 a_0, a_n, b_n 전부를 찾아냈다. 즉시 푸리에 급수 공식으로 나타내보자.

푸리에 급수 공식

$$f(t) = a_0 + \sum_{n=1}^{\infty} (a_n \cos n\omega t + b_n \sin n\omega t)$$

여기에 $a_0 = 0$, $a_n = 0$, $b_n = -\frac{2}{n}(-1)^n$, $\omega = 1$ 을 대입한다.

$$f(t) = \sum_{n=1}^{\infty} \left\{ -\frac{2}{n}(-1)^n \cdot \sin nt \right\}$$

이런 식으로 고쳐 쓸 수가 있다. 하지만 대체 어떤 파동으로 이루어져 있는 걸까? 실제로 n에 수를 넣어 값을 구해보자.

$n=1$일 때, $-\frac{2}{1}(-1)^1 \cdot \sin 1t = 2 \sin 1t$

$n=2$일 때, $-\frac{2}{2}(-1)^2 \cdot \sin 2t = -1 \sin 2t$

$n=3$일 때, $-\frac{2}{3}(-1)^3 \cdot \sin 3t = \frac{2}{3} \sin 3t$

$n=4$일 때, $-\frac{2}{4}(-1)^4 \cdot \sin 4t = -\frac{1}{2} \sin 4t$

$n=5$일 때, $-\frac{2}{5}(-1)^5 \cdot \sin 5t = \frac{2}{5} \sin 5t$

$$\vdots$$

밑줄이 그어진 부분이 b_n의 값이다. 우변의 파동이 합쳐져서 톱니 파동이 생겨나는 것이다.

이런 식으로 계속 구해가면 된다. '대체 어디까지 더해야 톱니 파동이 되느냐' 하는 사람을 위해 아래의 도표를 준비했다.

이것은 3개까지 더했을 때이다. 톱니 파동이라 말하기도 민망하다.

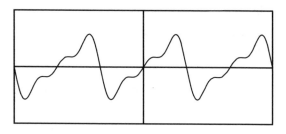

5개까지 더했을 때.

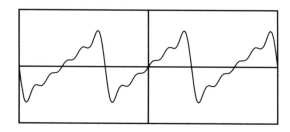

10개까지 더했을 때. 점점 파동이 자잘해진다.

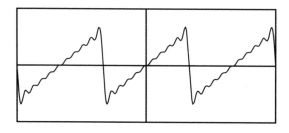

20개까지 더했을 때.

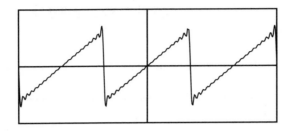

50개까지 더했을 때. 멀리서 보면 거친 면이 눈에 띄지 않는다. 하지만 아직 멀었다.

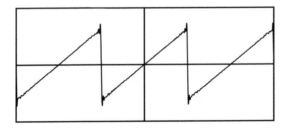

이처럼 100개, 1000개, 그리고 극한까지 더하다 보면 제대로 된 톱니 파동이 되는 것이다(컴퓨터 프로그램을 사용하면 좀 더 자세히 볼 수 있다).

단순한 직선으로 이루어진 톱니 파동도, 사인 파동 같은 매끄러운 파동을 무한히 더해나가면 만들어낼 수 있다. 지금까지 어떤 파동이라도 푸리에 급수로 나타낼 수 있을지 불안하게 생각했던 사람도 이걸 스스로 해봄으로써, 모든 불안은 날아갈 것이다. 꼭 한번 직접 계산해보기 바란다.

소년 가우스 이야기

옛날, 가우스 군이라는 초등학교 1학년 남자아이가 있었습니다.
그는 굉장한 천재였죠.

어느 날 수학 시간에 선생님이 말씀하셨습니다.
"1부터 100까지 더하면 얼마가 되는지 답하시오."

덧셈만 하는 문제라고 하면 간단하게 들리지만 퍽 어려운 문제랍니다.
하지만 천재 가우스 군은 눈 깜짝할 사이에 "5050입니다" 하고 대답했어요.
선생님은 무척 깜짝 놀랐다고 합니다.

-끝-

가우스 군이 어떻게 빠른 계산이 가능했는지를 이제부터 밝혀볼까
한다. 예를 들어 1에서 5까지의 수를 더하는 경우를 생각하자.

$$+\begin{array}{r} 1+2+3+4+5 \\ 5+4+3+2+1 \\ \hline 6+6+6+6+6 \end{array}$$

5개

1부터 5까지의 수와 5부터 1까지의 수를 나란히 써서 더하면 전부
6이 된다. 6이 5개, 그것을 전부 합하면 6×5＝30이 된다. 그러나 같
은 것을 2번 더했기 때문에 2로 나누어 반으로 하면 답이 나온다.

식으로 쓰면 이렇게 된다.

$$\frac{6 \times 5}{2} = \frac{30}{2} = 15$$

1＋2＋3＋4＋5＝15이므로 답도 맞았다.

이 식을 무한히 더할 수 있도록 써보면 다음과 같다.

$$\frac{(1+5) \times 5}{2} = \frac{(\text{맨 처음 수} + \text{마지막 수}) \times \text{마지막 수}}{2} \longleftarrow$$

몇 개의 수를 합했는가. 1
부터 차례대로 더해가는
경우는 마지막 수를 곱해주
면 되지만 2나 3처럼 중간
부터 더해지는 경우는 몇
개의 수를 합했는지 세어본
뒤, 그 수를 곱해줍니다.

그림으로도 나타낼 수 있다.

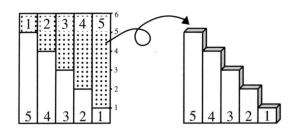

그림 오른쪽은 1부터 5까지 하나하나 더하지 않으면 안 되지만 이 것을 2개 모아주면 사각형이 되어 간단히 계산할 수 있는 것이다.

그럼 1부터 100까지 순서대로 더하면 얼마가 될까? 맨 처음 수가 1, 마지막 수가 100이니 계산하면 다음과 같다.

$$\frac{(1 + 100) \times 100}{2} = \frac{10100}{2} = 5050$$

가우스 군은 이 방법을 써서 계산한 거로군. 이것을 수학 용어로 바 꾸면 이렇게 된다.

$$\sum_{n=1}^{k} n = \frac{(1 + k) \times k}{2}$$

매우 편리한 공식이니 기억해 두자!

미분했던 식을 적분하면 원래의 식으로 돌아온다?

미분을 하고 다시 적분해도 원래대로 돌아오지 않는 경우가 있다. $y = 2x + 3$이라는 식을 미분하면 아래처럼 된다.

$$y + \Delta y = 2(x + \Delta x) + 3$$

$$\Delta y = 2(x + \Delta x) + 3 - y$$

$$= \left\{ 2(x + \Delta x) + 3 \right\} - (2x + 3)$$

$$= 2x + 2\Delta x + 3 - 2x - 3$$

$$= 2\Delta x$$

$$\frac{\Delta y}{\Delta x} = \frac{2\Delta x}{\Delta x} = 2$$

$$\lim_{\Delta x \to 0} \frac{\Delta y}{\Delta x} = \lim_{\Delta x \to 0} 2 = 2$$

$$\boxed{\quad y = 2x + 3 \quad \xrightarrow{\quad \text{미분} \quad} \quad y = 2 \quad}$$

미분해서 만들어진 식 $y = 2$를 적분하면 원래의 식 $y = 2x + 3$으로 돌아오 겠지? 어서 적분해보자. $y = 2$를 적분하고 싶을 때에는 미분해서 $y = 2$가 되는 식을 찾으면 되었다. 미분해서 $y = 2$가 되는 식은 $y = 2x$이다.

$$y + \Delta y = 2(x + \Delta x)$$

$$\Delta y = 2(x + \Delta x) - y$$

$$= 2(x + \Delta x) - 2x$$

$$= 2x + 2\Delta x - 2x$$

$$= 2\Delta x$$

$$\frac{\Delta y}{\Delta x} = \frac{2\Delta x}{\Delta x} = 2$$

$$\lim_{\Delta x \to 0} \frac{\Delta y}{\Delta x} = \lim_{\Delta x \to 0} 2 = 2$$

$$y = 2x \xleftarrow{\quad\text{적분}\quad} y = 2$$

어라, $y = 2x$도 $y = 2x + 3$도 미분하니 $y = 2$가 되고 말았다. $y = 2$는 적분해도 원래의 식 $y = 2x + 3$로 돌아가지 않는다.

$$y = 2x + 3 \quad \underset{\cancel{\text{적분}}}{\overset{\text{미분}}{\rightleftharpoons}} \quad y = 2 \quad , \quad y = 2x \quad \underset{\text{적분}}{\overset{\text{미분}}{\rightleftharpoons}} \quad y = 2$$

그렇다. 3처럼 정수가 붙어 있는 경우는 원래로 돌아가지 않는다. 왜냐 하면 미분은 기울기를 재는 것에만 주목하기 때문이다. $y = 2x$이건 $y = 2x + 3$이건 $y = 2x + 100$이건 간에 기울기는 모두 같다.

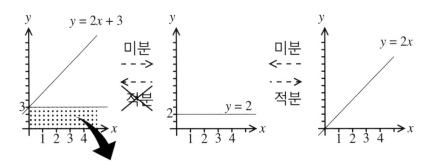

미분할 때에 주목받지 않는 부분. 적분할 때에는 이곳의 면적도 중요하다.

$y = 2$를 적분하면 어떤 수를 써도 결과는 항상 $y = 2x$이다. 그건 $y = 2x + 3$을 미분할 때에는 x가 변화하는 부분인 $2x$에만 주목하기 때문이다.

이에 비해 적분은 면적을 구하는 과정이다. 보통 3처럼 x 등에 의해 변하지 않는 수를 상수(c)라 한다. 무언가를 적분할 때에는 반드시 "뭔가를 미분할 때에 잊어버렸을지도 몰라" 하는 곳에 이 'c'를 붙이자. 예를 들어 $y = 2$를 적분하는 경우에는 $y = 2x + c$로 써서 완벽하게 만들자.

Chapter

8

정사영과 직교

이 장에서는 살짝 방향을 바꾸어 화살표를 써서 나타내는 '벡터'에 관한 이야기를 하겠다.

지금까지의 개념과 너무나도 다르기 때문에 처음에는 다소 당황스러울지도 모르나, '벡터'를 쓰면 지금까지 공부해온 푸리에 급수, 푸리에 계수를 전혀 새로운 각도에서 나타낼 수 있게 된다.

이제껏 '파동이란 무엇인가'를 여러 가지 각도에서 바라보았다. 우리는 언제나 별 뜻 없이 파동이라 여기며 보고 있지만, 거기에서 의외의 사실이 밝혀져서 무척 재미있었다. 그럼 이번엔 어떤 모험을 하게 될까?

제목을 보면 '정사영과 직교'란다. 어찌나 딱딱한 이름이던지 난 순간 질겁하고 말았다. 정사'영'正射影이라니 그림자라도 비추는 걸까? 그렇다면 직교는? 대체 어디가 푸리에랑 상관있다는 거지? 으음, 뭐가 뭔지 통 알 수가 없네….

요리조리 생각하고 있는 새에 점점 졸음이 쏟아졌다. 정신을 차리고 보니 신비한 공간에 서 있었다. 주위에 화살표가 잔뜩 떠 있는, 참으로 희한한 공간이다. 얼이 빠져 바라보고 있는데 뒤에서 나를 부르는 소리가 들렸다. 뒤돌아보니 그곳엔 시대극에 나올 법한 복장의 서양인 아저씨가 웃으며 서 있었다.

"봉주르! 나는 장 바티스트 조제프 푸리에 남작일세. 오늘은 자네와 함께 모험을 하러 머나먼 이곳까지 찾아왔다네."

오오! 동경하던 푸리에 선생님께서 내 눈앞에 나타나다니!

"푸리에 선생님, 이렇게 뵙게 되어 대단한 영광입니다. 그런데 우리는 지금 어디에 있는 건가요?"

"여기는 벡터의 세계야."

"엥, 하지만 우리는 푸리에를 모험하고 있잖아요. 갑자기 벡터라니 너무 엉뚱하지 않아요?"

"그렇군. 푸리에와 벡터는 언뜻 전혀 달라 보이지. 하지만 이 둘은 완전히 똑같은 것을 나타낸다네. 예를 들어 '수박'은 한국어지만 영어로는 watermelon, 또 스페인어로는 sandia라 부르지. 같은 것이라도 언어에 따라 이름이 달라지지. 거꾸로 말하자면 이름이 다르다고는 하나 결국 '수박'을 가리키고 있는 거야. 벡터와 푸리에에도, 그 비슷한 현상이 정사영과 직교에 의해 일어난다네."

흠. 푸리에와 벡터는 각기 다른 방식으로 같은 걸 나타내고 있다는 건가? 하지만 벡터란 대체 뭐하는 놈일까?

"이제 됐나? 그러면 모험을 떠나세!"

1. 벡터란?

보게나, 이게 벡터라네.
화살표로 보이지만
보통 화살표가 아니야.

그럼 내 주위에 떠 있는 건 화살표가 아니라 벡터였구나.

하지만 푸리에의 파동  과 이 화살표 같은 벡터 ↗가 나타내는 게 같다니 믿어지지 않아. 그래도 정말 같은 부분이 있다면 놀라운 일이지만.

어느샌가 내 눈앞에 이정표가 나타났다.

"이정표는 그저 방향을 표시하는 물건일 뿐이니 단순한 화살표라 할 수 있지. 그럼 어떤 것이 벡터일까? 실은 의외의 곳에서 벡터가 쓰이고 있다네."

트래칼리

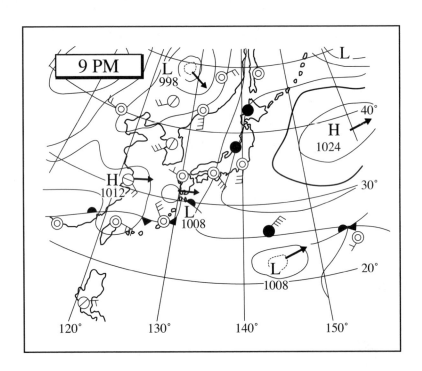

"여기 일기도 좀 보겠나? 이 안에 ⚲ 이란 기호가 잔뜩 있지? ⚲ 의 동그라미 ◎●들은 날씨를, ⌐은 풍향을 나타낸다네. 그리고 지금 중요

한 건 이 바람을 표시하는 법이야. 벡터라는 건 이처럼 방향과 크기의 두 가지 요소를 지니고 있지."

"그렇군요. 화살표는 방향만을 표시하니까, 방향과 크기를 다 갖춰야만 벡터라는 거군요. 하지만 바람의 세기는 $\vdash, \vDash, \Vdash$ 이렇게 바람이 강해질 때마다 가로선이 늘잖습니까. 벡터도 $\nearrow, \Nearrow, \Nearrow$ 그런가요?"

"아니, 벡터는 길이가 2배, 3배로 늘어난다네. 허나 중요한 건 아무리 늘어나도 변하는 건 크기뿐이고, 방향은 전혀 변하지 않는다는 것이지. 이렇게 벡터의 크기만 변하는 모습을 스칼라배(스칼라만큼 곱하다)한다고 말해."

스칼라는 scalar로 실수로 표시할 수 있는 수량이고, 벡터의 크기만 변화할 때 그렇게 말한다.

"잠시 바다에 들르세나."

선생님이 말을 꺼내자 어느새 나와 선생님은 수영복을 입고 해변에 서 있었다.

"자, 우리가 지금 서 있는 장소에서 바다를 향해 일직선으로 수영해보게."

나는 순순히 수영을 시작했지만 선생님이 대체 무슨 생각을 하고 있는지 전혀 짐작할 수 없었다.

한동안의 수영 끝에 모래톱에 올라 뒤돌아보니 선생님의 모습이 보이지 않았다. 불안해진 내가 주위를 둘러보니 선생님은 훨씬 왼편에서 이쪽을 바라보며 웃고 있었다. 아마 산보라도 한 거겠지.

나는 방향을 바꿔 해변을 향해 똑바로 헤엄쳤다. 모래사장에 도착해보니 선생님은 아까보다도 좀 더 왼편에 선 채, 여전히 웃음 지으며 나를 보았다.

"선생님은 제가 수영하는 동안 꽤 이동하셨군요?"

"아니, 난 줄곧 여기에 서 있었네."

선생님이 장난스레 웃고는 말했다.

"엥!? 하지만 저는 해변에서 똑바로 헤엄쳤다고요. 그렇다면 제가 돌아봤을 때 바로 뒤편에 계셨을 텐데."

"자네는 파도의 흐름을 느끼지 못했나?"

"앗! 그렇구나. 똑바로 헤엄치고 있다고 생각했지만, 파도 때문에 왼쪽으로 흘러가버린 거군요."

"응, 바로 그거야. 지금 자네가 경험한 일 전부를 벡터의 덧셈으로 간단히 나타낼 수 있지."

벡터의 덧셈? 이것도 처음 듣는 말이다. 하지만 어쨌든 푸리에 선생님이 나를 왜 바다에 데려왔는지는 알 것 같았다.

"벡터의 덧셈으로 나타내면…."

푸리에 선생님은 모래사장에 손가락으로 뭔가를 쓰기 시작했다.

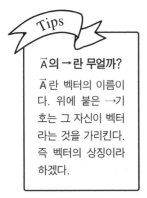

$\vec{A}$의 →란 무얼까?

$\vec{A}$란 벡터의 이름이다. 위에 붙은 →기호는 그 자신이 벡터라는 것을 가리킨다. 즉 벡터의 상징이라 하겠다.

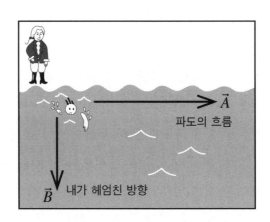

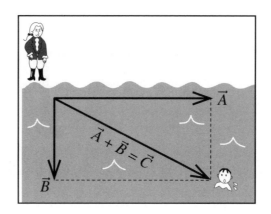

"우선 자네가 모래사장에서 똑바로 헤엄친 방향과 스피드를 $\vec{B}$, 파도가 흐르는 방향과 세기를 $\vec{A}$라 하세. 이 $\vec{B}$와 $\vec{A}$를 합치면 '$\vec{C}$'라는 자네가 있던 지점이 된다네."

"하지만 선생님, 어떻게 해야 $\vec{C}$를 구할 수 있나요?"

"그건 말이지…."

선생님은 근처에 떨어져 있던 나뭇가지를 꺾어서, $\vec{A}$와 $\vec{B}$ 위에 겹쳤다.

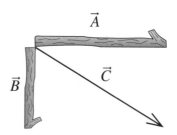

"이렇게 하면 되네."

선생님은 모래사장에 놓았던 막대($\vec{B}$)를 가볍게 움직였다.

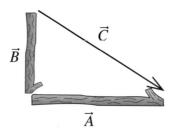

"즉 $\vec{A}$만 움직인 후에 이번엔 $\vec{B}$만 움직였다고 생각하면 되는 걸세. 보게나. $\vec{C}$와 완전히 같은 곳에 들어맞잖나?"

"굉장해, 정말이다!"

"이게 벡터의 덧셈이지."

"하지만 제가 수영을 시작한 위치가 바뀌는데요, 선생님."

"그렇구먼. 하지만 벡터의 세계에서는 어디에 있는지는 염려하지 않아도 되네. 가령 아까와는 반대로 이쪽의 가지($\vec{A}$)를 움직여봄세."

"이쪽 가지는 파동의 흐름을 표시하지. 하지만 파동의 흐름이란 게 어디에서 시작되는지는 잘 모르겠지?"

"알았다! 벡터는 방향과 크기를 나타내는 것이니까 위치는 상관없어요! 그래서 파동의 흐름이나 바람 같은 것을 잘 나타낼 수 있는 거고요. 맞죠, 선생님?"

"그 말이 맞네. 벡터에서 위치는 상관없지. 방향과 크기만 같다면 어디에 있더라도 같은 벡터가 된다는 거야. 그러니까 이렇게 벡터를 움직여서 덧셈하는 게 가능한 것이지."

선생님은 이어 말했다.

"아까 자네는 멀리까지 헤엄쳐간 뒤, 방향을 틀어서 모래사장을 향했었지? 그건 벡터의 뺄셈으로 나타낼 수 있다네."

선생님은 그렇게 말하며 다시 가지($\vec{B}$)를 움직였다.

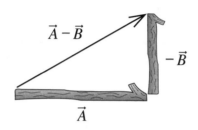

"보게, 바다를 향해 헤엄쳤을 때와는 $\vec{B}$ 의 방향이 반대가 되어버렸지. 이것을 '−'의 기호를 써서 표시하고 '−$\vec{B}$'라 쓰지. 그러면 아까의 덧셈은

$$\vec{A} + (-\vec{B}) = \vec{A} - \vec{B}$$

이러한 뺄셈이 된다네."

"선생님, 바다에서 모래사장으로 헤엄쳐 왔을 때의 벡터를 '−$\vec{B}$'라 표기하면 벡터의 뺄셈을 하게 된다는 건 어렴풋이 알겠어요. 하지만 어째서 벡터의 방향이 거꾸로 되면 '−'기호를 붙이나요?"

"글쎄, 자네의 질문을 위해 다시 벡터의 세계로 돌아가도록 하세나."

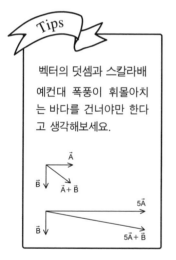

Tips

벡터의 덧셈과 스칼라배
예컨대 폭풍이 휘몰아치는 바다를 건너야만 한다고 생각해보세요.

2. 직교좌표계

나와 푸리에 선생님은 다시 벡터의 세계로 돌아왔다. 그곳에는 아주 커다란 그래프용지 같은 것이 보였다.

"대체 이건 뭔가요, 선생님?"

"이게 벡터가 활약하는 무대일세."

무대? 하지만 이건 그냥 모눈종이로 보이는데, 이게 어떻게 벡터가 활약하는 무대가 되었을까?

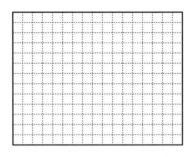

"저기 벡터가 있잖나."

그렇게 말하던 푸리에 선생님은 주위를 떠도는 화살표를 하나 가리켰다.

"저 벡터의 방향과 크기를 나타내려면 어떻게 해야 할까?"

"네? 하지만 아까 벡터는 화살표로 표기한다고…."

"있지, 벡터를 화살표로 나타내는 방법은 약간의 결점이 있다네. 예를 들면…."

선생님과 나는 갑자기 공중에 떠올랐다. 아까의 벡터가 이제 눈앞에 있었다.

"여길 보게나. 좀 전과는 방향도 크기도 달라 보이지? 이럼 곤란해. 만약 자네와 내가 보고 있는 위치가 다르면 같은 벡터가 다른 방향과 크기로 보이고 말아. 그러면 서로 말이 통하지 않게 되지."

"하지만 같은 위치에서 보고 있으면 괜찮은 거죠?"

"그걸 위해 이 모눈종이 같은 걸 사용한다네. 그리고 반드시 이 모눈종이 위에 벡터를 그린다는 약속을 해 두지. 그러면 언제나 같은 위치에서 벡터를 볼 수 있는 거야. 지금까지 모눈종이를 써서 그래프를 그릴 때, 자네는 어떻게 했나?"

"맨 처음 선을 두 개 긋고, x의 방향으로 몇 개, y의 방향에 몇 개 하는 식으로 그래프를 그려나갔죠. 앗! 혹시 벡터도 x방향에 몇 개… 이런 식으로 나타내는 겁니까?"

"그렇다네. 처음부터 벡터를 이 모눈종이 위에 그린다는 약속을 해두면 누가 보더라도 확실한 방향과 크기를 확인할 수 있는 거야."

푸리에 선생님이 그렇게 말한 순간, 내 주변은 순식간에 가는 빛의 선들로 눈금이 그려졌다.

"예컨대, 'x방향으로 3, y방향으로 4'인 $\vec{A}$는 아래 그래프와 같은 벡터라는 걸 금세 알 수 있겠지.

그리고 수학적으로 표기해보면 $\vec{A} = (3, 4)$라 써서, 같은 것을 훨씬

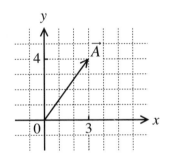

간단히 나타낼 수 있지. 그리고 'x방향으로 3'이란 것을 'x성분이 3'이란 식으로 '방향'이라 부르지 않고 '성분'이라 한다네."

"흐음. 호칭이 조금 다르네요. 그런데 선생님, 이렇게 나타내면 방향이야 잘 알겠지만 크기는 어찌합니까?"

"x성분과 y성분이 각각 커지면 화살표가 길어지지. 즉 벡터는 그만큼 커진다는 건 알겠지?"

"당연하죠!! 잠깐만요, x, y와 $\vec{A}$로 직각삼각형이 됐는데요. 이럴 땐… 그래! 피타고라스의 정리를 쓸 수 있었죠?"

"맞네. 이제 벡터의 크기도 구할 수 있겠지?"

"잠시만요. 가로가 3에, 세로가 4이니까

모눈종이와 같은 직각으로 교차된 직선으로 만들어진 좌표를 직교좌표계라고 한다.

$$\text{(기울기)}^2 = \text{(가로)}^2 + \text{(세로)}^2$$

여기에 대입하면

$$3^2 + 4^2 = 25$$

이것의 루트를 적용하면…

$$\sqrt{9 + 16} = 5$$

5예요!"

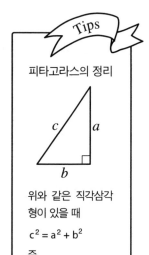

"정답! 그럼 x성분이 A_x, y성분이 A_y일 때, 벡터 $\vec{A}$의 크기도 구할 수 있겠지?"

"좋았어! 이번엔 가로가 A_x, 세로가 A_y니까 이렇게 되겠군.

$$(\vec{A}\text{의 크기}) = (A_x)^2 + (A_y)^2$$

저, ($\vec{A}$의 크기)를 더 간단하게 표기할 수는 없나요?"

"있고말고. $|\vec{A}|$라고 쓰면 바로 $\vec{A}$의 크기를 뜻하지."

"그럼, 방금 건

$$|\vec{A}|^2 = (A_x)^2 + (A_y)^2$$

이라고 쓰면 되겠군요. 그리고 루트를 씌우면,

$$|\vec{A}| = \sqrt{(A_x)^2 + (A_y)^2}$$

이러면 됐나요?"

"대단하군, 훌륭해! 잘 알아냈네. 이만큼 알면 어떤 사람과도 벡터가 어떤 방향과 크기를 가지고 있는지 담소도 나눌 수 있겠어. 나 같은 프랑스인과도 말이지."

3. 내적은 무엇일까?

"선생님, 여기 내적이란 건 뭘 뜻합니까?"

"내적은 벡터의 계산법 중 하나라네. 바다에 갔을 때 두 벡터의 덧셈과 뺄셈을 했지 않나? 하지만 곱셈, 나눗셈은 하지 않았지. 이유를 알겠나?"

"아마 어려워서겠죠?"

"아니, 어렵기 이전에 벡터끼리의 곱셈, 나눗셈은 불가능하다네."

"네!? 그래요?"

"그렇네. 지금까지 방향과 크기를 가진 양을 벡터라고 불러왔지. 그것처럼, 크기만을 가진 양을 스칼라라 하지. 즉 벡터를 만날 때까지 써왔던 수는 모두 스칼라라 부르는 수인 거야. 예를 들어 3이나 5000, −1.5 등의 수는 모두 스칼라인 셈이지. 이 스칼라는 자네도 알다시피 곱셈이나 나눗셈도 할 수 있네. 그저 크기가 변하는 것뿐이니까. 그런데 벡터에서는 크기만이 아니라 방향도 나타내지? '벡터끼리 곱하거나 나눈다면 방향은 어떻게 변할까?' 따위는 모르지 않나? 그래서 벡터의 곱셈이나 나눗셈은 불가능한 걸세."

내 머릿속은 꽤 뒤죽박죽이었다.

"그럼 아까 일기도에서 나왔던 스칼라배란 뭡니까?"

"스칼라배는 이런 계산이었지?

$$2 \times \vec{A} = 2\vec{A}$$

즉, 벡터와 스칼라의 곱셈이 되는 거지. 이건 가능해. 이걸 좀 더 자세하게 모눈종이 위에서 해보세. $\vec{A}$ = (4, 3)으로 두면… 보게나, $2\vec{A}$라는 벡터의 길이는 $\vec{A}$의 2배가 되었지만 x성분, y성분도 각각 원래 $\vec{A}$의 2배가 되었지. 즉 스칼라배라는 건 x성분, y성분 각각 몇 배로 하는 거라네."

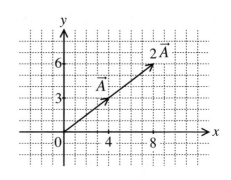

"그럼 만약 벡터에 −1배를 한다면 아까 뺄셈일 때처럼 반대 방향이 되는 겁니까?"

"그렇지. 모눈종이에 그려볼까? 좀 전의 $\vec{A}$ = (4, 3)을 사용해서 나타내면… 보게, 반대 방향이 되지?"

"과연 이것으로 그 뺄셈의 원리를 알겠네요."

"하지만 결국 스칼라배는 벡터의 크기밖에 변하지 않아. 이건 스칼라끼리의 곱셈과 마찬가지로 간단하지?"

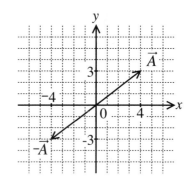

"음…."

"그럼, 조금 더 알기 쉽게 해보지."

푸리에 선생님의 말이 다 끝나기도 전에 주변에 문자가 떠올랐다.

$$3 \quad + \quad 4 \quad = \quad 7$$
(스칼라) + (스칼라) → (스칼라)

$$6 \quad - \quad 2 \quad = \quad 4$$
(스칼라) − (스칼라) → (스칼라)

$$2 \quad \times \quad 3 \quad = \quad 6$$

(스칼라) × (스칼라) → (스칼라)

$$9 \quad \div \quad 3 \quad = \quad 3$$

(스칼라) ÷ (스칼라) → (스칼라)

여기까지는 나도 잘 안다. 문자가 이어서 떠올랐다.

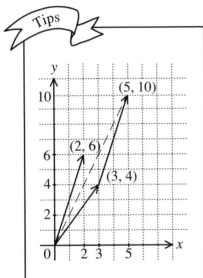

Tips

벡터끼리의 덧셈이나 뺄셈도, x성분과 y성분 그 각각의 덧셈(뺄셈)으로 표시할 수 있다.

$$(3, 4) + (2, 6) = (5, 10)$$

[벡터] + [벡터] → [벡터]

$$(6, 4) - (3, 1) = (3, 3)$$

[벡터] − [벡터] → [벡터]

$$(3, 2) \times 3 = (9, 6)$$

[벡터] × [스칼라] → [벡터] (스칼라배)

$$(8, 4) \div 2 = (4, 2)$$

[벡터] ÷ [스칼라] → [벡터] (스칼라배)

이 외의 조합으로는 벡터의 덧셈, 뺄셈, 곱셈, 나눗셈을 할 수 없다.

　"좀 개운해졌나?"

"네, 답답함은 많이 가셨어요. 하지만 내적이란 건 이 안에 들어 있지 않은 거지요?"

"그렇네, 내적이란…."

[벡터] 내적 [벡터] → (스칼라)

또다시 문자가 떠올랐다. 과연, 벡터끼리

Tips

내적을 나타내는 기호
내적은 '·'를 써서 나타낸다. 스칼라의 곱셈기호와 같으니 실수하지 않길!

의 내적은 스칼라가 되는 건가.

"실제로 내적의 계산은 '$\vec{A} \cdot \vec{B}$'로 쓰지만

$$\vec{A} \cdot \vec{B} = A_x B_x + A_y B_y$$

이처럼 두 벡터의 x성분, y성분끼리를 곱하고 더하는 걸 말하네."

"이 내적의 답은 대체 뭘 나타내는 겁니까?"

"이 내적을 계산해서 답이 0이 되느냐 아니냐에 따라 두 벡터가 직각으로 교차하고 있는지, 아닌지를 알 수 있다네. 실제로 값을 넣어 계산해 보세나."

$$\vec{A} = (7, 2)$$
$$\vec{B} = (3, 6)$$
$$\vec{A} \cdot \vec{B} = 7 \times 3 + 2 \times 6$$
$$= 21 + 12$$
$$= 33$$

> **Tips**
>
> $\vec{A} \cdot \vec{B} = 33 \neq 0$의 의미
> 내적의 계산에서 중요한 것은 결과가 0이 되는가, 그렇지 않은가로 2개의 벡터가 직교하는가(0일 때), 직교하지 않는가(0이 아닐 때)를 판단할 수 있다는 뜻이다.

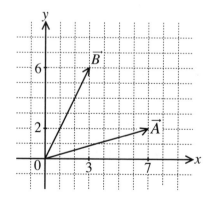

"0이 안 되네. 그럼 $\vec{A}$와 $\vec{B}$가 직각이라면 0이 되려나?"

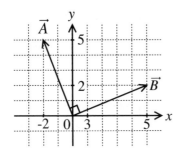

$$\vec{A} = (-2, 5)$$
$$\vec{B} = (5, 2)$$
$$\vec{A} \cdot \vec{B} = (-2) \times 5 + 5 \times 2$$
$$= -10 + 10$$
$$= 0$$

좋았어! 직각으로 교차한 2개의 벡터라면 0이 된다!

"두 벡터가 직각으로 교차했을 때는 내적이 언제나 0이 되는군."

"하지만 어째서 0이 되는 거죠?"

"그럼, 이번엔 그 이유를 조사해볼까?"

"엥! 그게 가능해요?"

"물론, 이래봬도 난 수학자니까. 우선 두 개의 벡터와 그 사이의 각도 θ에 대해 생각해보세나."

선생님이 그렇게 말하자 공중에 떠 있던 화살표 2개가 예의 바르게 줄을 섰다.

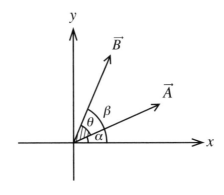

"그럼 여기에서 $\vec{A}$와 $\vec{B}$ 사이의 각도를 θ, $\vec{A}$와 x축 사이의 각도를

α, $\vec{B}$와 x축 사이의 각도를 β라 하지. 그리고 cos의 덧셈정리를 쓸 거네."

"네? 덧셈정리라니, sin을 미분할 때 썼던 거 말예요? 선생님, 왜 여기서 덧셈정리 따위를 쓰는 겁니까?"

"글쎄, 수학자의 직감이라 해 두지. 수학 문제를 풀 때는 언제나 이 직감이란 놈이 승패를 좌우하거든."

"허어!"

수학이란 이론으로만 만들어진 줄 알았던 내게 있어 이 '직감'이란 말은 퍽 신선하게 들렸다.

"자네도 스스로 여러 문제를 풀다 보면, 알게 될 날이 올 걸세."

"넵! 그런데 선생님, 어떻게 덧셈정리를 쓰실 셈이죠?"

"여기서 θ는 $\theta = \beta - \alpha$로 쓸 수 있겠지? 그렇다면 $\cos \theta$는

$$\cos \theta = \cos (\beta - \alpha)$$
$$= \cos \alpha \cos \beta + \sin \alpha \sin \beta$$

가 되네."

"이게 내적과 상관있는 겁니까?"

"그리 조급해하지 말게나. 한데 자네는 이 $\sin \alpha$나 $\cos \alpha$를 다른 방법을 이용해 나타낼 수 있나?"

"다른 방법이라… 앗, 'sin은 빗변 분의 세로', 'cos은 빗변 분의 가로'이거 말씀이신가요?"

"그래그래, 그걸 써서 α, β 각각의 sin, cos을 바꿔 나타내보게나."

"어디, 그럼 $\cos \alpha$는 빗변 분의 가로에, 빗변이 $|\vec{A}|$이고 가로가 A_x이니까

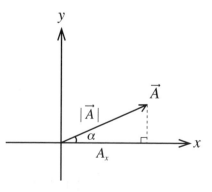

$$\cos \alpha = \frac{A_x}{|\vec{A}|} \ \text{네요.}"$$

"같은 식으로 다른 것도 해보게."

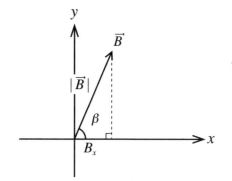

"$\cos \beta$는 빗변이 $|\vec{B}|$이고 가로가 B_x이니까

$$\cos \beta = \frac{B_x}{|\vec{B}|}$$

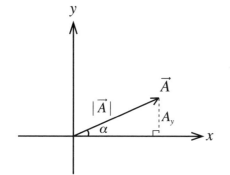

$\sin \alpha$는 $\sin$이 빗변 분의 가로로, 빗변은 $|\vec{A}|$, 세로가 A_y니까

$$\sin \alpha = \frac{A_y}{|\vec{A}|}$$

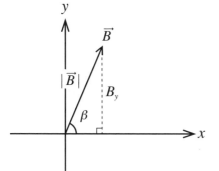

$\sin \beta$는 빗변이 $|\vec{B}|$, 세로는 B_y니까

$$\sin \beta = \frac{B_y}{|\vec{B}|}$$

가 됩니다."

"아주 잘했네. 그럼 이것을 덧셈정리의 식에 대입해보게나."

"아까의 식은

$$\cos \theta = \cos (\beta - \alpha)$$
$$= \cos \alpha \cos \beta + \sin \alpha \sin \beta$$

였으니까 여기에 대입하면,

$$\cos \theta = \frac{A_x}{|\vec{A}|} \frac{B_x}{|\vec{B}|} + \frac{A_y}{|\vec{A}|} \frac{B_y}{|\vec{B}|}$$
$$= \frac{A_x B_x + A_y B_y}{|\vec{A}||\vec{B}|}$$

어라? 이 식의 분자, 아까 내적 계산할 때랑 똑같잖아!"

"좋은 지적이네. 그럼 양변에 $|\vec{A}||\vec{B}|$를 곱해서 분모를 없애보게나."

"네.

$$\cos \theta = \frac{A_x B_x + A_y B_y}{|\vec{A}||\vec{B}|}$$

의 양변에 $|\vec{A}||\vec{B}|$를 곱하면

$$A_x B_x + A_y B_y = |\vec{A}||\vec{B}| \cos \theta$$

선생님, 이것도 내적에 대한 공식입니까?"

"그렇다네. $\vec{A}$의 크기 $|\vec{A}|$와 $\vec{B}$의 크기 $|\vec{B}|$를 곱한 뒤에, 그 벡터 사이의 각 θ의 cos을 곱해주면 두 벡터의 내적($A_x B_x + A_y B_y$)이 된다는 걸 나타내는 식이지. 이 공식으로 두 벡터 사이의 각도와 내적의 관계를 알기 쉽다네."

"그럼 두 벡터가 직각으로 교차하고 있을 때는 어떻게 되나요?"

"시험해보게나."

"어디, 우선 직각으로 교차하고 있는 벡터부터 찾아내서… 잠깐,

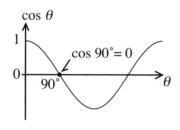

직각으로 교차하고 있으니까 θ는 $90°$

야. 그러면 $\cos 90°$는 0이 되니까…

$$A_x B_x + A_y B_y = |\vec{A}||\vec{B}|\cos 90°$$
$$= |\vec{A}||\vec{B}| \times 0$$
$$= 0$$

이렇게 해서 내적은 언제나 0이다."

이것으로 두 개의 벡터가 직각으로 교차할 때는 그 내적이 0이 된다는 걸 알았지. 거꾸로 그 내적이 0이 되는지 아닌지로 두 벡터가 직각으로 교차하는지 아닌지를 알 수 있다네. 앞으로의 모험에서는 이 법칙이 자주 나오니까 머릿속에 잘 입력해 두게나.

Tips

$\vec{A}$ 자신의 내적은?

내적의 공식에 $\vec{A}$를 두 번 대입하면 된다.

$$\vec{A} \cdot \vec{A} = |\vec{A}||\vec{A}|\cos 0°$$
$$= |\vec{A}||\vec{A}| \times 1$$
$$= |\vec{A}|^2$$

$\vec{A}$ 자신의 내적이므로 $\theta = 0°$, $\cos 0° = 1$이 된다. 그러므로 $\vec{A}$ 자신의 내적은 $\vec{A}$의 크기, 즉 $|\vec{A}|$의 제곱이 된다.

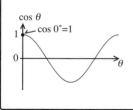

4. n차원의 세계

푸리에 선생님은 한 장의 흰 종이를 보여주었다.

"x와 y로 만들어진 좌표는 2차원이라 불리고 있어. 2차원의 세계란 여기 이 종이와 같다네. 수평과 수직축만을 가지고 있는, 모든 것이 평평한 세계지."

내가 2차원 세계에 가게 된다면 빈대떡이 따로 없겠는걸.

"2차원에 축을 하나 더 늘리면, 수평과 수직에 높이가 더해져 3차원이 된다네. 3차원의 세계란 우리가 살고 있는 이 입체적인 공간을 뜻하지.

이번엔 3차원 내에서 벡터를 표시해보자.

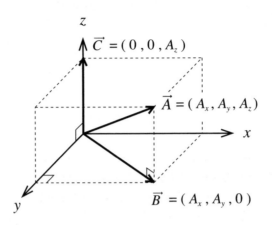

"$\vec{A}$를 $\vec{A} = (A_x, A_y, A_z)$로 바꿔주면, 새롭게 z축 방향의 성분이 더해진다네."

"그럼 지금까지 2차원일 때 했던 내적 등의 계산은 어떻게 되는 겁니까?"

"3차원이 되더라도 별로 큰 차이는 없네. 가령 $\vec{A}$의 크기를 구하려 한다면, $\vec{B}$의 성분이 $\vec{A}$의 x, y성분으로 만들어져 있으니 이것을 써서 $\vec{A}$의 길이를 구할 수 있지.

그럼 우선 $\vec{B}$의 크기를 피타고라스의 정리를 써서 구해볼까?

$$|\vec{B}| = \sqrt{A_x{}^2 + A_y{}^2}$$

그다음에 $|\vec{A}|$를 구하고 싶다면, $|\vec{B}|$

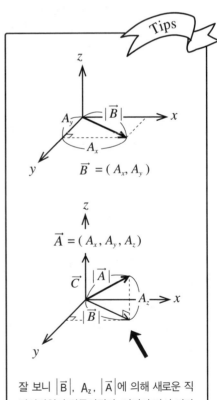

잘 보니 $|\vec{B}|$, A_z, $|\vec{A}|$에 의해 새로운 직각삼각형이 만들어졌다. 여기서 다시 피타고라스의 정리를 이용해 $|\vec{A}|$를 구하자.

와 $\vec{C}(A_z)$를 이용해 다시 피타고라스의 정리를 사용하네.

$$|\vec{A}|^2 = |\vec{B}|^2 + |\vec{C}|^2 = A_x{}^2 + A_y{}^2 + A_z{}^2$$
$$|\vec{A}| = \sqrt{A_x{}^2 + A_y{}^2 + A_z{}^2}$$

어떤가? 이렇게 $\vec{A}$의 크기가 나왔네. 이와 같이 3차원에서도 2차원과 똑같이 계산해서 벡터의 크기를 구할 수 있지."

"그럼, 4차원에서는 어떤가요?"

"자네는 4차원 공간이 어떤 곳인지 알고 있나?"

4차원이라…

"으악!!"

나도 모르게 비명을 질렀다. 그도 그럴 것이 내 발치에 있던 지면이 사라져 마치 우주에 떠 있는 느낌인 것이다. 위아래도 분간이 가지 않는데다 내 주변은 묘하게 일그러져 있다. 혹시 여기가 4차원 세계인 건가.

"지금 자네가 있는 장소는 인간이 머릿속에서 상상한 4차원 세계일세."

어디에선지 선생님의 목소리가 들려왔다.

"4차원이란 가로와 세로, 높이에 시간이 더해진 것이라고들 말하네. 흔히 SF영화에서 이 4차원이 등장하는 걸 본 적이 있나? 타임머신이 이곳을 지나 다른 시대로 가는 장면이라든가 말일세. 4차원에 존재하는 시간의 공간으로 인해 그런 여행이 가능하다는 거지. 어차피 추측에 불과하고 사실이 어떤지는 알 수 없네만."

"어째서죠?"

"4차원으로 실제로 가서 보고 온 사람은 온 세상 어딜 뒤져봐도 없을 테지. 그러기 때문에 4차원이 어떤 공간인지는 아무도 모른다네.

우리는 머릿속에서 4차원을 상상할 수밖에 없는 거지. 한데 자네는 4개의 축이 각각 직교하는 모습이 상상이 가나?"

으음… 3개까지라면 짐작이 가지만 4개는 무슨 짓을 해도 무리다.

"하지만 수학을 쓰면 4차원이 어떤 것인지 슬쩍 엿볼 순 있다네. 확인해보겠나?

지금까지 x, y, z를 써왔지만 z 뒤에 오는 알파벳이 없는 관계로, 이제부터는 a_1, a_2, a_3, a_4 이런 식으로 쓰도록 함세. 그러면 4차원 벡터 $\vec{A}$는

$$\vec{A} = (a_1, a_2, a_3, a_4)$$

로 표기할 수 있다네."

나는 너무나도 간단히 4차원의 벡터를 표현한 것을 보고 어안이 벙벙해졌다.

"선생님, 이 상태라면 a_5나 a_6, a_{10}까지도 표기할 수 있겠는데요?"

"좋은 지적일세. 수학에서는 10000차원마저도 표현하는 게 가능하지. 그래서 다음 같은 공식도 만들어지는 게고.

$$\vec{A} = (a_1, a_2, a_3, \cdots, a_n)$$

마지막의 n에는 어떤 값이라도 넣을 수 있네."

어쩐지 좀 어설프게 들리긴 하지만, 감히 상상하지 못한(특히 10000차원이라든가) 일이라도 수학의 영역에서는 우리가 상상할 수 있는 3차원의 연장으로 취급할 수 있다는 건 꽤 재밌는 일이다.

"$\vec{A}$의 크기를 구하려면, 성분을 각각 제곱해서 더한 뒤 $\sqrt{}$를 씌워야 했지.

$$|\vec{A}| = \sqrt{a_1^2 + a_2^2 + a_3^2 + \cdots + a_n^2}$$

그러면 이렇게 돼. 그리고 내적도 같은 방식으로 정의할 수 있었지.

$$\vec{A} = (a_1, a_2, a_3, \cdots, a_n)$$
$$\vec{B} = (b_1, b_2, b_3, \cdots, b_n)$$

이러면 n차원 벡터 $\vec{A}$와 $\vec{B}$의 내적은,

$$\vec{A} \cdot \vec{B} = a_1 b_1 + a_2 b_2 + a_3 b_3 + \cdots + a_n b_n \text{ 가 된다네.''}$$

"이때도 내적이 0이라면 두 벡터는 직각으로 교차하고 있나요?"

"아니, 실제로 직각(90°)으로 교차하고 있는지 아닌지는 알기 힘들다네. 어찌됐든 4차원 이상의 세계는 상상하는 것도 눈으로 보는 것도 불가능하니 말일세. 그래서 4차원 이후는, 내적 $\vec{A} \cdot \vec{B} = 0$일 때 '직각으로 교차한다'가 아니라 '직교한다'고 말하는 거지."

"직교라…."

무척 신기한 이야기라고 생각했다. 머릿속에서는 상상이 안 가더라도 수학의 언어를 쓰면 무려 10000차원의 벡터라도 표현 가능하다. 또 서로의 내적이 전부 0이라면 10000개의 축 모두가 직교하는 거라니. 상상이 갈 리가 없다. 하지만 그게 수학 언어를 쓰면 그것을 3차원의 연장으로, 조금은 어떤 것인지 알 수 있는 것이다.

인간의 머릿속에서는 감히 상상할 수 없는 일이라도 수학에 의해 해명할 수 있다. 블랙홀도 4차원 공간을 이용한 난해한 방정식에서 그 존재가 도출되었다. 수학을 쓰면 좀 더 다양한 걸 알게 될지도 모른다. 어쩌면 수학어란 세상에서 가장 편리한 말이 아닐까?

5. 정사영

정사영이란 그림자를 가리 키는 말이지. 그런데 이거 어디가 벡터와 상관있는 걸까? 난 그림자를 비 추는 행위라고 하면 이런 것밖에 안 떠오르 는데 말야. 설마하니 이런 건 아닐 테고…

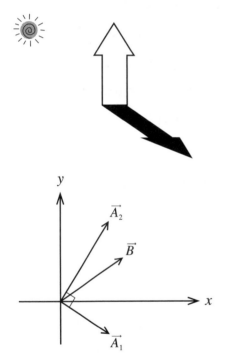

그런 생각을 하는 사이에 내 발치에 서 선이 점점 뻗어나가더니 순식간에 직교하는 벡터의 그래프가 그려져 있 었다.

신기한 건, 직교한 $\vec{A_1}$과 $\vec{A_2}$라는 두 벡터 사이에 또 하나의 벡터가 그려져 있는 것이었다.

"선생님, $\vec{B}$란 놈은 뭔가요?"

"이제부터 그것을 $\vec{A_1}$과 $\vec{A_2}$에 정사영 하려고 하네. 이렇게 $\vec{B}$의 머리에서 $\vec{A_1}$, $\vec{A_2}$에 수직으로 선을 내린 곳이, 정사 영 벡터 $\vec{P_1}$, $\vec{P_2}$가 된다네."

"하지만 이게 대체 뭘 나타내고 있는 지 하나도 모르겠어요."

내가 그렇게 말하자마자, $\vec{B}$라고 쓰 여 있던 곳에 황당하게도 커다란 수박

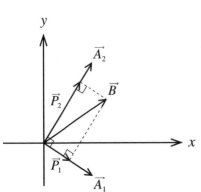

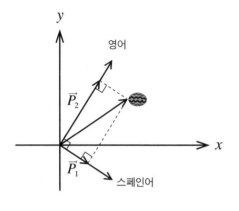

이 나타났다.

수박을 영어와 스페인어의 축에 정사영한다고? 이게 무슨 말이지?

"🍉을 영어의 축에 정사영한다는 건 방대한 양의 영단어 중에서 🍉을 나타내는 단어가 나올 거란 소릴세."

"그럼 🍉은 영어로 watermelon이니까 $\vec{P_2}$는 watermelon이겠네요."

"그렇지. 그리고 스페인어 축에 정사영하면….."

"sandia!"

"🍉을 각각 정사영함으로써 생겨난 watermelon도, sandia도 결국은 🍉이라는 같은 물체일세. 그럼 watermelon과 sandia도 🍉의 요소로 고려하며 덧셈으로 나타내보세나."

$$watermelon + sandia = 🍉$$

"이와 같이 정사영 벡터 $\vec{P_1}$, $\vec{P_2}$와 $\vec{B}$ 사이에선

$$\vec{P_1} + \vec{P_2} = \vec{B}$$

이런 관계가 성립하지."

나는 정사영이 같은 것을 각각 다른 관점으로 보게 해주는 도구라는 걸 희미하게나마 알아차렸다.

"그럼, 이제부터 이 정사영을 수학 언어로 생각해보세."

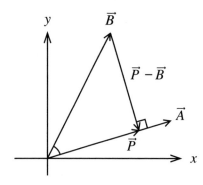

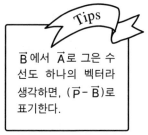
$\vec{B}$라는 벡터를 $\vec{A}$의 선상에서 생각해보자. $\vec{B}$의 머리에서 $\vec{A}$를 향해 수직으로 내려 $\vec{A}$와 부딪힌 곳을 $\vec{P}$라고 이름 붙인다.

"이제부터 하는 것은 정사영된 벡터 $\vec{P}$를 구하는 걸세."

"($\vec{P} - \vec{B}$)와 $\vec{A}$는 직각으로 교차하고 있으니 내적은 0이지요?"

"그렇지. 내적의 식에 대입해보면 이렇게 되지."

$$\vec{A} \cdot (\vec{P} - \vec{B}) = 0$$

$\vec{P}$라는 벡터는 $\vec{A}$를 스칼라배한 것으로 생각할 수 있으니까

$$\vec{P} = x\vec{A}$$

이것을 대입하여 전개하면

$$\begin{aligned}
\vec{A} \cdot (\vec{P} - \vec{B}) &= \vec{A} \cdot (x\vec{A} - \vec{B}) \\
&= x\vec{A} \cdot \vec{A} - \vec{A} \cdot \vec{B} \\
&= 0
\end{aligned}$$

$\vec{P}$가 $\vec{A}$를 몇 배한 것인지를 알면 $\vec{P}$를 구할 수 있다. 그래서 여기에서 x를 구한다.

$$x\vec{A} \cdot \vec{A} - \vec{A} \cdot \vec{B} = 0 \qquad \therefore x = \frac{\vec{A} \cdot \vec{B}}{\vec{A} \cdot \vec{A}}$$

여기에서 $\vec{P}$ 의 값을 구한다. $\vec{P} = x\vec{A}$ 였으니까

$$\vec{P} = \frac{\vec{A} \cdot \vec{B}}{\vec{A} \cdot \vec{A}} \vec{A}$$

Tips

$\vec{A} \cdot (x\vec{A} - \vec{B})$의 계산은?

$\vec{A} \cdot (x\vec{A} - \vec{B})$ 의 계산은 스칼라의 계산 때와 마찬가지로

$$\vec{A} \cdot (x\vec{A} - \vec{B})$$
$$= \vec{A} \cdot x\vec{A} - \vec{A} \cdot \vec{B}$$

"이것이 $\vec{B}$ 를 $\vec{A}$ 에 정사영한 벡터 $\vec{P}$ 의 값이라네. 그럼 이 식을 잘 보게나."

"어라! 분자도 분모도 내적으로 표현돼 있네!"

"그렇다네. 다음에 $\vec{B}$ 를 $\vec{A}$ 에 정사영할 때 이 $\vec{A}$ 와 $\vec{B}$ 가 직교하고 있다면 어떻게 될 거라 생각하나?"

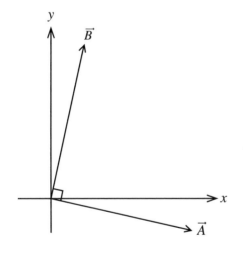

손가락으로 더듬어보았지만 어떻게 해도 값은 0이다. 그러면 $\vec{A}$ 와 $\vec{B}$ 의 내적이 0이니까

$$\vec{P} = \frac{0}{\vec{A} \cdot \vec{A}} \cdot \vec{A} = \vec{0}$$

"두 개의 벡터가 직교한 때에는 내적이 0이 되므로 $\vec{B}$ 를 $\vec{A}$ 에 정사영하면 0이 된다네."

흐음. 어쨌든 0만 되면 그만이지.

하지만 정확히 숫자로 나오는 게 아니니 통 감이 안 오는걸.

"그러면 이제부터 실제로 숫자를 넣어보지."

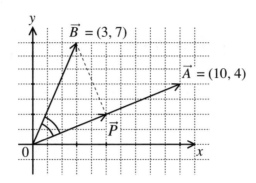

우선, $\vec{P} = \dfrac{\vec{A} \cdot \vec{B}}{\vec{A} \cdot \vec{A}} \vec{A}$

여기에서 $\vec{A} \cdot \vec{B}$, $\vec{A} \cdot \vec{A}$ 는

$$\vec{A} \cdot \vec{B} = (10 \times 3) + (4 \times 7)$$
$$\vec{A} \cdot \vec{A} = 10^2 + 4^2 \qquad\qquad \text{이 되겠지.}$$

이것을 $\vec{P}$ 에 대입하면

$$\vec{P} = \frac{10 \times 3 + 4 \times 7}{10^2 + 4^2} \vec{A}$$
$$= \frac{30 + 28}{100 + 16} \vec{A}$$
$$= \frac{58}{116} \vec{A} = \frac{1}{2} \vec{A}$$
$$= \frac{1}{2} (10, 4) = (5, 2)$$

그러고 보니, 두 개의 벡터가 직교한다면 정사영 벡터는 0이 된다고 선생님이 말했었지. 정말인지 직접 확인해보자!

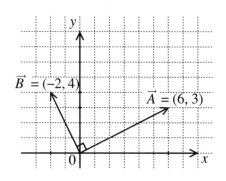

$$\vec{P} = \frac{\vec{A} \cdot \vec{B}}{\vec{A} \cdot \vec{A}} \, \vec{A}$$

$$= \frac{6 \times (-2) + 3 \times 4}{6^2 + 3^2} \, \vec{A}$$

$$= \frac{-12 + 12}{36 + 9} \, \vec{A}$$

$$= \frac{0}{45} \, \vec{A} = \vec{0}$$

우와! 정말이다. 내적이 언제나 0이니까 당연할지도 모르겠지만 그래도 굉장하네.

"자네 $\vec{A} \cdot \vec{B}$를 $|\vec{A}||\vec{B}| \cos \theta$로, $\vec{A} \cdot \vec{A}$를 $|\vec{A}|^2$으로 바꿔 썼던 걸 기억하고 있나? 이것으로 이 정사영의 식을 바꾸면….."

$$\vec{P} = \frac{\vec{A} \cdot \vec{B}}{\vec{A} \cdot \vec{A}} \, \vec{A}$$

$$= \frac{|\vec{A}| |\vec{B}| \cos \theta}{|\vec{A}| |\vec{A}|} \, \vec{A}$$

$|\vec{A}|$는 스칼라이므로 $\dfrac{|\vec{A}|}{|\vec{A}|}$는 약분할 수 있다.

$$= |\vec{B}| \cos \theta \, \frac{\vec{A}}{|\vec{A}|}$$

그리고 $\vec{A}$, $|\vec{A}|$를 하나로 묶어 표기한다. $\vec{P}$는 $\vec{A}$의 방향에서 $\vec{B} \cos \theta$의 크기를 갖는 것을 뜻한다.

이것을 알기 쉽게 왼쪽 그림으로 보자.

$\vec{A}$와 $\vec{B}$ 사이의 각도를 θ라 하면, $\cos\theta = \dfrac{|\vec{P}|}{|\vec{B}|}$ 이다. 이것을 변형하면 $|\vec{P}| = |\vec{B}|\cos\theta$ 가 되어, $\vec{P}$의 크기를 나타낸다.

"물론, $\vec{P}$의 방향은 $\vec{A}$의 방향과 같으니까 좀 전에 구한

$$\vec{P} = |\vec{B}|\cos\theta\,\frac{\vec{A}}{|\vec{A}|} \qquad \cdots\cdots \text{공식 ①}$$

에서 $|\vec{B}|\cos\theta$는 $\vec{P}$의 크기 $|\vec{P}|$를, $\dfrac{\vec{A}}{|\vec{A}|}$는 $\vec{P}$의 방향을 나타내지."

"선생님, $\dfrac{\vec{A}}{|\vec{A}|}$가 뭔가요?"

"이건 어느 벡터를 그 벡터의 크기로 나눈 것으로 단위벡터라고 하지. 간단히 말하면 '$\vec{A}$의 방향으로 크기 1을 가진 벡터'인 거야. 그래서 공식 ①의 $\dfrac{\vec{A}}{|\vec{A}|}$는 $\vec{P}$의 방향, 즉 여기에서는 $\vec{A}$의 방향을 나타내고 있네."

우리는 다시 수박이 놓인 장소의 벡터까지 되돌아갔다.
"그럼, 아까는 🍉 을 영어 축과 스페인어 축으로 정사영했지만 이번엔 그것을 수학 기호로 두고 생각해보세.

이제부터 계산해서 $\vec{P_1}$과 $\vec{P_2}$의 값을 구하면,

$$\vec{P_1} = x_1 \vec{A_1}, \quad x_1 = \frac{\vec{A_1} \cdot \vec{B}}{\vec{A_1} \cdot \vec{A_1}}$$

$$\therefore \vec{P_1} = \frac{\vec{A_1} \cdot \vec{B}}{\vec{A_1} \cdot \vec{A_1}} \vec{A_1}$$

$$\vec{P_2} = x_2 \vec{A_2}, \quad x_2 = \frac{\vec{A_2} \cdot \vec{B}}{\vec{A_2} \cdot \vec{A_2}}$$

$$\therefore \vec{P_2} = \frac{\vec{A_2} \cdot \vec{B}}{\vec{A_2} \cdot \vec{A_2}} \vec{A_2}$$

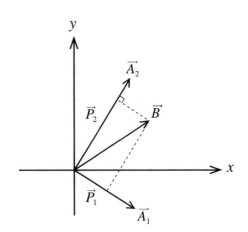

그리고 그래프를 잘 보게나. $\vec{P_1}$과 $\vec{P_2}$를 더하면 $\vec{B}$가 나올 테지."

그렇군. watermelon + sandia = 🍉 이라고 나왔듯이 두 개의 정사영 벡터를 더한 것은 원래의 벡터가 되는 거구나.

"선생님, 이 역시 어느 차원에서든 생각할 수가 있는 겁니까?"

"🍉의 경우에, 한국어의 축을 하나 늘려보게. 그것을 정사영하면…."

"수박이군요!"

"그래. 이 상태로 일본어, 독일어 등 축을 하나하나 늘려가다 보면 🍉의 요소(성분)는 늘어나네. 그것을 더한다는 건 🍉에 대해 보다 자세히 설명할 수 있다는 말이지. 그러면 이것을 수식으로 고쳐보게."

$$\vec{A_1}, \vec{A_2}, \vec{A_3}, \vec{A_4}, \vec{A_5}, \cdots, \vec{A_n}$$

이라는 벡터가 n차원 좌표 속에서, 각각 직교하고 있다고 하자. n차원 벡터 $\vec{B}$가 $\vec{A_i}\,(i = 1, 2, 3, \cdots, n)$로 정사영하는 벡터를 구하자.

$$\vec{P_i} = \frac{\vec{A_i} \cdot \vec{B}}{\vec{A_i} \cdot \vec{A_i}} \vec{A_i}$$

이 식에 들어맞는다면 정사영 벡터 $\vec{P}$가 구해진다. 그리고 모든 정사영 벡터를 더한다.

$$\vec{P_1} + \vec{P_2} + \vec{P_3} + \vec{P_4} + \cdots + \vec{P_n} = \vec{B}$$

"역시 $\vec{B}$가 되어서 원래로 돌아가는군."

만약 100차원의 벡터 $\vec{B}$를 100개의 직교한 축에 각각 정사영한다면, $\vec{B}$가 가진 100개의 성분이 구해진다. 성분을 구하기 위해 하는 것이 정사영, 그리고 그 성분 100개를 하나하나 전부 더하다 보면 $\vec{B}$가 완성된다. 즉 $\vec{B}$는 하나하나의 성분의 합으로 이루어져 있다.

어라? 어째 어디서 들어본 것만 같은데, 어디였더라….

6. 벡터와 푸리에의 만남

나는 어느샌가 새까만 공간에 서 있었다. 불안해져 푸리에 선생님을 찾아봤지만 아무 데도 모습이 보이지 않았다.

그런데 앞쪽에 어스름히 빛나는 문이 보였다. 가까이 다가가보니 문에 쓰여진 문자가 눈에 들어왔다.

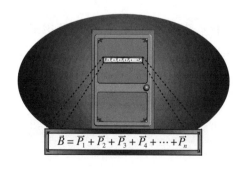

$$\vec{B} = \vec{P_1} + \vec{P_2} + \vec{P_3} + \vec{P_4} + \cdots + \vec{P_n}$$

괴이하게도 아까 나온 정사영 벡터의 덧셈식이다. 어째서 문에 이것이 쓰여 있는 거지? 무슨 관계가 있을지도 모르겠군.

문은 간단히 열렸다. 안에 들어가서 나는 깜짝 놀랐다. 거기에는 푸리에에서 자주 접하는 파동들이 여기저기 떠 있었다. 그리고 파동의 한 무리가 내 눈앞에서 무언가의 형태를 이루고 있었다.

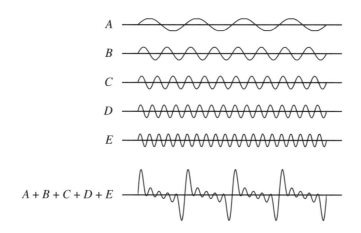

불현듯 나는 알아차렸다.

"복잡한 파동은 하나하나의 단순한 파동의 합…."

"벡터 $\vec{B}$ 는 하나하나의 단순한 성분을 합으로 이루어진다…."

그렇다! 어디에서 들어본 듯했더니 이거였구나. 푸리에 급수와 정사영 벡터의 합의 개념은 같아. 단지 벡터와 파동이라는 전혀 다른 각도에서 바라보았던 것뿐이야!

거기에 생각이 미친 순간 내 눈앞에 또 다른 문이 나타났다. 문에는 다음과 같은 식이 쓰여 있었다.

어쩌면 내적이 푸리에의 무언가와 이어져 있는 걸까? 내적이 0이 되면 그 벡터는 직교한다는 뜻이었는데…. 생각에 잠긴 사이 문에는 연달아 새로운 문자가 나타났다.

푸리에 계수로 sin과 cos을 적분하면 어떻게 되는가?

아무래도 답을 구하지 않는 한, 문은 꿈쩍도 하지 않을 듯하다. 문득 내 발치에 《푸리에의 모험(*역주: 원서 제목)》이 놓여 있길래 서둘러 푸리에 계수 부분을 펼쳐 읽어보았다.

내 눈에 들어온 것은 sin끼리의 곱셈의 적분 그래프였다. $\sin 1\omega t$와 $\sin 1\omega t$처럼, 같은 주기의 파동끼리는 곱해서 적분하더라도 0이 되지 않는다. 하지만 $\sin 2\omega t$와 $\sin 1\omega t$ 같이 주기가 다르면 0이 된다.

코사인 파동의 장을 보아도 마찬가지였다. 그럼, 사인과 코사인을 곱해 적분하면 어떻게 되는지를 찾아보았더니, 어떤 경우라도 사인과 코사인을 곱해 적분한 값은 0이 된단다.

나는 아까부터 숫자 '0'이 기묘하게 눈에 들어왔다.

"0이 된다… 설마 사인과 코사인은 직교하고 있다든지…"

내가 혼잣말처럼 중얼거린 순간 문이 열렸다. 안에 들어가자 나무로 만든 푯말에 글귀가 새겨져 있었다.

자네 말대로, 사인과 코사인을 벡터로 바꿔놓고 생각해보면 이 두 개의 내적은 언제나 0일세. 허나 이 사실은 수식을 사용하면 보다 명확히 알게 되는 것이네.

파동을 벡터로 나타내자

불연속 푸리에 전개에서 했듯이, 일정 시간마다 점을 찍어 표시하면 불연속한 파동이 그려진다. 따라서 무한개의 값으로는 연속한 파동을 나타낼 수가 있다. 벡터 또한 무한개의 성분을 정렬하면 무한차원의 벡터를 표시할 수 있다.

$$\vec{A} = (a_1, a_2, a_3, \cdots, a_n, \cdots)$$

이 무한개의 값(성분)을 나타내는 점에 착안하여 파동을 무한차원 벡터로 간주한 것이다.

이 푯말의 저편에는 길이 쭉 이어져 있다. 아마도 이 길을 따라 가면 내적의 개념을 푸리에로 나타내는 법을 알 수 있을지도 모른다. 나는 기대에 부풀어 한발 내디뎠다.

조금 걷다 보니 두꺼운 벽이 길을 막고 있었다. 길은 벽 너머로 이어져있는 듯 보였으나 도저히 올라가는 건 무리였다. 어쩌면 길을 잘못 든 게 아닐까? 왠지 불안해졌다. 그러나 잘 살펴보니 벽에 다음과 같은 글이 쓰여 있었다.

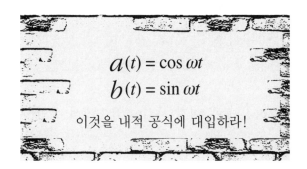

$$a(t) = \cos \omega t$$
$$b(t) = \sin \omega t$$

이것을 내적 공식에 대입하라!

내적 공식은 $\vec{A} \cdot \vec{B}$ 였다. 이렇게 대입하라는 얘긴가?

$$\cos \omega t \cdot \sin \omega t$$

나도 모르는 사이에 손에 펜을 쥐고 있었기 때문에 위와 같이 벽에 적었다.

그러자 갑작스레 내 옆에 사다리가 나타났다. 나는 바로 사다리를 타고 올라가 벽을 넘었다.

올라가 보니 또 새로운 벽이 눈앞에 나타났다. 그러나 이번의 벽은 꼭대기가 보이지 않을 만큼 높아, 도저히 사다리로는 오르는 게 불가능해 보였다. 하지만 나는 답을 내면 그곳을 빠져나갈 수 있다고 여기고 큰 걱정은 하지 않았다.

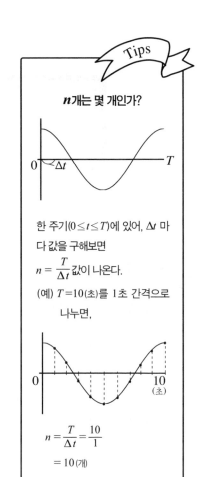

Tips

n개는 몇 개인가?

한 주기($0 \le t \le T$)에 있어, Δt 마다 값을 구해보면

$n = \dfrac{T}{\Delta t}$ 값이 나온다.

(예) $T = 10$(초)를 1초 간격으로 나누면,

$n = \dfrac{T}{\Delta t} = \dfrac{10}{1}$

$= 10$(개)

이번에는 이렇게 쓰여 있었다.

> $\cos \omega t$, $\sin \omega t$ 모두 각 파동의 성분은 무한개 있다고 하자. 이제부터 그 성분을 표에 적되, 전부 적는 것은 무리이니 그 가운데서 Δt 마다 일정한 간격으로 얻은 n개의 값을 써보라.

나는 벽에 그려진 표에 이전 푸리에 급수에서 했던 걸 떠올리며 써 넣어갔다.

t	0	Δt	$2\Delta t$		$n\Delta t$
$\cos \omega t$	$\cos 0$	$\cos \omega\Delta t$	$\cos \omega 2\Delta t$		$\cos \omega n\Delta t$
$\sin \omega t$	$\sin 0$	$\sin \omega\Delta t$	$\sin \omega 2\Delta t$		$\sin \omega n\Delta t$

칸을 다 메우자, 표의 옆에 새로운 글귀가 쓰여 있었다.

이 각각의 $\cos \omega t$ 와 $\sin \omega t$ 끼리를 곱한 뒤, 전부 더해보라.

$$(\cos 0 \cdot \sin 0) + (\cos \omega\Delta t \cdot \sin \omega\Delta t) + (\cos \omega 2\Delta t \cdot \sin \omega 2\Delta t) + \cdots$$
$$+ (\cos \omega n\Delta t \cdot \sin \omega n\Delta t)$$

답을 써넣은 나는 이것으로 벽은 사라지고 다음 단계에 갈 수 있을 거라 생각했지만, 그런 낌새는 보이지 않았다. 이만큼의 재료로는 내 적하기 충분치 않다.

그러고 보니 표에는 Δt초 간격으로 성분을 써 두었다. 지금 식으로 치면 내가 한 곱셈은 아래 그래프처럼 파동이 띄엄띄엄한 곳밖에 하지 않았던 게 된다.

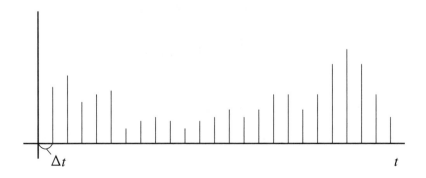

모든 파동에 대해 곱하기 위해서는 Δt를 곱해 틈을 메우면 되겠지?

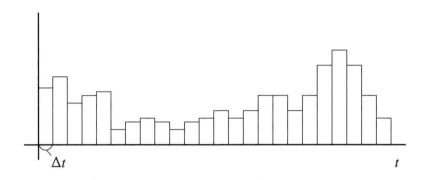

$(\cos 0 \cdot \sin 0)\,\Delta t + (\cos \omega\Delta t \cdot \sin \omega\Delta t)\,\Delta t$
$+ (\cos \omega 2\Delta t \cdot \sin \omega 2\Delta t)\,\Delta t + \cdots$
$+ (\cos \omega n\Delta t \cdot \sin \omega n\Delta t)\,\Delta t$

공식을 쓴 직후, 이 높은 벽은 굉음을 내며 무너져 내렸다.

나는 다시 길을 걸었다. 그러자 이번엔 문이 있었고, 커다랗게 다음과 같이 쓰여 있었다.

이번엔 Σ를 써서 공식을 쓰란 얘기겠지. Σ는 많은 개체를 하나하나 더해야 하는 식을 쓸 때 편리한 기호였다. 좀 전의 식을 Σ로 바꿔 쓰면 될 것이다.

$$\sum_{k=0}^{n} \left(\cos k\omega\Delta t \cdot \sin k\omega\Delta t \right) \Delta t$$

그러자 문은 열렸지만, 바로 앞에 또 다른 문이 가로막고 있었다. 이 문에는 다음과 같은 기호가 대문짝만 하게 쓰여 있었다.

파동의 모든 부분에 대해 값을 구하기 위해서는 Δt를 무한히 0에 가까이하면 된다.

$$\lim_{\Delta t \to 0} \sum_{k=0}^{n} \left(\cos k\omega\Delta t \cdot \sin k\omega\Delta t \right) \Delta t$$

금세 문은 열렸지만 눈앞에 또 다른 문이 나타났다. 거기에 써 있는 것은….

Tips

$\lim\limits_{\Delta t \to 0}$ 하면…

아기의 성장(체중 변화)은 달마다 눈이 부시나, 일주일, 하루, 한 시간, 일 분, 일 초… 하고 시간 폭을 좁혀나가다 보면 0.000001초 전과 그 바로 다음은 거의 같다고 여겨진다. Δt를 무한히 0에 가깝게 만들어 매끈한 파동을 그려보자.

아니, 이건 적분기호 아냐! 적분이라면 Δt를 무한히 작게 한 것을 곱한 뒤 모두 더하는 것이었지.

$$\int_0^T \cos \omega t \cdot \sin \omega t \, dt$$

이건 푸리에 계수에 나왔던 곱의 적분 형태다! 지금까지 벡터의 내적을 푸리에에서 어떻게 나타내느냐를 찾고 있었다. 그리고 지금

해답을 찾았다.

두 파동의 곱을 적분한다는 건 벡터의 내적을 구한다는 소리와 같았어! 또한 sin과 cos의 적분은 언제나 0이므로 이러한 공식이 만들어진다.

$$\vec{A} \cdot \vec{B} = \int_0^T \cos \omega t \cdot \sin \omega t \, dt$$
$$= 0$$

Tips

자신 이외의 파동과의 내적은 모두 0. 다시 말해 모든 파동은 서로 직교한다는 뜻이다.

사인과 코사인 벡터의 내적은 0이다!

문이 힘차게 열리고 빛으로 가득한 공간이 나를 맞았다. 그곳에는 푸리에 선생님이 환히 웃으며 기다리고 있었다.

"선생님! 정사영 벡터의 덧셈이 푸리에 급수와 같은 개념이었던 것도 놀랍지만, 내적이 적분으로 표현된다는 건 정말 생각도 못했다고요."

"놀라긴 아직 이르다네."

선생님의 말이 떨어지자 정사영 쪽에서 봤던 그래프가 공간에 그려졌다. 이번엔 수박 대신에 $f(t) = a_1 \cos \omega t + b_1 \sin \omega t$ 라는 푸리에 급수가 있었다.

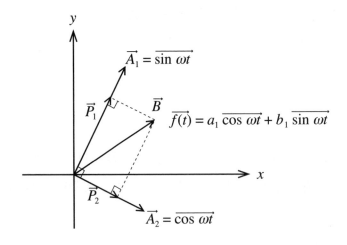

"복합 파동 $f(t)$를 벡터라 생각하고, 정사영하면 뭐가 나올까?"

정사영하면 각각의 축에 $\overrightarrow{f(t)}$ 의 성분이 나올 테니까…

"알았다! $\overrightarrow{\sin \omega t}$ 의 축에는 $b_1 \overrightarrow{\sin \omega t}$, $\overrightarrow{\cos \omega t}$ 의 축에는 $a_1 \overrightarrow{\cos \omega t}$

가 정사영된 거로군!"

"맞네. $\overrightarrow{f(t)}$ 를 정사영하면 $\overrightarrow{f(t)}$ 가 가지고 있는 성분이 나왔지. 이것

과 같은 현상이 푸리에서도 있었던 걸 기억하나?"

"푸리에 계수 말이죠!"

나는 망설임 없이 외쳤다.

"그렇지, 정사영 벡터와 푸리에 계수는 정확히 같은 것을 나타낸다

네. 벡터 $\vec{B}$ ($\overrightarrow{f(t)}$)의 $\overrightarrow{\sin \omega t}$ 로의 정사영 벡터 $\vec{P_1}$ 을 구해보면,

$$\vec{P_1} = \frac{\vec{A_1} \cdot \vec{B}}{\vec{A_1} \cdot \vec{A_1}} \vec{A_1}$$

Tips

**무한차원 벡터의 내적은
언제나 적분이 되는가?**

무한차원 벡터라고 해도
사인이나 코사인, $f(t)$ 등
의 함수를 잘게 칸을 나
눠 벡터로 만들었을 때만
$\vec{A}$ 가 $f(t)$인 벡터이고
$\vec{B}$ 가 $g(t)$인 벡터일 때
$\vec{A} \cdot \vec{B} = \int_0^T f(t) \cdot g(t) dt$
가 된다.

여기에서 내적은 $\int$ 를 써서 나타낼 수 있지.

$$\vec{P_1} = \frac{\displaystyle\int_0^T \sin \omega t \cdot f(t) dt}{\displaystyle\int_0^T \sin \omega t \cdot \sin \omega t \, dt} \vec{A_1}$$

같은 주기의 $\sin$끼리, $\cos$끼리의 한 주기분의

적분 값은 $\frac{T}{2}$ 이므로,

$$\vec{P_1} = \frac{\displaystyle\int_0^T \sin \omega t \cdot f(t) dt}{\dfrac{T}{2}} \vec{A_1}$$

$$= \frac{2}{T} \int_0^T \sin \omega t \cdot f(t) dt \, \vec{A_1}$$

$x = \dfrac{\vec{A_1} \cdot \vec{B}}{\vec{A_1} \cdot \vec{A_1}}$ 부분, 즉 $\dfrac{2}{T}\displaystyle\int_0^T \sin \omega t \cdot f(t)dt$ 가 푸리에 계수 공식과 똑같지?"

이 얼마나 놀라운가!

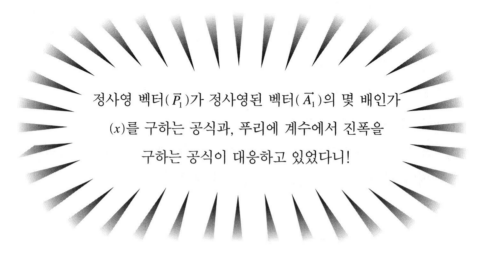

정사영 벡터($\vec{P_1}$)가 정사영된 벡터($\vec{A_1}$)의 몇 배인가
(x)를 구하는 공식과, 푸리에 계수에서 진폭을
구하는 공식이 대응하고 있었다니!

벡터와 푸리에, 화살표 같은 것과 파동이 연관되어 있을 줄 누가 알
았으랴! 양쪽 다 나타내고 있는 건 같으나 단지 다른 각도에서 보고
있을 뿐이다.

두 파동의 곱을 적분하는 것은 벡터에서 내적을 구하는 것과 같다.
파동의 성분을 구하기 위해 푸리에 계수를 사용하는 과정과 정사영 벡
터를 구하는 과정은 똑같다. 모든 정사영 벡터를 합하면 푸리에 급수
의 개념이 된다.

벡터어와 푸리에어가 나타내는 대상은 같았다!

나는 매우 행복한 기분에 젖어 있었다. 선생님에게 감사를 전하려
했더니 아무 데도 그의 모습이 보이지 않는다!

"선생님! 선생님!"

점점 의식이 멀어져 갔다.

눈을 떠보니 내 방이었다. 아무래도 《푸리에의 모험》을 읽다 잠이 들었던 모양이다. 나는 잠이 덜 깬 머리로도, 푸리에 선생님과 내가 했던 모험을 떠올리고 있었다. 꿈치고는 유독 생생했다.

문득 책상 위에 놓인 푸리에의 책에 눈이 갔다. 책은 '정사영과 직교'의 마지막 페이지가 펼쳐져 있었다. 그것을 본 나는 잠이 확 깨어버렸다. 거기에는 푸리에 선생님의 메시지가 쓰여 있었던 것이다.

다시 자네와
함께 모험을
떠날 날을
기대하겠네.

설마 하면서도 서둘러 책의 앞쪽을 넘겨봤다. 거기엔 나와 푸리에 선생님의 모험이 전부 쓰여 있는 게 아닌가!

"앞으로 또 새로운 모험이 자네를 기다린다네!"

그런 푸리에 선생님의 말이 책 너머에서 들려온 것만 같았다.

슈뢰딩거와 하이젠베르크

트래칼리Transnational College of LEX의 과제 도서로《부분과 전체》라는 책이 있다. 이 책을 쓴 W.하이젠베르크는 '양자역학'이라는 빛과 전자를 기술하는 물리학의 수식을 만든 사람으로 트래칼리 학생들에게는 익숙한 사람이다. 이 하이젠베르크와 같은 시기에 양자역학의 수식을 만들었던 사람이 놀랍게도 또 한 명 있다. 바로 슈뢰딩거라는 사람이다. 이 두 사람은 양자역학을 전혀 다른 수식으로 나타냈고, 양쪽 수식도 온전히 옳았다. 이 이야기를 듣고 푸리에에서 했던 뭔가가 떠오르지 않는가? 그렇다. 이 두 사람 중 하이젠베르크는 벡터를, 슈뢰딩거는 함수를 써서 양자역학을 나타냈다.

결국 얼마의 시간이 흐른 뒤 그 두 가지가 같은 사물을 다른 시각으로 본 방식이란 것이 증명되어서, 양쪽 다 양자역학의 올바른 기술법으로 인정받았다. 그리고 하이젠베르크는 1932년, 슈뢰딩거는 1933년에 노벨상을 받았다.

Part

3

Chapter

· · · · · · · · · ·

9

· · · · · · · · · ·

e와 i

이제껏 해온 것 중 최대의 약점은 반드시 '주기가 있는 파동'이어야만 푸리에 급수와 푸리에 계수도 통용된다는 것이었다. 그래서 이번 장에서는 '주기가 없는 파동'에도 통용되는 공식을 발견하기 위한 여행을 떠날 것이다.

그걸 위한 무기로 우선 e와 i를 손에 넣자. 이것은 매우 강력한 무기이며 다음 장에서 그 실력을 충분히 발휘할 것이다.

푸리에판 포졸 이야기

e와 i의 환술

타츠에몬 요리키龍右衛門 与力

후 리에이風 利英

미츠노신 도신光之進 同心

토베이 요리키藤兵衛 与力

코고로 도신小伍郎 同心

부교ぉ奉行

분노죠 도신文之丞 同心

오캇비키 타미조岡っ引 民造

츄고 도신忠吳 同心

해운업상의 딸 오하나ぉ花

---

1) **부교소**奉行所: 가마쿠라시대 이후의 행정과 재판 사무, 도시의 치안 등을 담당하는 곳으로 조선시대 관아에 해당된다.

2) **부교**ぉ奉行: 부교소에서 가장 높은 사람.

3) **요리키**与力: 부교에서 상관의 보좌와 사무분담을 맡는 관리.

4) **도신**同心: 요리키 휘하에서 잡무를 담당하는 포졸.

5) **오캇비키**岡っ引: 도신이 식사 등을 제공해 수사의 보조나 정보 수집을 맡기는 사람. 부교소의 정식 직원은 아니다.

6) **생쥐동자**鼠小僧: 에도시대의 이름난 도적. 의적이란 설이 있다.

"또 비가 오는군."

부교소의 안쪽 방에서, 연일 이어지는 비가 지긋지긋한 듯 부교가 중얼거렸다.

그때 갑자기 빗소리도 지워질 만큼 큰 소리를 지르며 코고로 도신이 방안에 뛰어 들어왔다.

"부교님, 큰일 났습니다! 마을에 신종수법의 도적이 나타났어요!"

부교는 그의 목소리를 나무라는 표정을 지으며 코고로 도신에게 말했다.

"또 생쥐동자라도 나타난 겐가?"

"아니오, 그런 놈이 아닙니다. 놀라지 마십시오. 글쎄, 주기가 없는 파동 동자가 나타났지 뭡니까!"

"뭣이⋯?"

1. *e*와 *i*란?

한 시간 후, 회의실에서는 회의가 한창이었다.

"제군들도 들었겠지만, 마을에 '주기 없는 파동 동자'가 나타났다. 우리는 지금까지 푸리에 급수와 푸리에 계수의 술책을 써 '복합 파동 우에몬'을 체포한 적은 있지만, 이번 도적은 완전히 새로운 놈이다."

츄고 도신이 그 말을 받아 말했다.

"하오나 부교님, 지금까지 우리는 어떠한 복합 파동이라도 풀어내지 않았사옵니까. 새로운 놈이라 한들 그리 소란 피울 필요는 없을 것입니다."

"이번엔 사정이 다르오."

타츠에몬 요리키가 큰 덩치를 흔들며 말했다.

"실은 푸리에 급수, 계수라는 것은 '주기를 가진 파동'에만 유효하다오. 그래서 그 증거를 근거로 소인이 복합 파동 우에몬을 심히 추궁한 결과, 놈의 정체는 '주기를 지닌 파동 동자'로 이번에 나타난 '주기 없는 파동 동자'의 동생임이 밝혀졌소이다."

"이 무슨! 우리는 복합 파동을 완전히 붙잡았다고 생각했는데 실은 그게 아니었군."

코고로 도신은 원통해 보였으나 타츠에몬 요리키는 자신만만했다.

"하지만 낙담할 것 없네. 주기 없는 파동 동자를 붙잡기 위한 힌트를 소인이 얻어왔다오."

"오오, 그대는 어디에서 그 정보를 손에 넣었는고?"

"네, 마을 의사인 '후 리에이'라 하는 자이옵니다. 남만에서 건 온 술법을 쓴다 하여 요즘 대단한 평판을 모으고 있습죠."

"그러한가, 그 후 리에이란 자는 나중에 만나보기로 하고 우선 그 힌트를 들려주게."

타츠에몬 요리키의 이야기는 다음과 같았다.

"주기 없는 파동 동자를 잡기 위해서는 푸리에 변환이라는 술수가 필요하옵니다."

푸리에 변환식　　　$G(f) = \displaystyle\int_{-\infty}^{\infty} f(t)e^{-i2\pi ft}dt$

푸리에 역변환식　　$f(t) = \displaystyle\int_{-\infty}^{\infty} G(f)e^{i2\pi ft}df$

"공식은 이와 같사오나, 실은 이 공식의 의미와 용법은 아직 아무도 알지 못하옵니다."

"그러면 일단 후 리에이라는 자를 데려오게."

이리하여 후 리에이가 서둘러 불려왔다. 꽤 풍채가 좋고 중후한 사람이었다.

"후 선생, 아직 아무도 푸리에 변환식과 푸리에 역변환식의 사용법은 모른다 하던데 어디 좋은 방도가 없겠소?"

부교의 태도가 묘하게 깍듯하다.

"아니오, 부교님. 이 식 안에서 저희가 모르는 것은 단 두 가지뿐이옵니다. 혹 이 식 안에 생소한 글자가 있지는 않은지요?"

코고로 도신이 외쳤다.

"옳거니, *e*와 *i*라는 두 문자를 철저히 조사하면 이 식이 무엇을 말하는지 알게 될지도 모르겠군."

후 선생은 감탄하며 말했다.

"그러하옵니다. *e*와 *i*의 두 문자를 해명하면 반드시 식을 푸는 실마리가 될 것입니다. 미력하나마 저도 주기 없는 파동 동자를 잡기 위해 조력하지요."

2. 지수함수

*e*란 도대체 무엇인가? 결정적인 단서를 토베이 요리키가 주워왔다.

"부교님, 주기 없는 파동 동자의 절도 현장에 이 같은 벽보가…"

> $y = e^x$은 미분해도 값이 변함없다.
> 어떠냐, 네깟 것들이 풀 수 있겠나.
>
> 주기 없는 파동 동자

"감히 우릴 조롱하다니, 용서 못 한다!"

혈기왕성한 츄고 도신은 불같이 화를 냈다.

"자자, 그리 성내지 마시오. 모처럼 귀중한 정보를 손에 넣었으니 침착하게 분석해봅시다."

후 선생이 참으로 차분하게 말했다. 그때 셈하는 것이 특기인 코노신 도신이 나타났다.

"코노신, 무슨 좋은 수가 없겠나?"

"네 부교님, $y = e^x$이라 했으니 $y = a^x$이란 식을 미분하는 것이 좋으리라 사료됩니다."

더위를 타는 타츠에몬 요리키가 땀을 닦으며 물었다.

"$y = ax$ 나 $y = x^a$은 안 되는가?"

"그렇소, 그럼 시험 삼아 $y = ax$ 와 $y = x^a$을 미분해봅시다. a의 값은 2로 두지요."

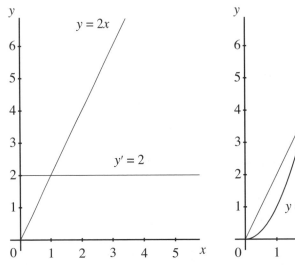

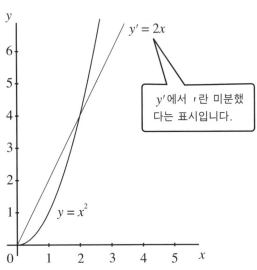

코노신 도신은 익숙한 손놀림으로 그래프를 그리기 시작했다.

"오호, $y=ax$나 $y=x^a$ 같은 경우엔 미분하더라도 원래의 그래프와 전혀 다른 형태가 되는구려."

"다음으로 $y=a^x$에서 a의 값이 2인 그래프를 그려봅시다."

코노신 도신이 말했다. 그러자 분노죠 도신이 이것을 보고 중얼거렸다.

"지수함수로구만."

그러나 후 선생은 심각한 얼굴로 이야기했다.

"이 식은 $y=ax$나 $y=x^a$처럼 간단히 미분하지는 못하겠구려."

코고로 도신이 이어 말했다.

"하지만 후 선생, $y=ax$라는 것은 항상 같은 기울기를 유지하지만 $y=a^x$은 x 값이 늘어남에 따라 기울기도 점점 늘어나외다."

츄고 도신이 무릎을 쳤다.

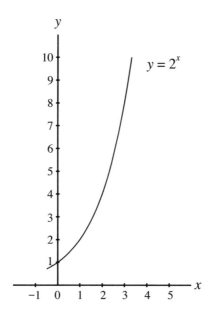

"과연! 지수함수인 곡선을 미분하면 그것도 역시 지수함수 곡선이 되는 게로군."

그때까지 잠자코 듣고 있던 부교가 천천히 일어나며 말하였다.

"그 말이 옳다! 문제는 여기 있네. 제군, 우리 부교소의 체면을 걸고라도 e의 비밀을 풀어보세나."

의욕을 불태우는 부교소 사람들이었지만 과연 무사히 e의 비밀을 풀 수 있을까?

3. 지수란 무엇인가?

그날 밤 부교는 후 선생과 안쪽 저택에서 가다랑어를 안주로 대작을 하였다. 요 며칠 계속되던 비가 그쳐 밝은 달밤이 되었다.

"부교님, 오늘 밤의 달은 유독 밝게 빛나는군요."

"달을 안주 삼아 마시는 것도 제법 좋구려."

"이 가다랑어도 대단히 맛이 좋습니다. 이처럼 훌륭한 햇것을 대체 어떻게 구하셨는지요?"

"어촌에 정성스런 자가 있다네. 매년 이 시기가 되면 꼭 보내오지."

"그렇군요."

"오늘 수사가 이만큼 진척된 것도 다 선생 덕일세, 감사드리오."

"아닙니다. 이제부터가 중요하지요."

"음, 그러고 보니 오늘 마지막에 지수함수란 말이 나왔었지. 지수란 게

대체 무엇인가?"

"네, 지수란 영어로는 exponent라 하며, 2^4에서 4와 같이 2의 어깨에 있는 작은 수를 가리킵니다. 2^4은 $2 \times 2 \times 2 \times 2$처럼 2를 4번 곱하는 것을 나타냅니다."

"그럼 5를 10번 곱할 때는 $5 \times 5 \times \cdots \times 5$라고 쓸 필요 없이, 5^{10}이라 쓰면 그만인 게로군?"

"그러하옵니다. 그럼 지수의 성질을 살펴보시죠."

지수의 성질 (1)

1. $a^m = \underbrace{a \times a \times a \times \cdots \times a}_{m번}$

2. $a^m \times a^n = a^{(m+n)}$

3. $a^m \div a^n = a^{(m-n)}$

"아시겠습니까?"

"2, 3번은 잘 모르겠구려. 어디 2번에 $2^2 \times 2^3$을 넣어볼까? $2^2 = 4$, $2^3 = 8$이니까 $2^2 \times 2^3 = 4 \times 8 = 32$가 되는군. 2^5은 $2 \times 2 \times 2 \times 2 \times 2 = 4 \times 4 \times 2 = 32$, 어허! 분명 계산은 맞는구려."

"부교님, 더 간단한 방법이 있답니다."

$$
\begin{aligned}
2^2 \times 2^3 &= (2 \times 2) \times (2 \times 2 \times 2) \\
&= \underbrace{2 \times 2 \times 2 \times 2 \times 2}_{5번} \\
&= 2^5 \\
&= 2^{(2+3)}
\end{aligned}
$$

"이 기본을 이해하면 다음의 응용도 알 수 있사옵니다."

지수의 성질 (2)

$$4. \quad a^0 = 1$$
$$5. \quad a^{-n} = \frac{1}{a^n}$$
$$6. \quad \left(a^m\right)^n = a^{mn}$$
$$7. \quad a^{\frac{1}{m}} = \sqrt[m]{a}$$

Tips

m · n에서 · 이란 ×와 같습니다.

$\sqrt[m]{a}$란 'm번 곱하면 a가 되는 수'를 나타냅니다. 평상시엔 $\sqrt[2]{a}$가 아니라, $\sqrt{a}$ 처럼 왼쪽 어깨의 숫자를 떼고 표기합니다.

"아니, a^0은 1이 되는가?"

"네, 하여 $y = a^x$인 그래프에서는 $x = 0$일 때 곡선이 반드시 $y = 1$의 지점을 지나는 것이옵니다."

"믿기 힘들지만 한번 해보지. 3번을 쓰면 되는 게지? $a^{(m-n)}$일 때 $m = n$이라면, $a^{(m-m)} = a^0$.

즉 $a^{(m-m)} = \frac{a^m}{a^m} = 1$. 참으로 $a^0 = 1$이 되는구려."

"이번엔 $a^{(-n)}$입니다. $a^{(m-n)}$을 써 보지요. $m = 0$이라 하면, $a^{(0-n)} = \frac{a^0}{a^n} = \frac{1}{a^n}$이므로 $a^{(-n)} = \frac{1}{a^n}$이 됩니다."

"6번은 $(2^2)^3$을 예로 들어보지.

$$\left(2^2\right)^3 = \left(2^2\right) \times \left(2^2\right) \times \left(2^2\right)$$
$$= (2 \times 2) \times (2 \times 2) \times (2 \times 2)$$
$$= 2^6$$
$$= 2^{2 \cdot 3}$$

오호라, 과연."

"마지막은 다소 까다로우니 제가 해보겠습니다. 우선 6번을 사용합니다.

$(a^{1/m})^m = a^{m/m} = a^1 = a$ 로, $a^{1/m} = x$의 양변을 m제곱하면 $x^m = a$
가 됩니다. 이것을 $\sqrt{\ }$ 를 이용하여 고치면, $x = \sqrt[m]{a}$ 입니다. 그리고
$x = a^{1/m} = \sqrt[m]{a}$ 가 되지요."

"신세를 졌소이다. 지수란 것이 무엇인지 잘 알았소. 그러면 내일 치
를 지수함수의 미분 건도 잘 부탁하리다."

4. $y = a^x$ 의 미분

다음 날 아침, 부교소는 심상치 않은 긴장감에 휩싸였다. $y = a^x$의
미분이 시작된 것이다.

$$y + \Delta y = a^{(x + \Delta x)}$$

"미분하려면 우선 미소한(매우 작은) 값을 더해야 합니다."

코노신 도신이 입을 열자 미분을 잊고 있던 부교소 사람들도 겨우
그것을 떠올린 듯했다.

$$\Delta y = a^{(x + \Delta x)} - y$$

"y는 a^x이므로 우변의 y를 a^x으로 바꿉니다."

$$\Delta y = a^{(x + \Delta x)} - a^x$$

"이제 $\Delta y / \Delta x$를 구합니다."

$$\frac{\Delta y}{\Delta x} = \frac{a^{(x+\Delta x)} - a^x}{\Delta x} = \frac{a^x \times a^{\Delta x} - a^x}{\Delta x}$$

$$= a^x \frac{a^{\Delta x} - 1}{\Delta x}$$

"마지막으로 극한값을 구합니다."

$$\lim_{\Delta x \to 0} \frac{\Delta y}{\Delta x} = \lim_{\Delta x \to 0} a^x \left(\frac{a^{\Delta x} - 1}{\Delta x} \right)$$

$$= a^x \lim_{\Delta x \to 0} \left(\frac{a^{\Delta x} - 1}{\Delta x} \right)$$

"다 됐습니다!"

후 선생의 말에 온 부교소 안이 들썩거렸다. 그러나 그 기쁨은 토베이 요리키의 한마디로 깨어지고 말았다.

"이것으로는 e 값을 구할 수 없소이다."

5. 로그의 등장

토베이 요리키가 말을 이었다.

"$\lim_{\Delta x \to 0} \frac{\Delta y}{\Delta x} = a^x$ 이 되게 하려면, $\lim_{\Delta x \to 0} \frac{a^{\Delta x} - 1}{\Delta x} = 1$ 이 되도록 답을 구하면 될 터이나 이 식은 $\lim_{\Delta x \to 0}$ 의 안에도 a 가 들어 있소. 그래서 a 값에 의해 $\lim_{\Delta x \to 0}$ 의 안이 바뀌고 마오."

그 대단한 후 선생도 난처한 얼굴이 되었다. 그때 문득 코고로 도신이 말했다.

"앞문이 닫혀있다면 뒷문으로 돌아가면 그만이라 사료되오."

모두 그게 무슨 의미인지 알 수 없어 입을 다물고 말았다. 부교가 물었다.

"대체 그대는 무슨 말을 하고 싶은 겐가?"

"소인이 말하고 싶은 것은 지수를 앞문이라 하면, 뒷문에 해당하는 건 무엇인가 하는 것이옵니다."

그것을 들은 분노죠 도신이 무릎을 탁 치며 말했다.

"그래, 로그의 존재를 깜박하고 있었습니다."

"무엇이? 로그란 게 무엇인가?"

"지수를 앞문이라 하면, 바로 그 뒷문에 해당하는 성질을 지니고 있는 것이 로그이옵니다."

후 선생도 말했다.

"그렇습니다. 로그란 $a^b=c$라는 식을 $b=\log_a c$라는 형태로 만드는 대단히 편리한 것이올시다."

부교도 좀 전의 불안한 얼굴은 어디로 갔는지, 그 말에 귀가 솔깃해진 듯했다. 이번엔 코노신 도신이 설명을 시작했다.

로그의 성질

1. $\log_a 1 = 0$ ⸻대응⸻→ $a^0 = 1$
2. $\log_a a = 1$ ⸻대응⸻→ $a^1 = a$
3. $\log_a(M \times N) = \log_a M + \log_a N$
4. $\log_a \dfrac{M}{N} = \log_a M - \log_a N$
5. $\log_a N^P = P \log_a N$

"$\log_a 1 = 0$이 $a^0 = 1$에, $\log_a a = 1$이 $a^1 = a$에 대응하고 있다는 건 아시겠습니까? 3번과 4번도 $a^m \times a^n = a^{(m+n)}$과 $a^m / a^n = a^{(m-n)}$에 대응하고 있습니다. 로그는 지수와 관점이 다를 뿐이지, 기본적인 성질은 완전히 같은 것이옵니다."

"5번은 이해가 좀 안 가는군."

"5번은 이렇게 설명됩니다.

$$\log_a N^p = \log_a \underbrace{(N \times N \times N \times N \times \cdots \times N)}_{P번}$$

여기에 3번을 사용합니다.

$$= \underbrace{\log_a N + \log_a N + \cdots + \log_a N}_{P번}$$

$\log_a N$이 P개 있는 것이므로, P로 묶어서

$$= P \log_a N$$

즉, $\log_a N = P \log_a N$이 됩니다."

"으흠, 로그는 이해했으니 잠시 휴식하도록 하세."

인간은 사물을 로그로 인지한다

부교소도 휴식에 들어간 듯하니, 우리도 한숨 돌리기로 하자. 어라? 부교와 후 선생이 안쪽 정원의 다실로 들어갔다. 조금 들여다볼까?

"후 선생, 차 맛이 어떠하오?"

"훌륭한 솜씨십니다."

오월 초인데도 오늘은 땀이 배어날 정도로 햇살이 따뜻하다.

"이리 더운 날에 어려운 문제를 푸는 것은 사람을 지치게 하는군요."

"그러하오. 하지만 로그라는 발상은 참으로 흥미롭구려. 밀어서 안 되면 당기라인가… 자자, 후 선생 한 잔 더 어떠오?"

"아니오, 이제 괜찮습니다. 그보다 전 의사의 입장에서 로그에 대해 이야기하고 싶은 게 있습니다."

"호오, 그게 무엇인지?"

"로그라는 것이 인간의 감각에 잘 맞는다는 것입니다."

"예를 들어?"

"음계나 밝기의 차가 좋은 예가 될 것입니다."

"음계란 '하니호헤토이로*' 따위를 말하는가?"

"네, 남만의 나라들에서는 '도레미파솔라시'라 한다 들었습니다. **도**레미파솔라시레**도**미파솔라시**도** 하고 이어질 때 이들 세 개의 '도' 사이 간격은 서로 같다고 여겨지십니까?"

"당연히 그렇지 않겠나?"

"보통은 그리 생각합니다만 각 도의 주파수를 측정해보면, 도와 도 사

---

*'도레미파솔라시'를 일본에서는 '하니호헤토이로'라고 한다.

이는 2배, 4배로 늘어가고 있습니다. 이것을 그림으로 나타내보지요."

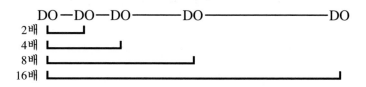

"정말이오? 뜻밖이구먼."

"그러나 이 간폭을 로그로 나타내면

$$\log_2 2 \ = 1$$
$$\log_2 4 \ = 2$$
$$\log_2 8 \ = 3$$
$$\log_2 16 = 4$$
$$\vdots \qquad \vdots$$

이렇게 표기할 수 있으므로 2배, 4배, 8배, 16배, …인 것을 1, 2, 3, 4,…
하고 같은 간격으로 잡은 것입니다. 즉 부교님께서 세 개의 '도'가 같은 간
격으로 떨어져 있다 하신 것도 로그상에서 보면 틀리지 않사옵니다."

"그러한가? 인간은 사물을 인식할 때, 로그적인 관점을 가지는구려. 그
밖에 또 이런 예가 있는가?"

"밝기의 경우도 그러합니다. 그리고 제 벗이 내세우는 새로운 설이 있
는데, 아기가 말을 하게 되는 과정도 실은 로그를 써서 깔끔하게 나타낼
수 있다 하더군요."

"허어, 아기가? 유쾌한 주장이로군. 로그가 이처럼 흥미 깊은 존재일 줄
이야. 즐거운 이야기 감사하오. 마지막으로 한 잔 더 어떠신가?"

"감사합니다."

휴식 시간이 끝나 부교소는 다시 활기를 되찾았다.

"제군, 지금 즉시 로그를 사용한 $y = a^x$의 미분을 시작하라."

로그의 개념을 이해한 부교가 들떠 말했다.

6. $x = \log_a y$ 의 미분

"$y = a^x$을 로그로 고치면 어찌되겠소?"

코노신 도신이 말했다. 그러자 그때까지 멍하니 있던 분노죠 도신이 갑자기 일어나 "$x = \log_a y$" 하고 대답했다.

"그 말이 맞소. 그러면 아까 $y = a^x$을 미분했을 때처럼 $x = \log_a y$의 미분을 해보십시다."

코노신 도신의 말이 끝나기 무섭게 후 선생은 계산을 시작했다.

$$
\begin{aligned}
x + \Delta x &= \log_a\left(y + \Delta y\right) \\
\Delta x &= \log_a\left(y + \Delta y\right) - x \\
&= \log_a\left(y + \Delta y\right) - \log_a y \\
&= \log_a\left(\frac{y + \Delta y}{y}\right) \\
&= \log_a\left(1 + \frac{\Delta y}{y}\right)
\end{aligned}
$$

"어허, 왜 이런 분수 형상이 되는 겝니까?"

츄고 도신이 얼굴을 찌푸리며 후 선생에게 물었다.

"로그의 성질 4번을 써보면 알게 되리다."

선생은 조금도 당황하지 않고 대답했다.

$$\frac{\Delta x}{\Delta y} = \frac{1}{\Delta y} \log_a\left(1 + \frac{\Delta y}{y}\right)$$

"좀 더 깔끔한 형태로 바꿔보지요."

$$\frac{\Delta x}{\Delta y} = \frac{y}{y} \times \frac{1}{\Delta y} \log_a\left(1 + \frac{\Delta y}{y}\right)$$

"왜 y/y를 곱하는 것입니까?"

코고로 도신의 물음에 코노신 도신이 대답한다.

"식을 변형하기 위해 붙이는 것이오. y/y는 1이기 때문에 식에 곱해도 영향은 없소이다."

$$\frac{\Delta x}{\Delta y} = \frac{1}{y} \times \frac{y}{\Delta y} \log_a\left(1 + \frac{\Delta y}{y}\right)$$
$$= \frac{1}{y} \log_a\left(1 + \frac{\Delta y}{y}\right)^{\frac{y}{\Delta y}}$$

"오오, 로그의 성질 5번을 사용한 게로군, 그렇지 않나?"

"네, 부교님. 잘 알아차리셨습니다. 그럼 극한을 구해보지요."

$$\lim_{\Delta y \to 0} \frac{\Delta x}{\Delta y} = \lim_{\Delta y \to 0} \frac{1}{y} \log_a\left(1 + \frac{\Delta y}{y}\right)^{\frac{y}{\Delta y}}$$
$$= \frac{1}{y} \log_a\left\{ \lim_{\Delta y \to 0} \left(1 + \frac{\Delta y}{y}\right)^{\frac{y}{\Delta y}} \right\}$$
$$\underbrace{\qquad\qquad}_{A}$$

알아보기 쉽도록 $\lim_{\Delta y \to 0}$가 있는 부분은 A로 치환합니다.

후 선생이 고개를 들었다.

"변형이 끝났소이다."

$$\frac{dx}{dy} = \frac{1}{y} \log_a A$$

"이제 다 된 것이오?"

타츠에몬 요리키가 커다란 몸을 내밀며 말했다. 후 선생은 약간 난감한 표정으로 대답했다.

"아니오, 여기까지 푼 것은 좋으나 이 수식은 $\frac{dx}{dy}$ 의 식입니다. 우리가 구하려는 건 $\frac{dy}{dx}$ 이라…"

그러자 산술이 특기인 코노신 도신이 자신만만하게 말했다.

"그쯤이야 쉬운 일이올시다. $\frac{dx}{dy}$ 를 $\frac{dy}{dx}$ 로 바꾸면 되오."

"오오, 그런 일이 가능한가? 어서 해보시게."

성미 급한 타츠에몬 요리키는 흥미진진한 모양이다. 그러자, 후 선생이 술술 식을 써나간다.

"자, 보시다시피 $\frac{dy}{dx} = \frac{1}{\frac{dx}{dy}}$ 입니다. 순식간에 나왔군요."

"정말 이거면 되는가?"

다들 반신반의한다.

"그럼 시험 삼아 $\frac{2}{3}$ 를 넣어보지요.

$$\frac{1}{\frac{2}{3}} = 1 \div \frac{2}{3} = 1 \times \frac{3}{2} = \frac{3}{2}$$

"정말이군요. 그럼 실제로 계산해봅시다."

> **Tips**
>
> 이건 변칙적인 방법이라 언제나 통용되는 것은 아닙니다.

$$\frac{dx}{dy} = \frac{1}{y} \log_a A$$

$$\frac{dy}{dx} = \frac{1}{\dfrac{dx}{dy}}$$

$$= \frac{1}{\dfrac{1}{y} \log_a A}$$

$$= \frac{y}{\log_a A}$$

$$= \frac{a^x}{\log_a A}$$

$y = a^x$이므로 y를 a^x으로 치환한 것입니다.

"그럼 부교님께 여쭙겠습니다. $\frac{dy}{dx} = a^x$, 즉 미분하더라도 a^x인 채로 두려면 어찌해야 할까요?"

"흠흠, 그리 갑작스레 물으면 난처하네만… 오오 그렇지, $\log_a A = 1$이라면 괜찮지 않겠나?

$$\frac{dy}{dx} = \frac{a^x}{\log_a A}$$

$$= \frac{a^x}{1}$$

$$= a^x \qquad \text{어떤가?}"$$

"과연 부교님, 명답이옵니다."

"와하하하, 나도 이만하면 쓸만하지 않나."

코노신 도신이 해설을 해주었다.

"$\log_a A = 1$이라는 것은 a를 1제곱한다는 뜻이니, a는 바로 A가 됩니다. 실은 이 A야말로 'e'인 것입니다."

드디어 여기까지 도착했다. 이제부터는 실제로 e의 값에 가까이 가보자.

7. $A = \lim_{\Delta y \to 0} \left(1 + \dfrac{\Delta y}{y}\right)^{\frac{y}{\Delta y}}$ 을 찾다

자, 슬슬 대단원이다. 코노신 도신이 모두를 둘러보며 말했다.

"자, *A*를 찾으러 갑시다. 우선은 계산하기 쉽도록 변형할 필요가 있겠구려."

코고로 도신이 제안했다.

"$\dfrac{\Delta y}{y}$ 를 *t* 로 치환하는 게 어떻소?"

Tips

*A*의 *t*에 0을 대입할 수는 없습니다.
0을 넣으면 $\frac{1}{t}$ 은 $\frac{1}{0}$ 로 값을 정하지 못하는 수가 되어, 계산할 수 없기 때문입니다.

$$A = \lim_{t \to 0} (1 + t)^{\frac{1}{t}}$$

"과연 이거라면 보기 좋구려. 그러면 실제로 값을 넣어 그래프를 그려보십시다."

t	$(1 + t)^{1/t}$
-1	∞
0	- - -
1	2.000
2	1.732
3	1.587
4	1.495

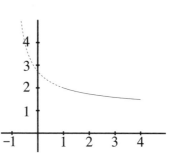

"이래서는 자세한 내용을 알 수가 없군. *t*→0을 취하는 것이니 좀 더 자잘하게 소수점 이하의 눈금도 취하는 게 어떤가?"

분노죠 도신이 말했다.

t	$(1 + t)^{1/t}$
−0.5	4.00000
−0.1	2.86797
0	− − − − −
0.1	2.59374
0.5	2.25000

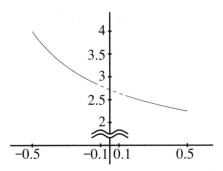

"이후로는 정확한 그래프를 그릴 수 없으니까 숫자로 행방을 쫓읍시다."

그렇게 말하며 코노신 도신은 아래의 표를 만들었다.

t	$(1 + t)^{1/t}$
−0.01	2.73200
−0.001	2.71964
−0.0001	2.71842
−0.00001	2.71830
0	− − − − −
0.00001	2.71827
0.0001	2.71815
0.001	2.71692
0.01	2.70481

츄고 도신이 이 표를 보고 외쳤다.

"t가 0에 가까워질수록 A의 값은 2.718…이라는 수에 수렴하는구려."

"틀림없소. 이 2.718…이라는 수야말로 'e'인 게로군."

코노신 도신도 감개무량한 마음을 감추지 못한다. 부교가 일어서며 말했다.

"드디어 풀었는가? 잘해주었네! 제군. 이제 '주기 없는 파동 동자'를 붙잡기 위한 단서를 하나 얻었구려."

"만세!"

드디어 *e*를 구해낸 부교소 사람들이 무척 흥분한 와중이지만, 우리는 여기서 잠시 현대로 돌아오자.

요즘 시대에서 *e*의 값은 컴퓨터에 의해 소수점 아래 몇만 자리까지 구할 수 있다. *e*라는 값은 2.71828182…로 보다시피 영원히 끝나지 않는 수인 것이다.

그건 그렇고, 낮 동안은 그렇게 더웠는데 해가 떨어지자 아주 선선해졌다. 다들 퇴근한 부교소는 고요했고, 다만 정원의 대나무 대롱에서 맺혔다 떨어지는 물방울 소리가 들릴 뿐이었다.

손님방에서는 부교와 후 선생이 조용히 술잔을 기울이고 있다.

"부교님, 아무튼 *e*의 비밀은 풀었군요."

"음, 우리 부교소 사람들도 크게 힘써주었소이다. 그러나 아직 끝이 아니외다."

"네, 아직 *i*가 남아 있사옵니다."

"오늘은 너무 많은 일이 있어서 머릿속이 정리가 되지 않는구려. 선생, 대신 정리해주지 않겠소?"

"네, 다음 표를 봐주십시오."

y = aˣ의 미분

410쪽에서 y = aˣ일 때,

$$\frac{dy}{dx} = \frac{a^x}{\log_a A}$$

A = e이므로

$$\frac{dy}{dx} = \frac{a^x}{\log_a e}$$

그리고

$$\frac{a^x}{\log_a e} = \log_e a \times a^x$$

$$\left(\begin{array}{c} 왜냐하면 \\[1mm] \dfrac{1}{\log_a e} = b \\[1mm] 1 = b \log_a e \\[1mm] 1 = \log_a e^b \\[1mm] a^1 = e^b, \\[1mm] b = \log_e a \\[1mm] \therefore \dfrac{1}{\log_a e} = \log_e a \end{array}\right)$$

이것은 y = aˣ의 미분의 일반적인 공식이다.

$$\frac{dy}{dx} = \log_e a \times a^x$$

a = e, y = e^x 이면

$$\frac{dy}{dx} = \left(e^x\right)'$$

$$= \log_e e \times e^x$$

$$= e^x$$

(∵ $\log_e e = 1$)

그러므로 $\left(e^x\right)' = e^x$

$$e = \lim_{t \to 0} (1 + t)^{\frac{1}{t}} = 2.71828182\cdots$$

$$\left(e^x\right)' = e^x$$

지수 : $\underbrace{a \times a \times a \times a \times \cdots \times a}_{m개} = a^m$

로그 : $a^b = c$일 때, $b = \log_a c$

"어쨌든 축하할 일일세. 후 선생, 오늘 밤은 실컷 마십시다."

"예, 내일부터는 i 의 수사에 착수해야 할 테니까요."

"맞는 말이오, 와하핫!"

8. 계속되는 수의 여정

다음 날, 아침식사를 마친 부교가 독서를 하고 있던 차에 또다시 코고로 도신이 뛰어 들어왔다.

"부교님, 큰일 났습니다. 어젯밤에 또 주기 없는 파동 동자가 나타났습니다!"

"그리 소란 떨지 않아도 잘 들리네. 장소는 어딘가?"

"네, 모퉁이 덮밥집입니다."

"덮밥집이라면 우리 부교소의 코앞이 아니냐!

대체 뭘 하고 있던 게야?"

"송구하옵니다. 그런데 기묘하게도 도적놈은 아무것도 훔쳐가지 않았습니다."

"그럴 테지. 상인의 집이라면 모를까, 덮밥집에 훔칠 만한 물건이 뭐가 있겠나."

"대신 이러한 종이가 한 장 떨어져 있었습니다."

용케 *e*를 풀었군. 하지만 그것만으로는 나를 잡지 못해.
『Bonne chance quand même!』

주기 없는 파동 동자

"으음, 이런 소리를 하게 놔뒀다간 부교소의 이름이 더럽혀지지. 무슨 수를 써서라도 *i*를 풀어야 하네. 당장 전원 집합시키게."

"분부대로 하겠습니다!"

회의실에는 곧 부교소의 요리키와 도신, 오캇비키가 소집되었다.

"다들 이 종이를 보았는가? 참으로 부교소의 체면이 말이 아닐세. 반드시 수수께끼를 풀어야 해. 그런데 여기 쓰여진 꼬부랑글씨 말인데, 뭐라고 쓰여 있는지 아는 자는 없는가?"

"혹시 이 요상한 이국의 문자는 *e*를 찾았을 때처럼 *i*를 풀기 위한 단서가 아닐런지요?"

토베이 요리키의 말에 다들 화색을 띠었다.

"이 뜻을 알면 다 푼 거나 진배없소. 이번 비밀은 의외로 쉽게 끝날지도 모르겠군."

타츠에몬 도신은 벌써 수수께끼를 푼 기분이 드나 보다. 이때 후 선생이 나타났다.

"오오, 후 선생 이걸 봐주시오."

종이를 보자마자 후 선생은 망설임 없이 말했다.

"이건 불란서 말이로군요. 남만의 언어이옵니다."

토베이 요리키는 수상하기 짝이 없다는 얼굴로 물었다.

"선생님은 어떻게 남만의 말마저 정통하신 겝니까?"

"나가사키*에 있었거든요."

후 선생은 짧게 대답할 뿐이었다. 그리고 좀 더 추궁하려는 토베이 요리키의 말을 가로막듯이 말했다.

"이 문자는 '힘내보시게'란 뜻이로군요."

"뭐야, 건방진 놈 같으니!"

츄고 도신은 화가 나 펄펄 뛰었다.

"다들 잘 듣게나. 이번엔 전혀 실마리가 없소. 그러니 마을 안을 샅샅이 훑으며 단서를 찾기로 합시다. 어서들 준비하게."

토베이 요리키가 지시하자 모두 마을을 향해 흩어졌다.

9. 0의 발견

코고로 도신과 오캇비키인 타미조는 남쪽 구역을 돌아보기로 했다.

"타미조, 나는 i 란 놈은 지금까지 없었던 숫자일 거라 생각하네."

---

* 나가사키長崎: 에도시대 국제무역항이 있던 지방선시대 관아에 해당한다.

"허어, 그런 것일까요."

타미조의 대답이 영 신통찮다.

두 사람은 어느 포목점에 들어갔다.

"주인장, 잘 지내나?"

"어이쿠, 뉘신가 했더니 코고로 어르신과 타미조 나리 아니십니까."

"경기는 좀 어떻소?"

"너무 좋아 곤란할 지경이죠."

"그게 무슨 소린가?"

"요즘 물건이 잘 팔리다 보니 매진되는 품목이 많습니다. 그때마다 물건이 '없다'는 걸 표시할 만한 숫자가 없어 곤란하답니다. 예를 들어, 물건 8개 중에 5개가 팔렸다면 8−5＝3개로 표시하면 되나 8−8＝? 이것은 어찌 표현해야 될지⋯."

"하하하, 그거 큰일이로군. 좋은 걸 가르쳐 주지. '없다'라는 말을 수학에서는 '0(영)'이라고 표기하네. 오랜 옛날 천축에서 흘러들어온 숫자이지."

"그렇습니까? 감사합니다, 어르신."

가게를 나온 후 타미조가 코고로 도신에게 말했다.

"없다라는 말을 수학으로 나타낼 수 있었군요."

"먼 옛날, 인간은 사물을 세기 위해 숫자를 생각해냈지. 평상시 쓰는 숫자들을 말일세. 이걸 수직선상에서 생각하면 다음 그림과 같다네. '자연수'라 하지."

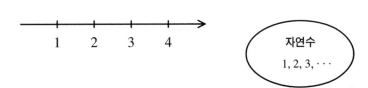

"그럼 0은 어디입니까요?"

"재촉 말게나. 0에 생각이 미친 덕분에 인간이 갖는 숫자의 세계는 넓어졌지."

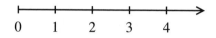

10. 정수

다음에 두 사람은 해운업상을 찾았다.

"주인장 있나?"

그러자 감독관이 맞으며 말했다.

"지금 주인어른은 출타 중이십니다만. 어라, 코고로 님이셨군요. 이거 실패했습니다."

"오, 감독관! 장사는 잘 되시나?"

"그것이…"

"그것이?"

"요즘 운송이 부진하다 보니 우리도 빚을 져서요. 더 난처한 건 장부를 적을 때 그 대금을 표시할 숫자가 없다는 것이지요."

"무슨 소린가?"

"네. 수입이 백 냥에, 아흔 냥을 썼다고 하면 $100-90=10$으로 순수익은 열 냥이 됩니다. 그런데 만약 백 냥의 지출로는 부족해 서른 냥을 꾸어, 총 백삼십 냥을 썼다고 하면 $100-130=?$, 이 빌린 서른 냥을 기록할 방도가 없어 불편하기 짝이 없습니다."

"그랬군. 좋은 걸 가르쳐 주지. 이럴 때는 '−(마이너스)'를 붙이면 되네. '-'란 얼마나 부족한지를 나타내는 기호거든."

"100-130=-30이 되는 겁니까? 큰 신세를 졌습니다, 코고로 님. 이건 시골에서 오늘 도착한 다시마인데, 부디 여러분과 함께 들어주세요."

"오오, 항상 미안하군."

다시 가게를 나선 뒤에 타미조가 코고로 도신에게 물었다.

"-(마이너스)를 얻고 나서, 인간이 갖는 수의 세계는 어떻게 넓어졌습니까요?"

"음, 0과 - 그리고 아까의 자연수를 더한 것을 '정수'라 한다네."

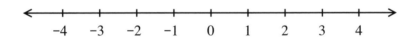

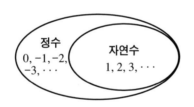

11. 분수와 소수

그리고 두 사람은 강둑을 걸어 내려오다 해운업상의 딸인 오하나를 만났다. 타미조와 구면인 듯하다.

"아니, 오하나잖아. 잘 있었어?"

"어머 나리, 저는 지금 우울하답니다."

"거 별일이네."

"실은 제가 보이프렌드에게 선물을 줄 생각이었어요. 선물을 열 개나 준비했다고요."

"뭐라? 보오이가 어째? 양놈 말로 하면 어찌 알아듣나."

"참, 보이프렌드는 남자친구란 뜻이에요."

"호, 그렇군."

"그래서 말이죠. 준비한 선물은 10개인데, 막상 주려고 보니 지금 남자친구가 4명인 거예요. 한 명당 2개씩 준다 해도 2개가 남잖아요?"

"제기랄, 고민이란 게 그거야? 거 고민 한번 사치스럽구먼."

"오하나라 했지."

코고로 도신에게 어떤 명안이 있는 것 같다.

"10을 4로 나누면 되지 않나?"

"네에? 어떻게요? 10÷5나 8÷4라면 모를까…"

"실은 옛날 사람들도 같은 문제로 고민한 듯해. 이런 경우에 쓰는 숫자를 생각해냈거든."

"꼭 가르쳐주세요, 나리."

"10÷4는 $\frac{10}{4}$이라는 식으로 나타낸다네. 이것을 '분수'라 하지. 가령 하나의 양갱을 셋으로 나누면 $1÷3 = \frac{1}{3}$, 즉 한 명당 $\frac{1}{3}$개의 양갱을 먹게 된다는 얘길세."

"와아, 굉장해. 4명의 남자친구에게는 각자 $\frac{10}{4}$개씩 선물을 나눠주면 되겠구나."

"하지만 나리, $\frac{1}{3}$개라면 대강 감이 옵니다만 $\frac{10}{4}$개 어쩌구 하니 저는 못 알아듣겠는데요."

"음, 그럴 때는 '소수'란 숫자로 만들면 되네."

"그 말씀은?"

"10÷4를 계산해보게. 분수는 쓰지 말고."

"몫은 2에 나머지가 2입죠."

"그 나머지 2도 4로 나눠보게."

"네에? 2가 4의 절반이란 건 압니다만, 분수를 써야 구할 수 있습니다요."

"2÷4는 0.5라고 나타낸다네. 그렇게 소수점이란 것을 붙여 1 미만의 작은 수를 나타낸 것을 소수라 하는 게지."

"그럼 10÷4＝2.5로군요. 그렇구나, 한 사람에 2개와 절반의 선물을 주면 돼. 고마워요."

"저 애 정말로 선물 하나를 반으로 나눠 남자친구에게 줄 작정일까요?"

"글쎄. 이만 부교소로 돌아가세나."

"예이."

돌아가는 길에 타미조는 정수보다 넓어진 수의 범위에 대해 물었다.

"지금 분수와 소수가 더해져 어떻게 되었다고 생각하나?"

"아까의 수직선에 붙어 있던 눈금과 눈금 사이의 좁은 곳까지 볼 수 있게 되었지요."

"그 말이 맞네."

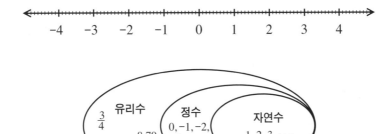

"이것들을 모두 합쳐 '유리수'라 하지."

"이렇게 보니 숫자의 세계도 꽤 넓어졌다는 것이 실감이 납니다요."

"더 넓어질지도 모르겠군. 내가 아는 건 이다음 단계까지지만."

"엥, 아직 더 있습니까요?"

"어제 지수를 배운 건 기억하는가?"

"예, $2 \times 2 \times 2 = 2^3$이란 놈 말이죠."

"그렇네, 그럼 2^2이란 무엇과 무엇을 곱하고 있지?"

"당연히 2입죠."

"음, 그러면 2란 무엇과 무엇을 곱해 나온 수인지 알 수 있겠나?"

"엥? $\frac{1}{2}$ 아닙니까요?"

"아니지. $\frac{1}{2} \times \frac{1}{2} = \frac{1}{4}$ 이라네."

"어이쿠, 그럼 모릅니다요."

"답은 $\pm\sqrt{2}$ (루트2라 읽는다)라는 수일세."

"그럼 $\sqrt{10} \times \sqrt{10} = 10$ 입니까요?"

"오오, 아주 잘 만들었구먼. 맞네. 그와 같이 3번 곱해 10이 되는 수는 $\sqrt[3]{10}$ 이라고 표기하지. 보통 $\sqrt[2]{}$ 일 때는 $\sqrt{}$ 처럼 숫자가 붙지 않고, 그 외에는 $\sqrt[3]{5}$ 나 $\sqrt[5]{2}$ 와 같이 왼쪽 어깨에 수를 붙여 나타낸다네."

"별 신기한 수가 다 있군요."

"이와 같이 분수로 나타낼 수 없는 수를 '무리수'라 하지. 그리고 무리수와 유리수를 합쳐 '실수'라 하고."

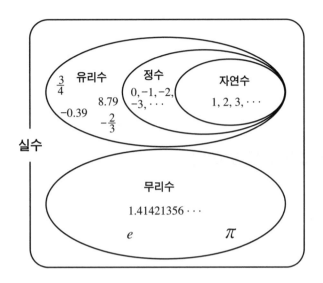

"*e*나 *π*도 무리수였습니까? 그러면 실수란 실제로 있는 수를 말하는 겁니까요?"

"으음, 실수라… 확실히 실수가 있다면 그것에 대응하는 수가 있어도 좋을 터인데."

그러던 중에 두 사람은 부교소로 돌아왔다.

"자네들 둘은 어땠나?"

보고하러 간 두 사람에게 부교가 물었다.

"숫자란 놈도 우리에게 필요하다면 머리를 짜내서 만들어가는 것이었습죠. 소인은 그 점이 가장 재미있었습니다요."

"그렇군. 인간이란 막상 곤란해져야 머리를 짜서 문제를 해결해나가는 족속이지."

부교의 말을 듣고 코고로 도신은 크게 고개를 끄덕였다.

"소생은 이러한 숫자의 형성과정을 보고, 한자도 이와 같이 형성되었다는 걸 떠올렸습니다."

"음, 두 사람 다 오늘은 좋은 체험을 했구려. 수고 많았소. 물러가서 쉬게나."

"넷."

12. i의 비밀을 밝히다

두 사람이 휴게소로 돌아가자 그곳에는 토베이 요리키와 코노신 도신이 쉬고 있었다. 토베이 요리키가 화로에 올린 주전자에서 끓는 물을 따르며 말했다.

"여어, 코고로와 타미조 왔는가, 어떠했나? 자, 차라도 한잔 하시게."

"네, 소생 타미조와 이야기하다 재미있는 일을 깨달았소이다."

"재미있는 일?"

"실수라는 것이 있으면, 그것에 반대되는 수가 있는 것이 균형이 맞지 않겠나 하는 생각을 했다오."

"과연, '실'에 대한 '허'의 존재가 있을 것이라는 말이로군."

타미조가 문득 중얼거렸다.

"아까 루트의 설명을 듣고 생각한 것입니다만, 루트에서 -1은 어찌 표현합니까요?"

"무엇이, -1?"

그 말에 다들 당황했다. 1이라면 $\sqrt{1}$로 나타낼 수 있지만 -1이라면 …. 그때 후 선생이 찾아왔다.

"여러분, i를 알아냈습니다."

토베이 요리키가 말했다.

"혹시 그건 $\sqrt{-1}$이 아닌지?"

"이야, 놀랍군요. 말씀하신 대로입니다. $\sqrt{}$ 안의 숫자는 $\sqrt{}$ 를 두 번 곱하면 얻는 값을 나타내니 −1은 결코 집어넣을 수 없지요. 그러면 차라리 제곱하면 −1이 되는 *i*란 숫자가 있다고 정해버리면 되는 일이지요."

"과연 $i^2 = -1$이란 얘기로군요."

토베이 요리키는 계속해서 물었다.

"후 선생께선 어떻게 *i*의 비밀을 풀게 되신 겜니까?"

"네, 실은 남만에서 건너온 수학책에서 우연히 *i*를 발견했답니다."

"*i*란 어떤 의미요?"

분노죠 도신이 물었다.

"이 *i*란 imaginary number(허수)의 줄임말로 '상상 속의 숫자'를 나타냅니다."

"과연, *i*란 인간이 상상으로 만들어낸 숫자인 게로군."

때마침 부교가 들어왔다.

"*i*가 풀렸다 들었소."

"네, 제곱하면 −1이 되는 신비한 숫자이옵니다."

분노죠 도신이 기쁜 듯이 대답했다.

"*i*는 이대로 바로 쓸 수 있는가?"

코노신 도신이 대답했다.

"아니오, 이것을 평면의 개념으로 확장하면 아마 잘 되지 싶사옵니다."

어느새 들어온 타츠에몬 요리키가 "평면이란 게 무어요" 하고 물었다.

"그러면 실수축을 따라 부호를 바꾸는 것이 대체 어떠한 것인지 생각해보십시오."

코노신 도신은 이렇게 말하며 수직선을 추려냈다.

"−1을 +2에 곱하면 −2가 되네만."

부교의 그 말에 후 선생이 무릎을 쳤다.

"과연, −1을 곱한다는 것을 아래의 표처럼 생각하는 건가."

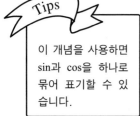

이 개념을 사용하면 sin과 cos을 하나로 묶어 표기할 수 있습니다.

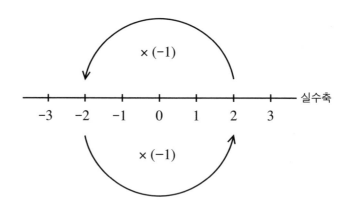

$i^2 = i \times i = -1$

i를 2번 곱하면 −1로 180° 회전이 된다. 그러므로 i를 한 번 곱하면 90° 회전에 대응한다.

분노죠 도신도 어느새 들어와 말했다.

"−1을 곱한다는 것을 0을 중심으로 180° 회전하는 행동으로 여기는 거로군."

타츠에몬 요리키가 말했다.

"i를 곱한다는 건, 결국 0을 중심으로 90° 회전하는 것이라 할 수 있겠나?"

코노신 도신이 대답했다.

"그렇소이다. 그를 위해서는 수평축(실수축) 외에, 수직축(허수축)을 만들면 되는 것입니다.

복소평면(가우스 평면)

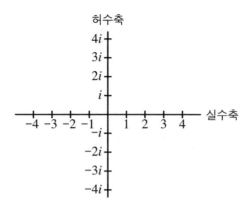

"이것을 복소평면, 혹은 가우스 평면이라 한다 합니다."

후 선생이 말했다.

"예컨대 이 평면을 이용하면 아래 그림처럼 실수와 허수같이 전혀 성질이 다른 것이라도 하나로 묶어 나타낼 수 있사옵니다."

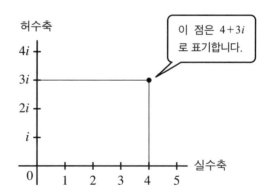

부교가 말했다.

"그러면 우리가 평소 사용하는 것 중 예를 들면, 100이라는 숫자는 이 평면에서는 $100+0i$로 나타낼 수 있는 게로군."

코고로 도신은 감격에 겨운 얼굴로 말했다.

"이 허수의 도입으로 숫자의 세계가 완성된 것이로군요."

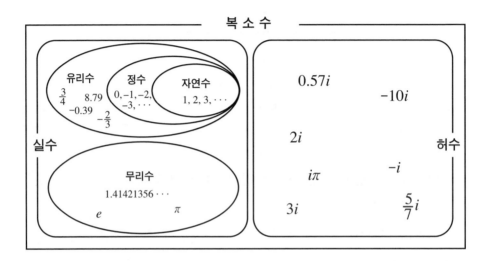

타미조가 말했다.

"허수와 실수를 합쳐서 복소수라 하는 겁니까요? 이거 놀랍구면."

"현재 우리가 알고 있는 수는, 모두 이 테두리 안에 정리되어 있는 게로군" 하고 부교도 놀라움을 감추지 못한다.

그러자 문지기가, "쪽지가 날아들어 왔습니다" 하고 말하며 한 통의 편지를 가져왔다. 그 자리에서 편지를 뜯어보니,

> 용케 *i*를 풀었군. 칭찬해주마.
>
> *i*란 분명히 제곱하면 −1이 되는 수이다.
>
> 주기 없는 파동 동자

토베이 요리키가 책상을 두들기며 고함을 쳤다.

"칭찬해주마, 라니 벌써 몇 번째의 모욕인가. 용서 못 한다."

"맞는 말일세. 이러한 쪽지를 쓴다는 것부터 가까이 있다는 증거이외다. 다 함께 뒤져 놈을 체포해야 하오."

평소엔 조용한 분노죠 도신마저 화가 나 있다. 그러나 그것을 말리며 부교가 말했다.

"다들 잘 듣게. 소란 피워선 아니되느니. 우리는 중대한 두 실마리를 얻었다. 바로 다음과 같은."

$$e = \lim_{t \to 0} (1 + t)^{\frac{1}{t}} = 2.71828182 \cdots$$
$$i^2 = -1$$

"우리는 아직 긴 여정의 첫걸음을 뗀 것에 불과하네. *e*와 *i*란 그저 단서에 지나지 않아. 어떻게 해서든 이 비밀을 풀어보세나. 다들 여기서 소란 피우는 게 아니라, 나와 함께 이 수수께끼를 풀어줄 테지?"

"넵, 저희는 설령 불속이건 물속이건 부교님을 따를 것이옵니다."

타츠에몬 요리키의 말에 모두 고개를 크게 주억거렸다.

"멋진 부하들을 데리고 계시군요. 저들이라면 반드시 주기 없는 파동 동자를 붙잡을 수 있을 겁니다."

해가 저물어 컴컴해진 부교소의 정원에서 부교와 후 선생은 돌에 걸터앉아 이야기를 하고 있었다.

"음, 선생의 협력이 없었다면 도저히 여기까지 해내지 못했을 걸세. 진정으로 감사드리오."

"아닙니다. 여러분의 그 열정을 보면 제가 있으나 없으나 결과는 같았을 것입니다."

멀리서 천둥소리가 우르릉 들렸다.

"이런, 비가 내리는군요."

"안으로 드시오. 후 선생, 빗소리를 안주 삼아 한잔 어떠신가."

"네. 함께 하겠습니다."

부교소의 정원에는 앞으로의 밝음을 암시라도 하듯이, 진달래가 비에 젖으며 화사하게 꽃을 틔우고 있었다.

Chapter

· · · · · · · · · ·

10

· · · · · · · · · ·

오일러 공식

이번 장에서는 제2의 무기 '오일러 공식'이 손에 들어올 것이다. 이것을 손에 넣으면 앞 장에서 얻은 e와 i를 사용하여 사인과 코사인을 새롭게 기술할 수 있게 된다.

리처드 파인먼 선생님도 '보석'이라 극찬했던 오일러의 공식이란 무엇인가?

1. e와 i의 응용

1.1 가우스 평면에 i를 사용해 수를 표시하기

그러면 우선 'i'란 어떤 수인지, 전 장에서 등장했던 가우스 평면을 바탕으로 되새겨보자.

가우스 평면이란 수직축에 허수, 수평축에 실수를 가진 평면이었다. 그 생김새는 아래와 같다.

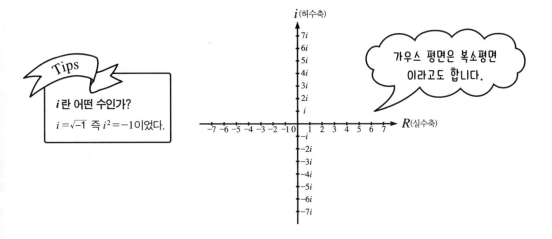

다양한 수를 이 가우스 평면에 표시해보자.

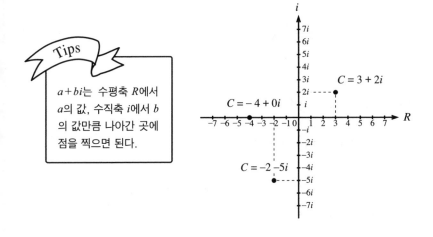

$C = a + bi$ 라는 형태를 써서 가우스 평면 위
에 다양한 숫자를 표시할 수 있다.

a를 실수부,
b를 허수부라 합니다.

1.2 함수를 이용해 가우스 평면에 그래프 그리기

이번에는 가우스 평면과 $C = a + bi$를 이용해 좀 더 재미난 것을 생각해보자.

$C = a + bi$의 a와 b가 각자 x라는 수에 의해 결정되는 수, 이른바 x의 함수였다면 가우스 평면상에서 어떤 값으로 나타날까?

a와 b가 x라는 수에 의해 결정된다면 a와 b는 x의 함수라 할 수 있다. x에 의해 정해지는 함수를 우리는 $f(x)$로 표기했다. 하지만 지금은 표현해야 할 함수가 a, b 두 개다. 여기에 $f(x)$를 그대로 적용하면 혼동이 올 테니 a를 함수 $a(x)$, b를 함수 $b(x)$로 두자.

$$a = a(x)$$
$$b = b(x)$$

즉 원래의 형식 $C = a + bi$는 이렇게 된다.

$$C(x) = a(x) + b(x)i$$

그러면 이 $a(x)$, $b(x)$에 각각 식을 대입하자. $a(x)$에는 x라는 식, $b(x)$에는 $1/x$이라는 식을 대입해본다.

$$a(x) = x$$
$$b(x) = \frac{1}{x}$$

그러므로 $\quad C(x) = a(x) + b(x)i$
$$= x + \frac{1}{x}i$$

이것을 가우스 평면상에서 고찰해보고 싶다. 그래서 우선 각각의 값
들을 조사해 표로 만들었다.

x	$a(x)$	$b(x)$
3	3	1/3
2	2	1/2
1	1	1
1/2	1/2	2
1/3	1/3	3
0	0	
−1/3	−1/3	−3
−1/2	−1/2	−2
−1	−1	−1
−2	−2	−1/2
−3	−3	−1/3
⋮	⋮	⋮

이 표는 x가 −3에서 3까지일 때의 값을 나타낸 것이다. 이제 가우
스 평면에 이들 값을 표시하자.

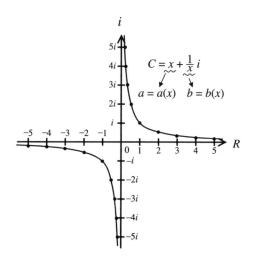

점을 찍는 법

아까 숫자를 표시했던 것
처럼 수평축에서 a값만
큼, 수직축에서 b값만큼
나아간 곳에 점을 찍으면
된다.

이 경우는 수평축에 $a(x)$
의 값, 수직축에 $b(x)$의
값을 찾아 표시하면 된다.

　　그러자 위 그림처럼 원점을 대칭으로 한 그래프의 모습이 드러났다. 이로써 가우스 평면상에서도 $a(x)$, $b(x)$ 등의 함숫값을 볼 수 있다는 사실을 알았다.

　　다음으로 우리는 지금과는 정반대의 접근을 하려 한다. 즉 가우스 평면상에 그려진 그래프를 보고 함수 $a(x)$, $b(x)$를 찾는 방식이다. 그래프는 가우스 평면상에 그려진 함수이므로 이렇게 나타낼 수 있다.

$$C(x) = a(x) + b(x)i$$

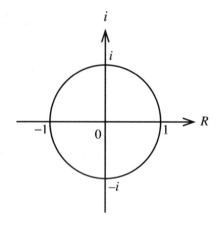

　　그러면 가우스 평면상에서 반지름 1인 원을 그리는 함수 $a(x)$, $b(x)$를 찾아보자! 우선 $a(x)$라는 함수가 어떤 함수인가를 생각해보자.

　　함수 $a(x)$는 실수부에 속한다. 따라서 $a(x)$를 알려면 가우스 평면상의 실수축의 수가 어떠한 움직임을 하는가에 착안하면 좋을 것이다.

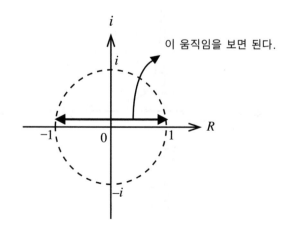

이 움직임을 보면 된다.

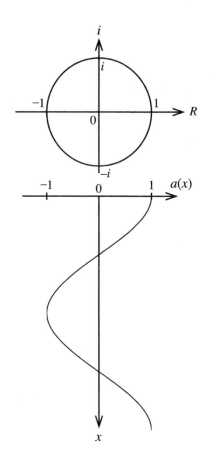

관찰해보니 실수축의 수는 1부터 시작해서 0을 지나 −1까지 갔다가, 다시 0을 거슬러 올라가 1로 되돌아온다. 이 실수축상의 점의 움직임을 쫓는 그래프를 그려보자.

왼쪽 같은 그래프가 완성되었다. 이 그래프를 어딘가에서 본 적이 없는가? 그렇다. 앞에서 자주 보았던 코사인 파동이다. 수평축, 즉 실수축상의 수는 코사인 파동과 움직임이 같은 것이다.

드디어 우리가 알고 싶었던 함수 $a(x)$의 정체가 드러났다. $a(x)$는 무척 익숙한 함수인 $\cos x$였던 것이다.

그러면 원래의 식 $C(x)=a(x)+b(x)i$의 $a(x)$에 지금 구한 함수 $\cos x$를 대입하자. 결과는 다음과 같다.

$$C(x) = \cos x + b(x)i$$

이제 함수 $b(x)$를 알아볼 차례다. 방식은 $a(x)$를 구할 때와 똑같다. 다만 이번엔 실수축이 아니라 허수축, 즉 수직축의 수의 움직임을 지켜봐야 한다.

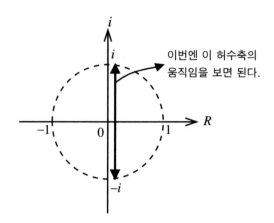

허수축의 수는 0부터 시작해서 i까지 간 뒤, 다시 $-i$까지 갔다가 0으로 돌아온다. 이 허수축상의 점의 움직임을 쫓은 그래프는 다음과 같다.

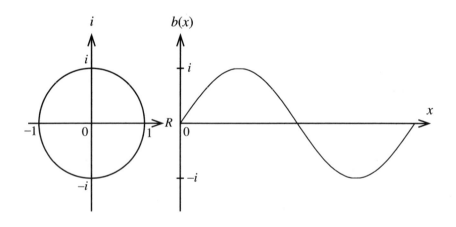

아까와 마찬가지로 낯이 익지 않은가? 그렇다. 또 다른 단골인 사인 파동이다! 허수축의 수와 사인 파동은 같은 움직임을 하고 있는 것이다. 따라서 함수 $b(x)$는 다음과 같이 쓸 수 있다.

$$b(x) = \sin x$$

아까 구했던 $a(x)$는 $\cos x$, 지금 구한 $b(x)$는 $\sin x$였다. 그러면 원래의 식 $C(x) = a(x) + b(x)i$에 우리가 구한 두 식을 대입하자.

$$C(x) = \cos x + \sin x \cdot i$$

i를 $\sin$의 각속도와 헷갈리지 않도록 앞으로 옮기겠다.

$$= \cos x + i \sin x$$

이것이 가우스 평면상에서 반지름 1인 원을 그리는 함수이다.

$$C(x) = \cos x + i \sin x$$

우리가 이 '푸리에의 모험'에서 항상 목격하는 $\cos$와 $\sin$의 조합으로 가우스 평면상에서 원을 그리는 함수의 표현이 가능하다는 건 참으로 흥미로운 결과이다.

사실 '$C(x)$'라는 수도 함수로 나타낼 수 있다. 그러나 그 점에 대해서는 다음에 등장할 매클로린 전개 편에서 자세히 알아보도록 하고 여기에서는 일단 $C(x)$의 값을 구하는 여행을 계속하자.

1.3 e에 대하여

$C(x)$의 값을 찾으러 가기 전에 먼저 제9장의 'e와 i'에서 봤던 또 하나의 수 'e'를 떠올려보자.

숫자 e의 정체는 이러했다.

$e = 2.718281828\cdots$

이 숫자 e를 x번 제곱한 'e^x'은 미분해도 그 값이 변함없다.

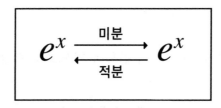

우리는 어떤 재주로 미분해도 변함없는 수 e를 구했는가? 'a^x'이라는 수에 다양한 'a'값을 넣어가며, 그것을 미분해서 구했다.

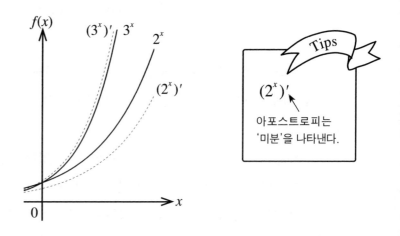

위 그래프의 점선은 $2^x, 3^x$을 미분한 결과이다. 여기에서 우리는 다음과 같은 사실을 알 수 있다.

$a = 2$일 때의 미분 값은 원래 함수보다 **아래쪽**에 위치한다.

$a = 3$일 때의 미분 값은 원래 함수보다 **위쪽**에 위치한다.

이것으로 미루어 미분을 해도 변하지 않는 지수함수의 밑은 2보다 크고 3보다 작다는 것을 알 수 있다. 이와 같은 접근법으로 우리가 앞에서 구한 것이 바로 숫자 $e(=2.718281828\cdots)$였다.

$$e = 2.718281828\cdots$$

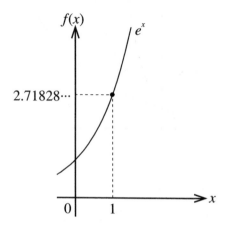

1.4 e^{ax}의 미분

다음으로 $y = e^{ax}$을 미분하면 어떻게 될지 생각해보자.

아까와 달리 이번엔 e를 x번 곱하지 않고 ax번 곱할 것이다. 과연 e^x을 미분했을 때와 같은 결과일까?

우선 e^{ax}이 어떠한 그래프가 되는지 알아보자. 우리는 e^{ax}의 a에 2

와 $\frac{1}{2}$ 을 대입한 그래프를 e^x의 그래프와 비교할 것이다.

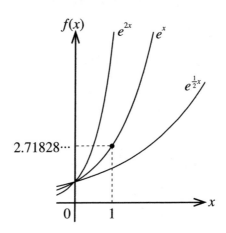

위 그래프에서 알 수 있듯이 e^x과는 전혀 다른 곡선을 그리고 있다. 이것으로 보아 e^{ax}은 아무래도 미분했을 때 원래와는 다른 수가 될 것 같다.

이번에는 e^{ax}을 단계적으로 미분해보자.

$y = e^{ax}$의 미분

우선 원래의 x보다 Δx 만큼 큰 함숫값을 구한다.

[1단계] $y + \Delta y = e^{a(x + \Delta x)}$

그 함숫값과 원래 함숫 값의 차이를 구한다.

[2단계] $\Delta y = e^{a(x + \Delta x)} - e^{ax}$

$\quad\quad\quad = e^{ax + a\Delta x} - e^{ax}$

$ax = A$, $a\Delta x = \Delta A$로 둔다.

$\quad\quad\quad = e^{A + \Delta A} - e^A$

3단계
$$\frac{\Delta y}{\Delta x} = \frac{e^{A + \Delta A} - e^A}{\Delta x}$$

공식으로 기울기를 구한다.

$$= \frac{e^{A + \Delta A} - e^A}{\Delta x} \frac{\Delta A}{\Delta A}$$

이 부분을 계산한다.
$\Delta A = a\Delta x$ 였으니까
$$\frac{\Delta A}{\Delta x} = \frac{a\Delta x}{\Delta x} = a$$

$$= \frac{e^{A + \Delta A} - e^A}{\Delta A} \left(\frac{\Delta A}{\Delta x}\right)$$

$$= \frac{e^{A + \Delta A} - e^A}{\Delta A} a$$

4단계
$$\frac{dy}{dx} = \lim_{\Delta x \to 0} \left(\frac{e^{A + \Delta A} - e^A}{\Delta A} a \right)$$

Δx를 무한히 0에 가깝게 해서(lim), 순간 기울기를 구한다.

이때 극한은 Δx에 대한 것으로 a와는 상관없다. 그러니 우리는 a를 $\lim_{\Delta x \to 0}$ 앞으로 옮길 수 있다.

$$= a \left(\lim_{\Delta x \to 0} \frac{e^{A + \Delta A} - e^A}{\Delta A} \right)$$

이 부분에 주목

— e^x의 미분 —
$$\lim_{\Delta x \to 0} \frac{e^{(x + \Delta x)} - e^x}{\Delta x}$$
자세한 것은 제9장의 'e와 i'를 참고하자.

이 부분이 왼쪽 보기의 e^x을 미분한 결과와 같은 형태가 된 것을 눈치챘는가?

Δx와 ΔA가 달라 보이나 $\Delta A = a\Delta x$이므로 $\Delta x \to 0$은 곧 $\Delta A \to 0$이다. 다시 말해 이 부분은 'e^A'의 미분이다. e^A의 미분은 e^A이기 때문에, 위의 식은

$$= a\, e^A$$

가 된다. 그리고 $A = a \cdot x$이므로

$\quad = a\,e^{ax}$

이것이 'e^{ax}'을 미분한 결과이다.

$$\left(e^{ax}\right)' = a\,e^{ax}$$

합성함수의 미분

    여기서 한 미분을 합성함수의 미분이라 한다.

    우선 'x'라는 수가 정해지면 다음으로 'g'의 값이 정해진다. 그리고 정해진 'g'에 따라 'f'가 결정된다. 이와 같은 관계를 합성함수라고 부른다.

x가 정해진다 → $g(x)$가 정해진다 → $f(g)$가 결정된다.

∴ $f(g(x))$로 표기한다.

이 형태로 지금껏 봐온 'e^{ax}'을 나타내면 다음과 같다.

$$g(x) = ax = A$$
$$f(g(x)) = e^A = e^{ax}$$

$f(x)$의 미분은 $\dfrac{df(x)}{dx}$라 쓴다. 말 그대로 $\dfrac{df}{dx}$이다.

$f(g(x))$의 미분은 $\dfrac{df(x)}{dg} \cdot \dfrac{dg(x)}{dx}$로 $\dfrac{df}{dg} \cdot \dfrac{dg}{dx}$이다.

합성함수의 미분 $= \dfrac{df}{dg} \cdot \dfrac{dg}{dx}$

e^{ax} 을 미분한 결과는 $a \cdot e^{ax}$ 였다.

그러면 좀 전의 그래프에서 봤던 'e^{2x}'과 '$e^{\frac{1}{2}x}$'을 살펴보자.

$$\left(e^{2x}\right)' = 2\, e^{2x}$$

$$\left(e^{\frac{1}{2}x}\right)' = \frac{1}{2}\, e^{\frac{1}{2}x}$$

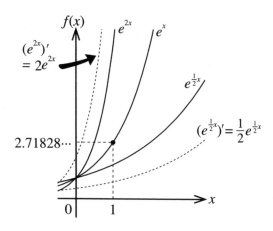

따라서 미분한 곡선은 $\left(e^{ax}\right)' = a\, e^{ax}$ 의 a 값만큼 원래의 곡선과 기울기가 다르다는 걸 알 수 있다.

$(e^x)'$
이것이 하나일 때는 1차 미분

$(e^x)''$
이것이 두 개일 때는 2차 미분

다음으로 e^{ax} 을 연속해서 단계적으로 미분하면 어떻게 될지 알아보자. 우선 e^{ax} 을 2차 미분해보자. 2차 미분이란 한 번 미분한 결과를 다시 한 번 미분하는 것이다. 즉 여기서는 '$a \cdot e^{ax}$'을 미분하면 된다.

$$\left(e^{ax}\right)'' = \left(a\, e^{ax}\right)' = \,?$$

$a \cdot e^{ax}$을 미분할 때 a는 x와 관계없으므로 그대로 놔둔다. 그리고 남은 'e^{ax}'을 미분하면 되는 것이다.

$$\left(e^{ax}\right)'' = \left(a\,e^{ax}\right)' = a\left(e^{ax}\right)' = ?$$

그리고 앞서 e^{ax}을 미분한 결과를 그대로 대입한다.

$$\left(e^{ax}\right)'' = \left(a\,e^{ax}\right)' = a\left(e^{ax}\right)' = a \cdot a \cdot e^{ax}$$

즉 e^{ax}의 2차 미분은 다음과 같다.

$$\left(e^{ax}\right)'' = a \cdot a \cdot e^{ax} = \underline{\underline{a^2\,e^{ax}}}$$

방금 같은 요령으로 e^{ax}을 3차 미분한 결과도 알아보자. e^{ax}의 3차 미분은 방금 구했던 2차 미분 결과 '$a^2 \cdot e^{ax}$'을 한 번 더 미분해주면 된다.

$$\left(e^{ax}\right)''' = \left(a^2\,e^{ax}\right)' = ?$$

$$\begin{aligned}
\left(e^{ax}\right)''' = \left(a^2\,e^{ax}\right)' &= a^2\left(e^{ax}\right)' \\
&= a^2\,a \cdot e^{ax} \\
&= a^3\,e^{ax}
\end{aligned}$$

e^{ax}의 3차 미분 결과는 이러하다.

$$\left(e^{ax}\right)''' = \underline{\underline{a^3\,e^{ax}}}$$

"어쩌면 e^{ax} 의 4차 미분은 $\left(e^{ax}\right)^{(4)} = a^4\, e^{ax}$ 이 아닐까?"

바로 맞췄다! 또한 n 차의 미분은 아래처럼 나타낸다.

$$\left(e^{ax}\right)^{(n)} = a^n\, e^{ax}$$

지금까지의 식을 정리해보자.

$f(x)=e^{ax}$의 n차 미분

$$f'(x) = \left(e^{ax}\right)' = a\, e^{ax} \quad \cdots \quad \text{1차 미분}$$
$$f''(x) = \left(e^{ax}\right)'' = a^2\, e^{ax} \quad \cdots \quad \text{2차 미분}$$
$$f'''(x) = \left(e^{ax}\right)''' = a^3\, e^{ax} \quad \cdots \quad \text{3차 미분}$$
$$f^{(4)}(x) = \left(e^{ax}\right)^{(4)} = a^4\, e^{ax} \quad \cdots \quad \text{4차 미분}$$
$$\vdots$$
$$f^{(n)}(x) = \left(e^{ax}\right)^{(n)} = a^n\, e^{ax} \quad \cdots \quad \textbf{\textit{n}}\text{차 미분}$$

4차 미분 이상은 아라비아 숫자로 표시합니다.

이번에는 앞에서 다룬 'i'를 위의 식 'e^{ax}'에 넣어 함께 알아보자.

1.5 e^{ix}의 미분

i를 e^{ax}에 대입하기 위해 여기에서는 $a = i$라 하자.

$$e^{ax} \xrightarrow[a=i]{} e^{ix}$$

그리고 아까처럼 'e^{ix}'의 n차 미분을 알아보자. e^{ix}을 n차 미분하려면 e^{ax}의 미분 결과에 a 대신 i를 대입하면 된다.

$$f(x) = e^{ax} \quad \longrightarrow \quad f(x) = e^{ix}$$
$$f'(x) = a\,e^{ax} \quad \longrightarrow \quad f'(x) = i\,e^{ix}$$
$$f''(x) = a^2\,e^{ax} \longrightarrow \quad f''(x) = i^2\,e^{ix}$$

여기에서 i란 어떠한 수였는지 짚고 넘어가자. $i^2 = -1$이었다. 다시 말해,

$$f''(x) = i^2\,e^{ix} = (-1)e^{ix} = -e^{ix}$$

그러므로 3차 미분 이후는 아래와 같다.

$$f'''(x) = a^3\,e^{ax} \rightarrow f'''(x) = i^3 \cdot e^{ix} = -i\,e^{ix}$$
$$f^{(4)}(x) = a^4\,e^{ax} \rightarrow f^{(4)}(x) = i^4 \cdot e^{ix} = (-1)^2\,e^{ix} = e^{ix}$$
$$f^{(5)}(x) = a^5\,e^{ax} \rightarrow f^{(5)}(x) = i^5 \cdot e^{ix} = i\,e^{ix}$$

놀랍게도 4차 미분하면 원래의 함수인 'e^{ix}'으로 되돌아간다. 결과를 정리하면 다음과 같다.

$$f(x) = e^{ix} \text{의 } n \text{차 미분}$$

$$
\begin{aligned}
f(x) &= e^{ix} \\
f'(x) &= i\,e^{ix} \\
f''(x) &= -e^{ix} \\
f'''(x) &= -i\,e^{ix} \\
f^{(4)}(x) &= e^{ix} \\
&\vdots
\end{aligned}
$$

이렇게 우리는 e^{ix}을 4차 미분하면 원래의 e^{ix}이 된다는 걸 알았다.

지금까지 e^{ix}과 $C(x) = \cos x + i\sin x$에 대해 살펴보았다. 이제부터 진행할 '매클로린 전개'에서는 이들 둘의 관계에 대해 조사해보자.

2. 매클로린 전개Maclaurin expansion

가우스 평면

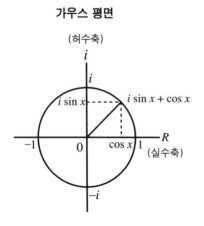

앞서 우리는 가우스 평면상에서 원을 그리는 함수는 $\cos x + i\sin x$라는 것을 공부했다. 하지만 실은 한 가지 더, 가우스 평면상에서 원을 그리는 함수가 있다. 물론 그 함수와 $\cos x + i\sin x$는 같다고 보면 된다.

$$\cos x + i\sin x = ? \qquad \cdots (\%\text{식})$$

우리는 여기에서 $\cos x + i \sin x$로부터 원을 그리는 또 하나의 x에 관한 함수를 '매클로린 전개'라는 과정을 통해 구하고자 한다. e와 i를 꾸준히 익혀온 것이 큰 연관이 있으리란 걸 물론 여러분은 눈치챘을 것이다. 그러면 우선 매클로린 전개가 어떤 것인지 알아보자.

2.1 매클로린 전개란?

아래 식을 보자.

$$f(x) = a_0 + a_1 x + a_2 x^2 + a_3 x^3 + a_4 x^4 + a_5 x^5 + \cdots \quad (\bigstar 식)$$

마치 푸리에 급수 공식 같다. 이건 무한급수 전개식이다. 0차항, 1차항, 2차항, ⋯, n차항, ⋯ 이렇게 무한대의 항까지를 모두 합한 수식이다. 어떤 함수든지 이 수식의 형태로 나타낼 수 있다.

> **1차, 2차란 뭘까?**
>
> x의 어깨에 올라탄 지수를 말합니다.
>
> $y = x^2 \rightarrow$ 2차 함수

"에이, 거짓말."

못 믿겠다면 예를 하나 들어보자.

$$y = 3x^3 + 5x^2 + 7$$

이런 식을 ★식의 형태로 만든다면

$$f(x) = 7 + 0x + 5x^2 + 3x^3 + 0x^4 + 0x^5 + \cdots$$

이렇게 나타낼 수 있다. 즉 '그 어떤 함수라도 a_0부터 a_n까지의 계수를 구할 수만 있다면 ★식으로 쓸 수 있고, 그래프를 그릴 수 있다'는 것이 바로 매클로린의 개념이다.

> **계수란?**
>
> x의 앞에 곱해진 수 a_1, a_2 등을 말한다.

하지만 모든 수식을 곧바로 ★식의 형태로 나타내지는 못한다. 무한급수 전개를 하고 싶지만 계수를 모를 때, 그 자체의 식에서 계수를 구해주는 것이 **매클로린 전개 공식**의 역할이다.

그러면 우선 ★식에서 각각의 계수를 구해보자.

2.2 매클로린으로 향하는 길

$$f(x) = a_0 + a_1 x + a_2 x^2 + a_3 x^3 + a_4 x^4 + \cdots \quad (★식)$$

그럼 이제부터 이 ★식을 사용해 계수를 구해보겠다.

> **a_0란?**
>
> 푸리에 급수에서 다뤘던 a_0와 마찬가지로 함수 전체가 상하로 얼마나 빗겨나 있는지를 나타낸다.
>
> 방금 예제의 경우
> $f(x) = 3x^3 + 5x^2 + 7$이고 $x = 0$
> 이라면,
> $f(0) = 3 \cdot 0 + 5 \cdot 0 + 7$
> $f(0) = 7$
> 이 되어, $a_0 = 7$이 된다.

〈 a_0를 구하라 〉

a_0를 구하려면 어떻게 해야 할까? ★식을 잘 살펴보니 a_1 이후부터는 전부 x가 붙어 있다. 만약 x가 0이 된다면 a_0만 남고 모두 사라질 것이다. 그러니 $f(x)$의 x에 0을 대입하자.

$$f(0) = a_0 + a_1 0 + a_2 0 + a_3 0 + a_4 0 + \cdots$$
$$f(0) = a_0$$

"아하, 이런 거였어?"

$$a_0\text{를 구하려면, } f(x)\text{의 } x\text{에 } 0\text{을 대입한다.}$$

$$a_0 = f(0)$$

〈 a_1을 구하라〉

요한 건 a_1인데 x가 방해된다. 그렇다면 전체를 $f(x)$로 두고 x에 관해 1차 미분해보자.

$$f'(x) = (a_0)' + (a_1 x)' + (a_2 x^2)' + (a_3 x^3)' + \cdots$$

우선은 $(a_0)'$부터, 그래프를 보면 알기 쉬울 것이다. 오른 은 $y = a_0$의 그래프다. x에 관한 미분이지만 $x + \Delta x$가 되어도 a_0는 변함없다.

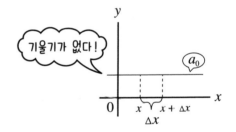

기울기가 없다!

$$\boxed{(a_0)' = 0}$$

다음의 $(a_1 x)'$는 어떨까?

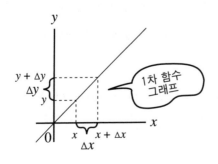

$y + \Delta y$
Δy
y

1차 함수 그래프

$x \quad x + \Delta x$
Δx

이 그래프는 $y = a_1 x$이다. 여러분은 혹시 이전에 단계적으로 했던 미분을 기억하는가? 가볍게 복습해보자.

미분하는 방법을
잊어버린 사람은
제5장을 참고하세요.

Tips

① x에 Δx를 더한다.

② 변화한 함숫값과 원래 함숫값의 차이를 구한다.

③ 그 값을 Δx로 나눠서 평균의 변화를 구한다.

④ Δx의 폭을 무한히 0에 가깝게 한다 $\left(\lim_{\Delta x \to 0} \right)$.

$$y = a_1 x$$

$$y + \Delta y = a_1(x + \Delta x)$$

$$y + \Delta y - y = a_1(x + \Delta x) - a_1 x$$

$$\Delta y = a_1 \Delta x$$

$$\frac{\Delta y}{\Delta x} = \frac{a_1 \Delta x}{\Delta x}$$

$$\lim_{\Delta x \to 0} \frac{\Delta y}{\Delta x} = a_1$$

$$\frac{dy}{dx} = a_1$$

$$\boxed{\left(a_1 x \right)' = a_1}$$

이렇게 되는군. 생각났는가? 이제 다음 차례로 넘어가자!

$(a_2 x^2)'$ 의 경우

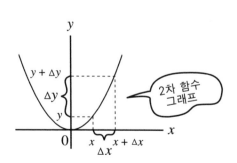

2차 함수 그래프

이것은 $y = a_2 x^2$의 그래프이다. 어서 계산해보자.

$$y = a_2 x^2$$

$$y + \Delta y = a_2(x + \Delta x)^2$$

$$y + \Delta y - y = a_2(x + \Delta x)^2 - a_2 x^2$$

$$\Delta y = a_2 x^2 + 2a_2 x \Delta x + a_2(\Delta x)^2 - a_2 x^2$$

$$\frac{\Delta y}{\Delta x} = \frac{2a_2 x \Delta x + a_2(\Delta x)^2}{\Delta x}$$

$$\lim_{\Delta x \to 0} \frac{\Delta y}{\Delta x} = \lim_{\Delta x \to 0} (2a_2 x + a_2 \Delta x)$$

$$\frac{dy}{dx} = 2a_2 x$$

$$\boxed{\left(a_2 x^2\right)' = 2a_2 x}$$

한 가지 더. $(a_3 x^3)'$ 인 경우를 보자.

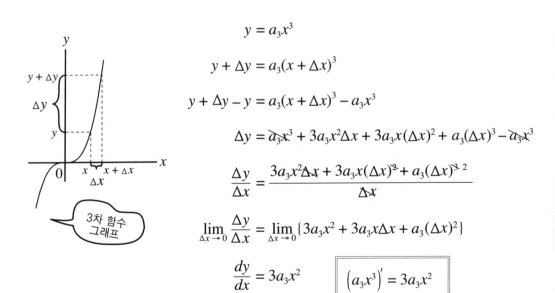

3차 함수
그래프

$$y = a_3 x^3$$

$$y + \Delta y = a_3(x + \Delta x)^3$$

$$y + \Delta y - y = a_3(x + \Delta x)^3 - a_3 x^3$$

$$\Delta y = a_3 x^3 + 3a_3 x^2 \Delta x + 3a_3 x(\Delta x)^2 + a_3(\Delta x)^3 - a_3 x^3$$

$$\frac{\Delta y}{\Delta x} = \frac{3a_3 x^2 \Delta x + 3a_3 x(\Delta x)^2 + a_3(\Delta x)^3}{\Delta x}$$

$$\lim_{\Delta x \to 0} \frac{\Delta y}{\Delta x} = \lim_{\Delta x \to 0} \{3a_3 x^2 + 3a_3 x \Delta x + a_3(\Delta x)^2\}$$

$$\frac{dy}{dx} = 3a_3 x^2 \qquad \boxed{\left(a_3 x^3\right)' = 3a_3 x^2}$$

슬슬 다음 값이 짐작되지 않는가?

"$(a_4x^4)'$의 경우는… $4a_4x^3$이 되겠네!"

어떻게 구했지?

"음, 지수의 숫자를 항의 앞에 쓰고 지수에서는 1만큼 뺐어요. 다음 처럼요."

$$\overset{\curvearrowleft}{(a_4x^{\textcircled{4}})'}$$
$$= 4 \cdot a_4x^{(4-1)}$$
$$= 4 \cdot a_4x^3$$

정답이다! 그리고 이것을 형식 미분이라 한다. 기억해 두면 매우 편리하다.

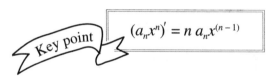

Key point $(a_nx^n)' = n\,a_nx^{(n-1)}$

이것만이라면 간단해서 좋다. 이제 지금까지 1차 미분한 결과를 이어보겠다.

$$f'(x) = 0 + a_1 + 2a_2x + 3a_3x^2 + 4a_4x^3 + \cdots$$

그리고 우리가 알고 싶은 a_1 이외의 수를 지우기 위해 $f'(x)$의 x에 0을 대입할 것이다.

$$f'(0) = \cancel{0} + a_1 + 2a_2\cancel{0} + 3a_3\cancel{0} + 4a_4\cancel{0} + \cdots$$
$$= a_1$$

이렇게 된다. 제법 길어졌으니 정리하고 넘어가자.

a_1을 구하려면 $f(x)$를 1차 미분한 뒤, $f'(x)$의 x에 0을 대입한다.

$$a_1 = f'(0)$$

〈 a_2를 구하라 〉

a_2를 구하기 위해서는 다시 한 번 미분해야 한다. a_2 역시 x가 붙어 있기 때문이다.

$$f''(x) = \left(a_1\right)' + \left(2a_2x\right)' + \left(3a_3x^2\right)' + \left(4a_4x^3\right)' + \cdots$$
$$\downarrow \qquad \downarrow \qquad \downarrow \qquad \downarrow$$
$$0 \qquad 2 \cdot 1 \cdot a_2x^0 \quad 3 \cdot 2 \cdot a_3x^1 \quad 4 \cdot 3 \cdot a_4x^2$$

x에 관한 미분이지만 a_1에는 x가 붙어 있지 않다. 즉 $(a_1)' = 0$이다.

그 어떤 수라도 0제곱은 '1'이다. 이렇게 된다. $x^0 = 1$

Tips

a_1을 구하기 위해 1차 미분했던 결과를 다시 한 번 미분합니다. 이처럼 두 차례 미분하는 걸 2차 미분이라 합니다.

a_2를 구하기 위해 $f''(x)$의 x에 0을 대입한다.

$$f''(0) = 0 + 2 \cdot 1 \cdot a_2 + 3 \cdot 2 \cdot a_3 \cdot 0 + 4 \cdot 3 \cdot a_4 \cdot 0 + \cdots$$
$$= 2 \cdot 1 \cdot a_2$$

time

$2 \cdot 1 = 2$인데 왜 굳이 $2a_2$ 대신에 $2 \cdot 1 \cdot a_2$라고 쓰나요?

아직은 비밀이랍니다.

여러 번 말하지만 구하고 싶은 것은 a_2이기 때문에 양변을 2×1로 나눈다.

$$a_2 = \frac{1}{2 \cdot 1} f''(0)$$

a_1을 구할 때에 비해선 퍽 빠른 진행이다.

> a_2를 구하려면 $f(x)$를 2차 미분해서,
> $f''(x)$의 x에 0을 대입한 뒤 양변을 $2 \cdot 1$로 나눈다.
> $$a_2 = \frac{1}{2 \cdot 1} f''(0)$$

〈 a_3를 구하라 〉

a_3를 구하려면 한 번 더 미분해야 한다.

$$f'''(x) = (2 \cdot 1 \cdot a_2)' + (3 \cdot 2 \cdot a_3 x)' + (4 \cdot 3 \cdot a_4 x^2)' + \cdots$$
$$\downarrow \qquad\qquad \downarrow \qquad\qquad \downarrow$$
$$0 \qquad 3 \cdot 2 \cdot 1 \cdot a_3 x^0 \quad 4 \cdot 3 \cdot 2 \cdot a_4 x^1$$

a_3를 구하기 위해 x에 0을 대입하자.

$$f'''(0) = 0 + 3 \cdot 2 \cdot 1 \cdot a_3 + 4 \cdot 3 \cdot 2 \cdot a_4 \cdot 0 + \cdots$$
$$= 3 \cdot 2 \cdot 1 \cdot a_3$$

양변을 $3 \cdot 2 \cdot 1$로 나눈다.

$$a_3 = \frac{1}{3 \cdot 2 \cdot 1} f'''(0)$$

"으음."

---

a_3를 구하려면 $f(x)$를 3차 미분해서 $f'''(x)$의 x에 0을 대입한 뒤,

양변을 $3 \cdot 2 \cdot 1$로 나눈다.

$$a_3 = \frac{1}{3 \cdot 2 \cdot 1} f'''(0)$$

그런데 잠깐! 지금까지 구한 a_0, a_1, a_2, a_3에 무슨 공통점이 있지 않는가? a_1에 한 개, a_2에 두 개처럼 각 경우에 동일한 수가 나타난다. 다음을 보고 어떤 규칙을 찾을 수 있을까?

$$a_3 = \frac{1}{3 \cdot 2 \cdot 1} f'''(0)$$

"아하! 다들 '3'이 붙어 있어. a_3의 '3'에, 3차 미분의 세 개의 아포스트로피($'''$)에다 $3 \cdot 2 \cdot 1$로 나눈다는 점까지!"

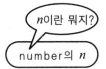

n이란 뭐지?

number의 n

$a_n x^n$에서 보자면 'n'에 해당하겠군. n에 의한 n차 미분을 하고, $n \cdots 3 \cdot 2 \cdot 1$로 나누어야 할 테고. 이걸 알아냈으니 뒤는 쉽게 예상할 수 있겠다.

$$a_4 = \frac{1}{4 \cdot 3 \cdot 2 \cdot 1} f^{(4)}(0) \text{ 이고}$$

$$a_5 = \frac{1}{5 \cdot 4 \cdot 3 \cdot 2 \cdot 1} f^{(5)}(0) \text{ 가 되겠다.}$$

그런데 분모가 이렇게($1 \times 2 \times 3 \times 4 \times \cdots$) 이어진다면 10이나 20처럼 큰 수를 구해야 할 때 막막하겠지? 그럴 때 쓸 근사한 비법을 알려주겠다.

바로 **팩토리얼(!)**이다!

뒤에 팩토리얼 기호(!)가 붙은 수는 그 수로부터 1 까지의 모든 자연수를 서로 곱한 것을 나타낸다. 아래 예를 보자.

$$3! = 3 \times 2 \times 1 = 6$$
$$5! = 5 \times 4 \times 3 \times 2 \times 1 = 120$$
$$10! = 10 \times 9 \times \cdots \times 2 \times 1 = 3628800$$
$$50! = 50 \times 49 \times 48 \times \cdots \times 2 \times 1 = 3.0414093 \times 10^{64}$$

이처럼 팩토리얼의 계산은 작은 수 뒤에 붙었다 해도 아주 큰 수가 된다. 그래서 그 놀라움을 담아 숫자 뒤에 느낌표를 붙여 나타나게 됐다고 한다. 70! 이후는 계산기로도 다룰 수 없을 만큼 큰 수라고 한다.

팩토리얼은 아래와 같은 특징도 갖고 있다.

특 보

0!=1을 도저히 납득할 수 없는 당신에게 재미있는 걸 보여드리지요.

예) $(3-1)! = 2! = \dfrac{1 \cdot 2 \cdot 3}{3} = 2$

$(3-2)! = 1! = \dfrac{1 \cdot 2 \cdot 3}{2 \cdot 3} = 1$

$(3-3)! = \dfrac{1 \cdot 2 \cdot 3}{1 \cdot 2 \cdot 3} = 1$

(3-3)!=0!=1이 됩니다. 이제 납득하셨나요? 하지만 이건 0!=1의 엄밀한 증명은 아닙니다. 쓰실 때는 그 점에 주의해주세요.

$$1! = 1$$
$$0! = 1$$

1!=1은 쉽게 이해되지만 0!=1이 뜬금없게 느껴지는 사람도 있을 것이다. 원래 있던 법칙이니 그냥 넘어가자. 도저히 납득이 가지 않는다면 '특보'를 읽어보자. 팩토리얼을 이용해 지금까지 우리가 얻은 결과를 요약하면 다음과 같다.

$$a_0 = 1 \cdot f(0) \qquad\qquad a_0 = \frac{1}{0!}f(0)$$

$$a_1 = 1 \cdot f'(0) \qquad\qquad a_1 = \frac{1}{1!}f'(0)$$

$$a_2 = \frac{1}{2 \cdot 1}f''(0) \qquad\qquad a_2 = \frac{1}{2!}f''(0)$$

$$a_3 = \frac{1}{3 \cdot 2 \cdot 1}f'''(0) \qquad\qquad a_3 = \frac{1}{3!}f'''(0)$$

$$a_4 = \frac{1}{4 \cdot 3 \cdot 2 \cdot 1}f^{(4)}(0) \qquad\qquad a_4 = \frac{1}{4!}f^{(4)}(0)$$

$$\vdots \qquad\qquad\qquad\qquad \vdots$$

규칙적이며 깔끔하다.

일목요연하고,
뒤에 오는 식의
예상이 가능하다.

그러면 n으로 바꿔 생각해보자.

$$a_n = \frac{1}{n!}f^{(n)}(0)$$

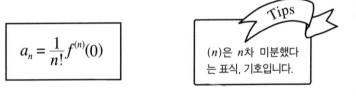

Tips

(n)은 n차 미분했다
는 표식, 기호입니다.

이것이 매클로린 전개의 계수를 구하는 방법이다. 꼭 푸리에 계수처럼 보인다.

이 공식을 쓰면 모든 계수를 구할 수 있다. 구해진 계수를 무한급수 전개식의 각 항에 대입해, 원래의 함수를 바꾸는 것을 매클로린 전개라 하는 것이다.

매클로린 전개는 복잡한 함수를 단순한 함수의 합으로 표현하는 아주 편리한 수학으로, 물리의 세계에서도 맹활약하고 있다.

"마치 푸리에 계수 같네!"

그리고 ★식을 $\sum$를 써서 다시 나타내면 다음과 같다.

정말이네.

$$f(x) = a_0 + a_1 x + a_2 x^2 + a_3 x^3 + a_4 x^4 + a_5 x^5 + \cdots \ (\bigstar 식)$$

$$f(x) = \sum_{n=0}^{\infty} a_n x^n$$

이것에 $a_n = \dfrac{1}{n!} f^{(n)}(0)$ 을 대입하면,

Key point

$$f(x) = \sum_{n=0}^{\infty} \frac{1}{n!} f^{(n)}(0) x^n$$

이것이 **매클로린 전개 공식**이다. 이제야 $\sin x$, $\cos x$에 대해 매클로린 전개할 준비가 갖춰졌다! 결과가 어떻든 간에 틀림없이 뭔가를 얻게 될 것이다.

2.3 $f(x) = \sin x$를 매클로린 전개한다

드디어 sin, cos을 매클로린 전개하는 곳까지 다다랐다. 하지만 바로 하지는 못한다. 매클로린 전개에는 '미분'이 중요하다. 그러니 우선 sin, cos을 미분하면 어떻게 되는지 보도록 하자.

$f(x) = \sin x$의 미분

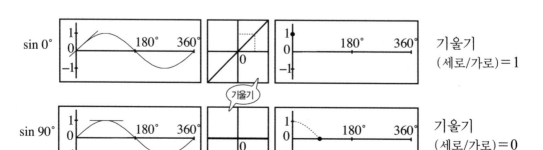

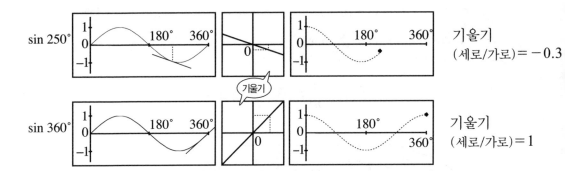

놀랍게도 $\sin x$를 미분하면 $\cos x$가 된다. 즉 $f(x)=\sin x$의 1차 미분은 $f'(x)=\cos x$이다. 다시 1차 미분하면 $f''(x)=-\sin x$가 된다. 매클로린 전개해 이 함수의 계수를 구하려면 $f(x)$의 x에 각각 0을 대입해가야 할 것이다.

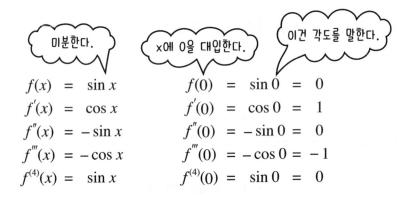

$$f(x) = \sin x \qquad f(0) = \sin 0 = 0$$
$$f'(x) = \cos x \qquad f'(0) = \cos 0 = 1$$
$$f''(x) = -\sin x \qquad f''(0) = -\sin 0 = 0$$
$$f'''(x) = -\cos x \qquad f'''(0) = -\cos 0 = -1$$
$$f^{(4)}(x) = \sin x \qquad f^{(4)}(0) = \sin 0 = 0$$

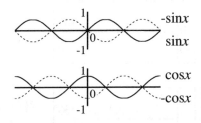

키워드는?
4차 미분하면 원래로 돌아온다!

그리고 여기서 중요한 건, 이 $\sin x$는 4차 미분하면 원래대로 돌아가는 성질을 가진다는 점이다! 이제 $f^{(n)}(0)$의 값을 구해

$$a_n = \frac{1}{n!}f^{(n)}(0)$$ 공식에 대입해 보자.

$$a_0 = \frac{1}{0!}f(0) = \frac{1}{0!}\cdot 0 = 0$$

$$a_1 = \frac{1}{1!}f'(0) = \frac{1}{1!}\cdot 1 = 1$$

$$a_2 = \frac{1}{2!}f''(0) = \frac{1}{2!}\cdot 0 = 0$$

$$a_3 = \frac{1}{3!}f'''(0) = \frac{1}{3!}\cdot(-1) = -\frac{1}{3!}$$

$$a_4 = \frac{1}{4!}f^{(4)}(0) = \frac{1}{4!}\cdot 0 = 0$$

$$\vdots$$

나온 계수들을 ★식에 대입하자.

$$f(x) = a_0 + a_1x + a_2x^2 + a_3x^3 + a_4x^4 + \cdots \ (\text{★식})$$

$$\sin x = 0 + x + 0x^2 - \frac{1}{3!}x^3 + 0x^4 + \frac{1}{5!}x^5 + 0x^6 - \frac{1}{7!}x^7 + 0x^8 + \cdots$$

다들 답이 나왔는가?

이것이 $\sin x$의 매클로린 전개식이다.

이 계수를 점점 더해나가면 정말로 사

인 파동이 되는지 확인해보자.

어라? 교대로 0이 되었잖아! 표시해 둬야지!

──────── : 현재 계산 중인 선

- - - - - - - - : 과거의 선

$$\sin x \approx 0 + x$$

> I차항은 일직선!

$$\sin x \approx 0 + x + 0x^2 - \frac{1}{3!}x^3$$

3차항까지 더하면 사인 파동까지 코앞이다.

> 0 다음의 항, 1차, 2차, 이렇게 순서대로 더해간다. 하지만 교대로 0이 되기 때문에 짝수다음의 2차, 4차, 6차…를 더하는 것은 의미가 없다.

$$\sin x \approx 0 + x + 0x^2 - \frac{1}{3!}x^3 + 0x^4 + \frac{1}{5!}x^5$$

$$+ 0x^6 - \frac{1}{7!}x^7 + 0x^8 + \frac{1}{9!}x^9$$

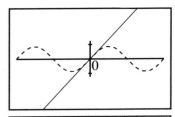

9차항까지 왔다. 앞으로 한 걸음. 파이팅!

$$\sin x \approx 0 + x + 0x^2 - \frac{1}{3!}x^3 + 0x^4 + \frac{1}{5!}x^5 + 0x^6$$

$$- \frac{1}{7!}x^7 + 0x^8 + \frac{1}{9!}x^9 + \cdots + 0x^{16} + \frac{1}{17!}x^{17}$$

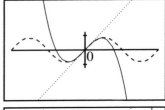

17차항! 이 두 주기분의 사인 파동에 정확히 겹쳐졌다. 훌륭해요!!

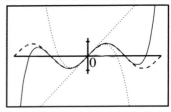

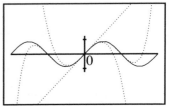

2.4 $f(x) = \cos x$를 매클로린 전개한다

이번엔 $\cos x$의 매클로린 전개식을 구하자. 매클로린 전개의 첫 순서는 미분이다. 그러니 우선 $\cos x$의 미분부터 시작하자. $\cos x$를 1차 미분하면 $-\sin x$가 된다. 2차 미분하면 $-\cos x$가 된다. $\sin x$ 때와 똑같다. 여기서 잠깐 생각을 정리해보자.

미분한다.

x에 0을 대입한다.

$$f(x) = \cos x \qquad f(0) = \cos 0 = 1$$
$$f'(x) = -\sin x \qquad f'(0) = -\sin 0 = 0$$
$$f''(x) = -\cos x \qquad f''(0) = -\cos 0 = -1$$
$$f'''(x) = \sin x \qquad f'''(0) = \sin 0 = 0$$
$$f^{(4)}(x) = \cos x \qquad f^{(4)}(0) = \cos 0 = 1$$

Key point

어이쿠, 4차 미분했더니 원래의 $\cos x$로 되돌아갔다. 이건 $\sin x$와 같다. 다음은 $f(x)$의 x에 0을 대입해서 나온 결과를

$$a_n = \frac{1}{n!}f^{(n)}(0)$$

에 대입할 차례다.

$$a_0 = \frac{1}{0!}f(0) = \frac{1}{0!}\cdot 1 = 1$$

$$a_1 = \frac{1}{1!}f'(0) = \frac{1}{1!}\cdot 0 = 0$$

$$a_2 = \frac{1}{2!}f''(0) = \frac{1}{2!}\cdot(-1) = -\frac{1}{2!}$$

$$a_3 = \frac{1}{3!}f'''(0) = \frac{1}{3!}\cdot 0 = 0$$

$$a_4 = \frac{1}{4!}f^{(4)}(0) = \frac{1}{4!}\cdot 1 = \frac{1}{4!}$$
$$\vdots \qquad \vdots$$

계수들을 연결해보자.

$$\cos x = 1 + 0x - \frac{1}{2!}x^2 + 0x^3 + \frac{1}{4!}x^4 + 0x^5 - \frac{1}{6!}x^6 + 0x^7 + \cdots$$

자, $\sin x$ 때와 같이 계산해보자.

그런데 $\sin x$나 $\cos x$ 같은 함수는 계수가 무한히 이어진다. 항을 무한히 더하다 보면 원래의 파동에 한없이 가까워질 것이다. 반대로 1차항이라도 무한히 $\sin x$의 폭을 좁혀나가면 그 한 점에서 겹쳐질 것이다.

"무한히 더하면 무한의 범위를 나타낼 수 있는 거야!"

그런데 우리가 처음에 하고 싶었던 일이 뭐였지?

$$\cos x + i \sin x = ? \quad (※식)$$

이 식의 '?'에 해당하는 함수를 구하려 했다. $\sin x$와 $\cos x$를 각각 매클로린 전개하면 알게 될 거라 생각했다. 그럼 각각의 계수를 더해보자.

	a_0	a_1	a_2	a_3	a_4	a_5
$i \sin x$	$0 \times \frac{1}{0!}$	$1 \times i \times \frac{1}{1!}$	$0 \times \frac{1}{2!}$	$-1 \times i \times \frac{1}{3!}$	$0 \times \frac{1}{4!}$	$1 \times i \times \frac{1}{5!}$
$\cos x$	$1 \times \frac{1}{0!}$	$0 \times \frac{1}{1!}$	$-1 \times \frac{1}{2!}$	$0 \times \frac{1}{3!}$	$1 \times \frac{1}{4!}$	$0 \times \frac{1}{5!}$
$i \sin x + \cos x$	$1 \times \frac{1}{0!}$	$i \times \frac{1}{1!}$	$-1 \times \frac{1}{2!}$	$-i \times \frac{1}{3!}$	$1 \times \frac{1}{4!}$	$i \times \frac{1}{5!}$

하마터면 중요한 걸 빼놓을 뻔했다. ※식의 $\sin x$에는 'i'가 붙어 있으므로 $\sin x$의 0이 아닌 곳에서는 i가 붙는다. 꼭 기억하자!

$\cos x$를 기입했다면 아래 칸($i \sin x + \cos x$)에도 기입하자. 위의 숫자를 그대로 더해 아래 칸에 적으면 된다. 그런데 이 표에서 $\sin x$와 $\cos x$의 식을 보고 뭔가 알아낸 게 있는가?

"글쎄요. $\sin x$의 식도 $\cos x$의 식도, 계수가 교대로 0이 됐네요! 그것도 각각 0이 된 계수가 같은 항이 아니고요. $\sin x$의 식은 짝수 항(a_0, a_2, $\cdots$)이 0이 되어 있지만, $\cos x$의 식은 홀수 항(a_1, a_3, $\cdots$)이 0이 되었네요!"

와, 진짜다. 재미있다. 이렇게 딱 떨어지게 교대로 정렬해 있다니 뭔가의 중요한 열쇠임이 분명하다.

자, 슬슬 클라이맥스다! 표의 '$i \sin x + \cos x$'의 칸에 대체 뭐가 들어 있는지 주목하자. 그곳만을 잘라내보면 다음 그림처럼 될 것이다.

	$f(0)$	$f'(0)$	$f''(0)$	$f'''(0)$	$f^{(4)}(0)$	$f^{(5)}(0)$
$i \sin x + \cos x$	1	i	-1	$-i$	1	i

공식 $a_n = \dfrac{1}{n!} f^{(n)}(0)$ 에서 $\dfrac{1}{n!}$ 을 뺀 나머지 $f^{(n)}(0)$부분이 1, i, -1, $-i$ 의 패턴을 반복한다. 그런 함수를 하나 더 찾아내보자.

이 $f(0)$의 경우는 원래는 $f(x)$였던 곳에 0을 대입해 1이 된 것이다. 그럼 여기서 문제! x에 0을 대입했을 때, 1이 되는 $f(x)$에는 무엇이 있을까?

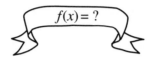

$f(x) = ?$

"어, $1+x$ 이려나?" $f(x) = 1 + x$

"지수함수에서 0제곱이란 것도 있죠." $f(x) = a^x$

"cos도 그렇지." $f(x) = \cos x$

그럼 맞는지 틀렸는지 지금 나온 것에 0을 대입하자.

$$f(x) = 1 + x \quad \rightarrow \quad f(0) = 1 + 0 \quad = 1$$
$$f(x) = a^x \quad \rightarrow \quad f(0) = a^0 \quad = 1$$
$$f(x) = \cos x \quad \rightarrow \quad f(0) = \cos 0 \quad = 1$$

모든 $f(0)$가 1이 되었다. 하지만 잠깐! 다음에 등장할 수식은 $f'(0) = i$ 이다. 이것은 1차 미분해서 i가 나오는 것이므로 원래부터 i를 포함해야 한다는 걸 의미한다. 뿐만 아니라 i는 두 번 미분할 때마다 한 번 나온다. 그러면 일단 $f(x)$는 내버려 두고 $f'(x)$를 관찰하자.

여기서 문제. i가 들어간 함수란 어떤 함수일까?

f(x) = a^{ix} 의 미분

식을 간단히 하기 위해 f(x)를 y로 쓴다.

$y + \Delta y = a^{i(x + \Delta x)}$

$\Delta y = a^{i(x + \Delta x)} - a^{ix}$

$\quad ix = z, i\Delta x = \Delta z$ 로 두면,

$\Delta y = a^{(z + \Delta z)} - a^z$

$\dfrac{\Delta y}{\Delta x} = \dfrac{a^{(z + \Delta z)} - a^z}{\Delta x}$

$\quad = \dfrac{a^{(z + \Delta z)} - a^z}{\Delta z} \cdot \dfrac{\Delta z}{\Delta x}$

$\quad = \dfrac{a^{(z + \Delta z)} - a^z}{\Delta z} \cdot i$

$\displaystyle\lim_{\Delta x \to 0} \dfrac{\Delta y}{\Delta x} = \lim_{\Delta x \to 0} \dfrac{a^{(z + \Delta z)} - a^z}{\Delta z} \cdot i$

$\quad = i \cdot \displaystyle\lim_{\Delta z \to 0} \dfrac{a^{(z + \Delta z)} - a^z}{\Delta z}$

$\quad = i \cdot (a^z)'$

$\quad = i \cdot \log_e a \cdot a^z$ (406 참고)

$\quad = i \cdot \log_e a \cdot a^{ix}$

$\boxed{(a^{ix})' = i \cdot a^{ix} \times \log_e a}$

$a = e$ 이면 $\log_e e = 1$ 인 것을 기억하자.

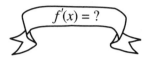

아까 나온 공식에 i 를 붙여보자.

$f(x) = 1 + ix$ 　1차 미분하면 i 가 되지만

$f'(0) = i$ 　　　2차 미분해서 x에 0을 대

　　　　　　　입하면 값이 0이 되므로

　　　　　　　맞지 않다.

$f(x) = i \cos x$

$f'(x) = - i \sin x$

$f'(0) = - i \sin 0$

$f'(0) = 0$

역시 0이 되므로 불합격.

$f(x) = a^{ix}$

$f'(x) = i \cdot a^{ix} \times \log_e a$

$f'(0) = i \cdot a^{i0} \times \underline{\log_e a}$

$f'(0) = i \cdot 1$

$f'(0) = i$

여기가 1이 되면 좋지 않을까?

log에선 $a = e$가 되면 1이 될 것이

다. 그렇다는 건 $a^{ix} = e^{ix}$ 이며

즉 $f(x)$의 식은 $\boxed{f(x) = e^{ix}}$ 이 되는 걸까?

　　지금까지 긴 시간을 거쳐 도출해낸 것이 이 공식이다. 다시 한 번 표의 $i\sin x + \cos x$ 칸을 주목하자!

	$f(0)$	$f'(0)$	$f''(0)$	$f'''(0)$	$f^{(4)}(0)$	$f^{(5)}(0)$
$i\sin x + \cos x$	1	i	-1	$-i$	1	i

　　"어? 4개 다 원래의 값으로 돌아왔잖아!"

　　맞다! 이 4개가 전부, 즉 4차 미분해서 원래로 돌아온다는 성질은 $\sin$, $\cos$ 각각에 있었다. 그리고 이 외에도 하나 더 있었다.

　　"아하! 전에 했던 그거요!"

$$(e^{ix}) \;\to\; e^{i\,0} = 1$$
$$(e^{ix})' \;=\; i \cdot e^{ix} \to i$$
$$(e^{ix})'' \;=\; i \cdot i \cdot e^{ix} = -1 \cdot e^{ix} \to -1$$
$$(e^{ix})''' \;=\; i \cdot i \cdot i \cdot e^{ix} = -i \cdot e^{ix} \to -i$$
$$(e^{ix})^{(4)} \;=\; i \cdot i \cdot i \cdot i \cdot e^{ix} = (-1) \cdot (-1) \cdot e^{ix} \to 1$$

Key point

x에 0을 대입하는 걸 잊지 마세요.

　　기억났는가? 4차 미분으로 원래로 돌아온다는 성질이 같은 데다 도출된 수$(1, i, -1, -i, \cdots)$가 정확히 일치한다!

　　그렇다는 건 $i\sin x + \cos x$는 e^{ix}이라고 말할 수 있지 않을까?

해, 해, 해냈다!! 드디어 발견했다!

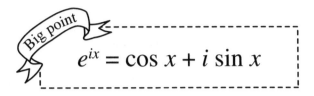

$$e^{ix} = \cos x + i \sin x$$

이것이 **오일러 공식**이다.

이 오일러 공식은 물리책에도 자주 나오고, 트래칼리 강의에서도 흔히 등장합니다. 물리학자인 야마자키 선생님은 e^{ix}을 좀 더 복잡하게 나타낸 공식을 칠판 가득히 쓰곤 하셨습니다. 지금까지 우리와는 전혀 인연이 없었지만 이 오일러 공식의 e^{ix}을 알게 된 뒤 수학이나 물리에 약간의 친근감을 느끼게 되었습니다.
그리고 이 공식에 대해 지금은 고인이 된 미국의 물리학자 파인먼은 이렇게 말했습니다. "이것은 수학사상 가장 위대한 공식이며, 우리의 보물이다"라고.

덤으로 e^{ix}의 매클로린 전개와 $i \sin x$, $\cos x$를 정렬해보자.

$$i \sin x = 0 + i \cdot x + 0x^2 - i \cdot \frac{1}{3!}x^3 + 0x^4 + i \cdot \frac{1}{5!}x^5 + 0x^6 - i \cdot \frac{1}{7!}x^7 + 0x^8 + \cdots$$

$$\cos x = 1 + 0x - \frac{1}{2!}x^2 + 0x^3 + \frac{1}{4!}x^4 + 0x^5 - \frac{1}{6!}x^6 + 0x^7 + \frac{1}{8!}x^8 + \cdots$$

$$e^{ix} = 1 + i \cdot x - \frac{1}{2!}x^2 - i \cdot \frac{1}{3!}x^3 + \frac{1}{4!}x^4 + i \cdot \frac{1}{5!}x^5 - \frac{1}{6!}x^6 - i \cdot \frac{1}{7!}x^7 + \frac{1}{8!}x^8 + \cdots$$

이런 식으로 딱 들어맞는다. 수학이란 정말 규칙적이다. 이 오일러 공식을 가우스 평면 위에 그려보자.

가우스 평면

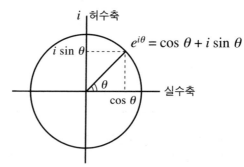

"그런데 잠깐만요. 왜 'x'인 부분을 'θ'로 바꾼 건가요?"

그건 지금까지를 되돌아보면 바로 알 수 있다. 예컨대, $\sin x$를 $\sin 0$으로 했을 때 이 $\sin 0$는 $\sin$ 파동이 0도일 때라는 뜻이었다. 즉 각도였던 것이다. 그러므로 x를 각도의 기호 θ로 고쳐 쓴 것이다.

이제 끝났다고 생각하는가? 사실 아직이다.

실제로 지금까지 푸리에에서 쓰였던 것은 $e^{i\theta}$이 아니라 $\sin\theta$나 $\cos\theta$였다. 그래서 이제부터 공식을 바꿔 쓸 때에 필요한 것은, $\sin\theta$를 $e^{i\theta}$으로 나타낸 식과 $\cos\theta$를 $e^{i\theta}$으로 나타낸 식인 것이다.

오일러 공식은 하나뿐이지만 이 식의 θ가 $-\theta$일 때와 $+\theta$일 때 표현이 달라질 수 있다. 여기에서 2개의 공식이 생겨난다. 이 두 공식의 연립 방정식의 해를 구함으로써 $\sin\theta$와 $\cos\theta$는 $e^{i\theta}$으로 표기하게 될 것이다.

현재 알고 있는 건 θ가 (+)일 때의 함수이다. $-\theta$일 때는 어떻게 될까?

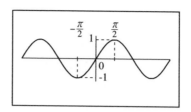

sin 파동의 경우 θ를 $\frac{\pi}{2}$와 $-\frac{\pi}{2}$에서 취했을 때, 각각 1과 -1이 되므로 사인 파동은 θ와 $-\theta$를 따로 쓴다!

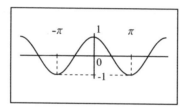

cos 파동의 경우 θ를 π와 $-\pi$로 취했을 때, 둘 다 -1이 되므로 코사인 파동은 같은 θ로 쓸 수 있다!

이로써 2개의 공식이 만들어졌다.

$$
\begin{aligned}
e^{i\theta} &= \cos\theta + i\sin\theta \\
e^{-i\theta} &= \cos(-\theta) + i\sin(-\theta) \\
&= \cos\theta - i\sin\theta
\end{aligned}
$$

여기에서 $\sin\theta$와 $\cos\theta$를 각각 e와 i를 써서 나타내는 데 위의 두 식을 연립방정식으로 계산한다. 우선 2개의 식을 더해보자.

$$e^{i\theta} = \cos\theta + i\sin\theta$$
$$+)\, e^{-i\theta} = \cos\theta - i\sin\theta$$
$$e^{i\theta} + e^{-i\theta} = 2\cos\theta$$
$$\cos\theta = \frac{e^{i\theta} + e^{-i\theta}}{2}$$

이번에는 위의 공식에서 아래의 공식을 뺀다.

$$e^{i\theta} = \cos\theta + i\sin\theta$$
$$-)\, e^{-i\theta} = \cos\theta - i\sin\theta$$
$$e^{i\theta} - e^{-i\theta} = 2i\sin\theta$$
$$\sin\theta = \frac{e^{i\theta} - e^{-i\theta}}{2i}$$

이것으로 $\sin\theta$, $\cos\theta$를 같은 문자를 사용해 각각 나타낼 수 있었다.

$$\cos\theta = \frac{e^{i\theta} + e^{-i\theta}}{2}$$
$$\sin\theta = \frac{e^{i\theta} - e^{-i\theta}}{2i}$$

드디어 해냈다! 이것으로 푸리에 급수 공식과 푸
리에 계수 공식을 확장하게 되었다. 이제부터 마주
칠 푸리에나, 아직 보지 못한 자연과학의 세계에서
대활약하는 이 오일러 공식($e^{i\theta} = \cos\theta + \sin\theta$)을 잘 활용하기 바란다.

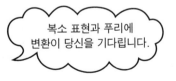

복소 표현과 푸리에
변환이 당신을 기다립니다.

우리 함께 가요!

$$e^{i\theta} = \cos\theta + i\sin\theta$$

매클로린 전개에서 e의 값을 구한다

매클로린 전개는 물리의 다양한 공식의 변환에 쓰이는 매우 편리한 수식이다. 매클로린 전개를 사용하면 e의 값을 무척 간단히 구할 수 있다.

e^x이라는 함수는 미분해도 적분해도 변함없이 e^x인 채였다. 즉 $(e^x)'$ $= e^x$이라는 것이다. 이 성질을 이용해 e^x을 매클로린 전개해보자.

$f(x) = e^x$으로 두고 a_0를 구하면

$$a_0 = \frac{1}{0!}f(0) = \frac{1}{1}e^0$$

어떤 수라도 0제곱은 1이 되었으므로

$$a_0 = \frac{1}{0!}f(0) = \frac{1}{1}e^0 = 1 \text{ 로 } a_0 \text{는 1이 된다.}$$

그렇다면 a_1은

$$a_1 = \frac{1}{1!}f(0) = \frac{1}{1!}e^0 = 1$$

a_2는

$$a_2 = \frac{1}{2!}f(0) = \frac{1}{2!}e^0 = \frac{1}{2!}$$

a_3 이후로는

$$a_3 = \frac{1}{3!}f(0) = \frac{1}{3!}e^0 = \frac{1}{3!}$$

$$a_4 = \frac{1}{4!}f(0) = \frac{1}{4!}e^0 = \frac{1}{4!}$$

$$a_5 = \frac{1}{5!}f(0) = \frac{1}{5!}e^0 = \frac{1}{5!}$$

$$\vdots \qquad \vdots \qquad \vdots$$

$$a_n = \frac{1}{n!}f(0) = \frac{1}{n!}e^0 = \frac{1}{n!}$$

이들을 원래의 함수 $f(x)$를 구하는 식에 넣으면

$$f(x) = 1 + 1 \cdot x + \frac{1}{2!}x^2 + \frac{1}{3!}x^3 + \frac{1}{4!}x^4 + \frac{1}{5!}x^5 + \cdots$$

가 되어 e^x의 매클로린 전개가 되었다. 거기에서 $f(x)$에 $x=1$을 넣으면

$$f(1) = 1 + 1 + \frac{1}{2!}1^2 + \frac{1}{3!}1^3 + \cdots + \frac{1}{n!}1^n + \cdots$$

즉 e라는 수는

$$e = 1 + 1 + \frac{1}{2} + \frac{1}{6} + \frac{1}{24} + \frac{1}{120} + \frac{1}{720} + \cdots$$

이렇게 무한히 합해진 수로, 계속 더할수록 그 값은 점점

$\boldsymbol{e = 2.7182818284}\cdots$에 가까워진다.

Chapter

11

푸리에 급수 전개의
복소 표현

이번 장에선 여태껏 손에 넣은 e와 i 그리고 오일러 공식을 사용하여 푸리에 급수 공식과 계수 공식을 다시 표현할 것이다. 그러면 사인과 코사인 함수를 하나의 항목으로 묶을 수 있게 된다.

이 장의 마지막에는 푸리에 급수, 계수 공식이 하나의 간결한 공식으로 탈바꿈할 것이다.

이 장의 주제는 '푸리에 급수 전개의 복소 표현'이다. 오랜만에 푸리에 급수와 계수의 이야기를 하고자 한다.

제3부에 들어서고부터, 언뜻 생각하기에는 푸리에와는 직접적인 관계가 없는 것을 다뤄왔다.

- *e*와 *i*
- **매클로린 전개**
- **오일러 공식**

하지만 지난 장에서 오일러 공식을 도출해봤더니 cos과 sin이 튀어나왔다. *e*와 *i*를 사용하면 cos과 sin을 함께 표시할 수 있다는 걸 알게 된 것이다. 그 공식을 떠올려보자.

$$e^{i\theta} = \cos\theta + i\sin\theta$$
$$e^{-i\theta} = \cos\theta - i\sin\theta$$

이 공식으로 cos과 sin에 대해 다시 써보면 다음과 같다.

$$\cos \theta = \frac{1}{2}(e^{i\theta} + e^{-i\theta})$$
$$\sin \theta = \frac{1}{2i}(e^{i\theta} - e^{-i\theta})$$

기억났는가? 제3부가 시작된 후 지금까지 e와 i, 매클로린 전개에 관해 배운 것은 이 공식을 이끌어내기 위해서였다. 또 우리는 지금까지 개별적으로밖에 나타낼 수 없었던 cos과 sin이, e와 i를 이용해 하나로 묶일 수 있다는 사실도 알게 되었다.

그리고 이제 오일러 공식을 써서 지금까지 다룬 푸리에 급수와 계수 공식을 다시 써보려 한다. 푸리에 급수·계수 공식은 이미 단정하게 완성된 형태이다. 다시 말해 이 이상 단순한 형태로 분해될 수 없으며, 식이 나타내야 하는 점은 다 나타내고 있다는 뜻이다. 그 엄청난 공식을 이루는 사인과 코사인 함수를 e와 i를 사용하여 다시 쓰는 것은 쉬운 일이다. 그것만이라면 별일 아니라고 하겠지만, 문제는 다시 정리한 식이 최종적으로 얼마나 잘 다듬어질 것인가, 그것이 오늘의 요점이다.

여태까지의 푸리에 급수·계수 공식이 어떻게 변화해 갈지도 물론 기대되지만 공식의 변환을 통해 '수학'의 진정한 재미와 아름다움을 여러분도 부디 발견하게 되기 바란다.

그럼 당장 시작하자. 변환과정을 알기 쉽게 4단계로 나누겠다. 표로 만들면서 연구해보자.

① **종래의 푸리에 급수·계수 공식**
② **오일러 공식을 대입해 e와 i로 변환한다.**
③ **$e^{i\theta}$, $e^{-i\theta}$으로 각기 묶는다.**
④ **$e^{i\theta}$으로 정리한다.**

이 4단계를 순서대로 거칠 것이다. 496쪽에 실린 공백의 표를 지금부터 메워나가는 것이다. 표에 적는 식에는 번호를 매겨둘 테니 여러분 스스로 이 표를 완성해보라.

1. 종래의 푸리에 급수·계수 공식

푸리에 급수

$$f(t) = a_0 + \sum_{n=1}^{\infty} (a_n \cos n\omega t + b_n \sin n\omega t) \quad \cdots\cdots (1)$$

푸리에 계수

$$a_0 = \frac{1}{T} \int_0^T f(t)\, dt \qquad\qquad \cdots\cdots (2)$$

$$a_n = \frac{2}{T} \int_0^T f(t) \cos n\omega t\, dt \qquad \cdots\cdots (3)$$

$$b_n = \frac{2}{T} \int_0^T f(t) \sin n\omega t\, dt \qquad \cdots\cdots (4)$$

보고 싶었던 광경이다. 꽤 오랜 기간 보지 못한 탓에 잊어버린 사람도 많을지 모른다. 당장 표의 첫째 줄에 써넣자. 곧바로 2단계로 넘어가고 싶지만, 이들 식이 무엇을 나타내고 있는지를 잠시 곱씹어 보자. 지금 기억해 두지 않으면, 뒷장에서 큰 낭패를 보게 될 테니 똑똑히 떠올려보자.

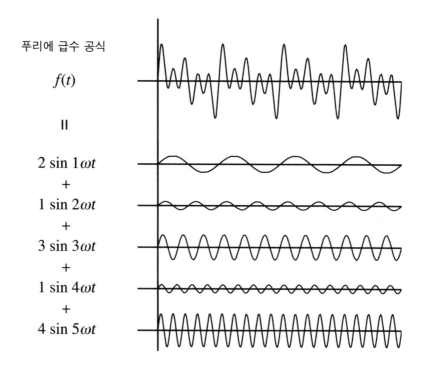

푸리에 급수 공식

$f(t)$

||

$2 \sin 1\omega t$
+
$1 \sin 2\omega t$
+
$3 \sin 3\omega t$
+
$1 \sin 4\omega t$
+
$4 \sin 5\omega t$

주기를 가진 복합 파동 $f(t)$는 단순 파동의 합으로 나타낼 수 있다. 단순 파동이란 다음의 세 종류를 말한다.

코사인 파동, 사인 파동, a_0

파동 a_0는 위아래의 어긋남을 나타내는 일직선 파동이다. 사인과 코사인 파동의 주기는 $f(t)$의 주기의 정수배가 될 것이다. 진폭 a_n, b_n은 복합 파동 내에서 사인과 코사인 파동이 얼마나 포함되어 있는지를 나타낸다.

푸리에 계수 공식

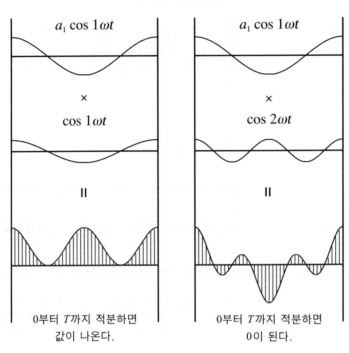

$a_1 \cos 1\omega t$

$\times$

$\cos 1\omega t$

$\parallel$

0부터 T까지 적분하면
값이 나온다.

$a_1 \cos 1\omega t$

$\times$

$\cos 2\omega t$

$\parallel$

0부터 T까지 적분하면
0이 된다.

푸리에 계수는 $f(t)$를 사인과 코사인 파동으로 분해했을 때, 각각의 사인과 코사인 파동의 양을 알려주는 진폭 a_0, a_n, b_n을 구해준다. 예를 들어 a_1을 구하려면, $a_1 = \dfrac{2}{T}\displaystyle\int_0^T f(t) \cos 1\omega t \, dt$ 라는 계산을 하게 되는데

$$f(t) = a_0 + a_1 \cos 1\omega t + b_1 \sin 1\omega t$$
$$+ a_2 \cos 2\omega t + b_2 \sin 2\omega t$$
$$+ \cdots$$

이처럼 $f(t)$는 무한히 이어진 덧셈으로 표현된다. 이 각각의 항에 일일이 $\cos 1\omega t$를 곱한 뒤 모든 항을 $0 \to T$의 범위에서 적분해보자. 다음 법칙이 무척 중요했다.

적분하면 cos 1ωt를 곱한 $a_1$cos 1ωt만 남기고, 모든 항은 0이 된다.

이렇듯 구하고 싶은 진폭의 항목만이 남는 엄청난 계산이 푸리에 계수이다.

2. 오일러 공식을 대입해 e와 i로 변환한다

푸리에 급수와 전개식이 기억났으니 이번엔 이 식에 오일러 공식을 대입하자. 먼저 오일러 공식을 복습해보자. 여기서는 다음과 같이 쓰겠다.

$$\theta = n\omega t$$

같은 뜻이니까 당황하지 말자.

$$e^{in\omega t} = \cos n\omega t + i \sin n\omega t$$
$$e^{-in\omega t} = \cos n\omega t - i \sin n\omega t$$
$$\cos n\omega t = \frac{1}{2}(e^{in\omega t} + e^{-in\omega t})$$
$$\sin n\omega t = \frac{1}{2i}(e^{in\omega t} - e^{-in\omega t})$$

> $\sin n\omega t$와 $\cos n\omega t$를 변환합니다.

연습도 충분히 했으니 이제부터 진짜로 식을 변환해보자!

$$f(t) = a_0 + \sum_{n=1}^{\infty} \left\{ \frac{a_n}{2}(e^{in\omega t} + e^{-in\omega t}) + \frac{b_n}{2i}(e^{in\omega t} - e^{-in\omega t}) \right\} \quad \cdots\cdots (5)$$
$$a_0 = \frac{1}{T}\int_0^T f(t)dt \quad\quad\quad\quad\quad\quad\quad\quad\quad\quad \cdots\cdots (6)$$

$$a_n = \frac{2}{T}\int_0^T f(t)\frac{1}{2}(e^{in\omega t} + e^{-in\omega t})dt \quad \cdots\cdots (7)$$

$$b_n = \frac{2}{T}\int_0^T f(t)\frac{1}{2i}(e^{in\omega t} - e^{-in\omega t})dt \quad \cdots\cdots (8)$$

cos과 sin의 부분에 오일러 공식을 대입했다. 말 그대로 대입만 했을 뿐이다. 어서 표에 적어 넣자. 2단계에서 하는 건 여기까지이다. 점점 식이 복잡해지는데, 분해한 뒤 다시 요약하는 과정의 하나일 뿐이니 마음을 닫지 말고 연구를 계속하자.

3. $e^{in\omega t}$, $e^{-in\omega t}$ 으로 각기 묶는다

오일러 공식을 대입함으로써 cos과 sin은 식에서 사라졌다. 하지만 모양새는 아직 흐리멍덩하다. 이제부터는 기존의 묶음을 분해하여, $e^{in\omega t}$과 $e^{-in\omega t}$을 써서 각각 다시 새롭게 묶을 것이다. 우선 급수 공식부터 보자.

급수 공식

$$f(t) = a_0 + \sum_{n=1}^{\infty}\left\{\frac{a_n}{2}(e^{in\omega t} + e^{-in\omega t}) + \frac{b_n}{2i}(e^{in\omega t} - e^{-in\omega t})\right\}$$

안쪽 괄호를 펼친다.

$$f(t) = a_0 + \sum_{n=1}^{\infty}\left(\frac{a_n}{2}e^{in\omega t} + \frac{a_n}{2}e^{-in\omega t} + \frac{b_n}{2i}e^{in\omega t} - \frac{b_n}{2i}e^{-in\omega t}\right)$$

A

B

$e^{in\omega t}$, $e^{-in\omega t}$으로 각각 묶는다. 즉 A, B를 같게 해야 한다.

우선 서로 다른 분모를 같게 만들어야겠다. 분모에 i가 들어 있는 두 개의 항에 $\dfrac{i}{i}$를 곱한다. $\dfrac{i}{i} = 1$이 고 1은 곱해도 변함없으니 아무 문제도 없다.

이것은 $i^2 = -1$이라는 i의 성질을 이용하는 것이다.

$$f(t) = a_0 + \sum_{n=1}^{\infty} \left(\frac{a_n}{2}e^{in\omega t} + \frac{a_n}{2}e^{-in\omega t} + \frac{ib_n}{2i^2}e^{in\omega t} - \frac{ib_n}{2i^2}e^{-in\omega t} \right)$$
$$= a_0 + \sum_{n=1}^{\infty} \left(\frac{a_n}{2}e^{in\omega t} + \frac{a_n}{2}e^{-in\omega t} - \frac{ib_n}{2}e^{in\omega t} + \frac{ib_n}{2}e^{-in\omega t} \right)$$

이제 분모가 같아졌으니 A와 B를 따로 모아준다.

$$f(t) = a_0 + \sum_{n=1}^{\infty} \left\{ \frac{1}{2}(a_n - ib_n)e^{in\omega t} + \frac{1}{2}(a_n + ib_n)e^{-in\omega t} \right\} \quad \cdots\cdots (9)$$

$e^{in\omega t}$, $e^{-in\omega t}$을 써서 각 구획끼리 모아졌다. 표에 기입하자.

계수 공식

$$a_0 = \frac{1}{T}\int_0^T f(t)dt \quad \cdots\cdots (10)$$

이것은 e도 i도 나오지 않으니까 이대로 표에 기입하자.

$$a_n = \frac{2}{T}\int_0^T f(t)\frac{1}{2}(e^{in\omega t} + e^{-in\omega t})dt$$

우선 상수를 적분의 바깥으로 내보내 괄호를 연다.

$\frac{1}{2}$은 t에 대한 적분에서는 값의 변화가 없다. 즉 상수이므로 곱한 뒤에 적분하든 적분의 밖으로 이동한 뒤 적분하고 곱하든, 결과는 같다.

$$a_n = \frac{1}{2} \cdot \frac{2}{T} \int_0^T f(t)\left(e^{in\omega t} + e^{-in\omega t}\right)dt$$

$$= \frac{1}{T} \int_0^T \left\{ f(t)e^{in\omega t} + f(t)e^{-in\omega t} \right\}dt$$

여기에서 우리는 훨씬 제7장 '적분'에서 배웠던 적분의 성질을 떠올려야 한다. 위 식은 적분의 내부가 함수의 덧셈으로 이루어져 있다. 이러한 경우는 적분의 다음과 같은 성질에 의한 것이다.

어느 두 함수를 같은 범위에 대해 적분할 때, 더한 뒤 적분하든 적분한 뒤 더하든 결과는 같다.

그래프로 만들어보면 쉽게 이해가 될 것이다.

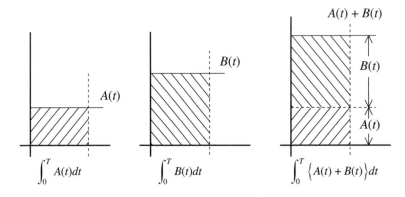

Tips

적분이란 함수와 t축에 가로막힌 부분의 면적을 구하는 것이다.

면적: 세로×가로

범위가 같은 경우는 가로는 그대로이니 높이, 즉 $A(t)$나 $B(t)$의 값을 곱 하면 면적이 나온다. 그 $A(t)$, $B(t)$는 처음에 더해도 상관없다.

지금은 잘 모르는 사람도 그러려니 하고 넘어가자. 이것을 사용해 다시 변환한다. 앞의 식부터 써보자.

$$a_n = \frac{1}{T} \int_0^T \left\{ f(t)e^{in\omega t} + f(t)e^{-in\omega t} \right\} dt$$

$$a_n = \frac{1}{T} \int_0^T f(t)e^{in\omega t} dt + \frac{1}{T} \int_0^T f(t)e^{-in\omega t} dt$$

여기에서 일단 멈춰두고, b_n의 공식을 변형하자. 방법은 같으나 i가 들어 있는 만큼 좀 더 성가시다.

$$b_n = \frac{2}{T} \int_0^T f(t) \frac{1}{2i} \left(e^{in\omega t} - e^{-in\omega t} \right) dt$$

상수를 적분기호 밖으로 이동하고 괄호를 푼 뒤, 적분의 덧셈 형태로 만든다. 이걸 한꺼번에 해보자.

$$b_n = \frac{1}{2i} \cdot \frac{2}{T} \int_0^T f(t) \left(e^{in\omega t} - e^{-in\omega t} \right) dt$$

$$= \frac{1}{i} \left\{ \frac{1}{T} \int_0^T f(t)e^{in\omega t} dt - \frac{1}{T} \int_0^T f(t)e^{-in\omega t} dt \right\}$$

$\frac{1}{i}$이 문제다. 양변에 i를 곱해 우변부터 없앤다.

$$ib_n = i \frac{1}{i} \left\{ \frac{1}{T} \int_0^T f(t)e^{in\omega t} dt - \frac{1}{T} \int_0^T f(t)e^{-in\omega t} dt \right\}$$

$$= \frac{1}{T} \int_0^T f(t)e^{in\omega t} dt - \frac{1}{T} \int_0^T f(t)e^{-in\omega t} dt$$

이것으로 b_n의 식도 a_n과 같은 형태가 되었다. 한번 비교해보자.

$$a_n = \frac{1}{T}\int_0^T f(t)e^{in\omega t}dt + \frac{1}{T}\int_0^T f(t)e^{-in\omega t}dt$$

$$ib_n = \frac{1}{T}\int_0^T f(t)e^{in\omega t}dt - \frac{1}{T}\int_0^T f(t)e^{-in\omega t}dt$$

우변을 더하는가, 빼는가의 차이를 제외하면 완전히 같은 형태가 되었다. 이번 3단계의 목적은 $e^{in\omega t}$의 항과 $e^{-in\omega t}$의 항으로 정리하는 것이다. 이 두 개의 식을 각각 $e^{in\omega t}$의 항, $e^{-in\omega t}$의 항으로 정리하려면 연립방정식의 풀이를 쓰면 된다.

> 이것은 오일러 공식에서 cos과 sin을 구할 때도 쓰였지요.

$$\begin{array}{c} A = X + Y \\ +)\quad B = X - Y \\ \hline A + B = 2X \end{array}$$
$$\therefore \frac{1}{2}(A + B) = X$$

$$\begin{array}{c} A = X + Y \\ -)\quad B = X - Y \\ \hline A - B = 2Y \end{array}$$
$$\therefore \frac{1}{2}(A - B) = Y$$

이 방법을 써서 계산하고 싶다면,

$$A = a_n \qquad X = \frac{1}{T}\int_0^T f(t)e^{in\omega t}dt$$

$$B = ib_n \qquad Y = \frac{1}{T}\int_0^T f(t)e^{-in\omega t}dt$$

위와 같이 생각하면 된다. 결과는 다음과 같다.

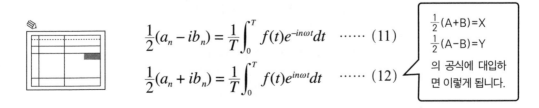

$$\frac{1}{2}(a_n - ib_n) = \frac{1}{T}\int_0^T f(t)e^{-in\omega t}dt \quad \cdots\cdots (11)$$

$$\frac{1}{2}(a_n + ib_n) = \frac{1}{T}\int_0^T f(t)e^{in\omega t}dt \quad \cdots\cdots (12)$$

> $\frac{1}{2}(A+B)=X$
> $\frac{1}{2}(A-B)=Y$
> 의 공식에 대입하면 이렇게 됩니다.

자! 이 식을 표에 써넣자. 기입이 끝나면 차분히 표를 들여다 보자. 제3단계의 칸을 왼쪽에서부터 차례로 훑어보면… 어라?! 같아진 부분이 보이는가? 그러면,

$$\frac{1}{2}(a_n - ib_n) = A_n$$

$$\frac{1}{2}(a_n + ib_n) = B_n$$

이렇게 두고, (9) (11) (12)식을 변환해보자.

$$f(t) = a_0 + \sum_{n=1}^{\infty} \left(A_n e^{in\omega t} + B_n e^{-in\omega t} \right) \quad \cdots\cdots (13)$$

$$A_n = \frac{1}{T} \int_0^T f(t) e^{-in\omega t} dt \qquad\qquad \cdots\cdots (14)$$

$$B_n = \frac{1}{T} \int_0^T f(t) e^{in\omega t} dt \qquad\qquad \cdots\cdots (15)$$

이 3개의 식도 표에 기입한다.

이와 같이 퍽 아름답게 $e^{in\omega t}$, $e^{-in\omega t}$으로 각기 정리할 수가 있었다. 표도 거의 다 메웠으니 기운 내서 제4단계까지 한달음에 달려가자.

4. $e^{in\omega t}$으로 정리한다

$e^{in\omega t}$과 $e^{-in\omega t}$은 지수의 부호가 플러스, 마이너스의 차이 외에는 똑같다. 여기서 이 두 개를 더욱 정돈하여, $e^{in\omega t}$의 식만으로 만들고 싶다. 여기까지 정돈된 것만으로도 충분히 보기 좋은데다, 종래의 식과 비교해도

큰 차이를 모르겠는데 그럴 필요가 있을까 하고 생각할지도 모르겠다.

그러나 식을 치환하는 단계는 다음부터가 재미있다. 기호나 공식이 나타내는 의미를 깨닫고, 다른 각도로 보고 새로운 기술이 가능하다는 걸 알게 되는 쪽이 그저 계산만 하는 것보다 훨씬 더 수학답고 재미있게 느껴지지 않는가? 어쨌든 우리에겐 전진만이 있을 뿐이다. 시도해보자.

먼저, 멈춰 두었던 a_0식을 좀 더 다듬을 수 있는지 알아보자. 일단 (13)의 급수 공식의 괄호를 열어보겠다.

$$f(t) = a_0 + \sum_{n=1}^{\infty} A_n e^{in\omega t} + \sum_{n=1}^{\infty} B_n e^{-in\omega t}$$

$e^{in\omega t}$의 항은 n의 범위가 1→∞이다. 시험 삼아 $n=0$일 때는 어떻게 될지 계산해보자.

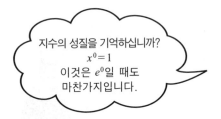

지수의 성질을 기억하십니까?
$x^0 = 1$
이것은 e^0일 때도 마찬가지입니다.

$$A_0 \, e^{i0\omega t} = A_0 \, e^0$$
$$A_0 = \frac{1}{T} \int_0^T f(t) e^0 \, dt$$
$$= \frac{1}{T} \int_0^T f(t) dt$$
$$= a_0$$

놀랍게도 a_0가 나왔다. a_0는 $A_n e^{in\omega t}$에서 $n=0$일 때였다.

그러면 $e^{in\omega t}$의 항에서 $\sum$의 범위를 넓혀 a_0도 포함하자.

$$f(t) = \sum_{n=0}^{\infty} A_n e^{in\omega t} + \sum_{n=1}^{\infty} B_n e^{-in\omega t}$$

다음으로 $e^{-in\omega t}$의 항도 함께 정리하고 싶다. 지수에 있는 마이너스를 플러스로 바꿀 수 있다면 어떻게 될 것 같기도 하다. 그렇다고 무작정 바꿨다간 식의 의미까지 변할 텐데 어쩐다….

실은 '∑의 범위에서 결산을 맞춘다'는 기술을 쓸 수 있다. '$-in\omega t$'속에서 n은 그 자체로는 특별한 의미를 갖지 않는다. n은 '순서대로 수를 넣어 계산해간다'라는 뜻으로 ∑와 세트를 이룬다. 이 n을 $-n$으로 만들면서 계산 결과를 바꾸지 않는 방법이 있다. 이를테면

$$\sum_{n=1}^{3} 2^n = 2^1 + 2^2 + 2^3$$

이 식으로 n을 $-n$으로 만들고 ∑의 범위만 잘 조정하면 답을 바꾸지 않고 끝낼 수 있다.

$$\sum_{n=-1}^{-3} 2^{-n} = 2^{-(-1)} + 2^{-(-2)} + 2^{-(-3)}$$
$$= 2^1 + 2^2 + 2^3$$

보는 바와 같이 ∑의 범위에도 마이너스를 붙이면 답은 변하지 않고 끝난다. 어서 이 방법을 써서 $e^{-in\omega t}$ 항의 n의 부호를 바꿔보자.

$$\sum_{n=1}^{\infty} B_n e^{-in\omega t} = \sum_{n=-1}^{-\infty} B_{(-n)} e^{-i(-n)\omega t}$$
$$= \sum_{n=-1}^{-\infty} B_{(-n)} e^{in\omega t}$$

해냈군. 같은 $e^{in\omega t}$이 되었다! 그리고 $\sum$의 범위가 $-1 \to -\infty$로 바뀌었다. 식을 전부 적어보자.

$$f(t) = \sum_{n=0}^{\infty} A_n e^{in\omega t} + \sum_{n=-1}^{-\infty} B_{(-n)} e^{in\omega t}$$

A_n의 $\sum$는 $0 \to \infty$, $B_{(-n)}$의 $\sum$는 $-1 \to -\infty$가 된다. 이렇게 시야를 약간 바꾸어 변환해보니 $B_{(-n)}$의 항은, $e^{in\omega t}$의 n이 $-1 \to -\infty$일 때를 나타내고 있었다. 그리고 이로써 $-\infty$에서 ∞까지의 모든 것이 $\sum$의 범위가 되었다.

자, $e^{in\omega t}$에 대해 하나로 통일하자. 표에서 (15)번 공식을 보자.

$$B_n = \frac{1}{T} \int_0^T f(t) e^{in\omega t} dt$$

이것이 B_n이었다. 그러면 $B_{(-n)}$은 어떻게 될까?

$$\begin{aligned} B_{(-n)} &= \frac{1}{T} \int_0^T f(t) e^{i(-n)\omega t} dt \\ &= \frac{1}{T} \int_0^T f(t) e^{-in\omega t} dt \\ &= A_n \end{aligned}$$

A_n이 되어버렸다. $e^{in\omega t}$의 계수는 A_n이니 이렇게 되는 것도 당연하다면 당연하다. 그러므로 하나로 묶는 데 아무 문제도 없어졌다.

정리해보자. $e^{in\omega t}$의 계수는 A_n이어도 상관없으나 $\sum$의 범위가 넓어져 a_0, B_n을 포함한 A_n이라는 뜻이 되므로, 새롭게 'C_n'이란 이름을 붙이고자 한다. 하지만 식은 A_n인 채이다.

푸리에 급수 복소 표현

$$f(t) = \sum_{n=-\infty}^{\infty} C_n e^{in\omega t} \quad \cdots\cdots (16)$$

푸리에 계수 복소 표현

$$C_n = \frac{1}{T} \int_0^T f(t) e^{-in\omega t} dt \quad \cdots\cdots (17)$$

드디어 나왔다!! 이것이야말로 오늘의 긴 여정을 거쳐 찾아 헤맨 식이다. 이 얼마나 간결하고 아름다운지. 당장 표에 기입하자. 이것으로 표도 완성이다. 푸리에 급수를 a_0, $\cos n\omega t$, $\sin n\omega t$ 이 세 항의 합으로 나타냈던 식에서는, 푸리에 계수도 식이 3개라 아주 길었다. 그러나 오일러 공식을 대입해서 변환하니 급수 공식도 계수 공식도 하나뿐인데다 군더더기 없는 아름다운 식이 되었다. 사인과 코사인을 다르게 표현하는 정도라면 매클로린 전개에서도 가능했겠지만 매우 긴 식이 되어버릴 테니 의미가 없다. 그러나 e와 i를 사용하면 짧게 정리된다.

게다가 종래의 식을 다시 적은 것뿐이라서 공식이 지닌 의미는 변하지 않는다. 제1단계에서 제4단계까지의 어느 단계에서도, 급수 공식과 계수 공식은 분명히 세트로 구해졌다. 제대로 대응하고 있는 것이다.

단지 하나 마음에 걸리는 점이 있다. 푸리에 계수의 복소 표현에서는 C_n을 구할 때, $f(t)$에 $e^{-in\omega t}$을 곱하고 있다. 종래의 식에선 푸리에 계수에서, $f(t)$에는 구하고 싶은 진폭의 파동과 같은 파동을 곱했었다. C_n에서는 구하고 싶은 진폭의 파동과는 다른 것을 곱한다. 정말로 대응하는 게 맞을까? 시험 삼아 C_m을 구해보자.

$$C_m = \frac{1}{T}\int_0^T f(t)e^{-im\omega t}dt$$

$$= \frac{1}{T}\int_0^T \sum_{n=-\infty}^{\infty} C_n e^{in\omega t} \cdot e^{-im\omega t}dt$$

이런 경우 $\sum$와 C_n은 적분의 덧셈(뺄셈)의 규칙을 써 밖으로 이동한다.

$$C_m = \frac{1}{T}\sum_{n=-\infty}^{\infty} C_n \underline{\int_0^T e^{in\omega t} \cdot e^{-im\omega t}dt}$$

이 부분에 대해 생각해봅시다.

n이 $-\infty \rightarrow \infty$로 순서대로 변해가는 도중에 딱 한 번, $n = m$이 되는 때가 있고 그 외에는 $n \neq m$이 된다. 그래서 $n \neq m$일 때 어떻게 되느냐면,

지수의 성질
$x^n \times x^m = x^{(n+m)}$을 떠올려 주세요.

$$\int_0^T e^{(in\omega t - im\omega t)}dt = \int_0^T e^{i(n-m)\omega t}dt$$

$e^{i(n-m)\omega t}$을 $0 \rightarrow T$, 즉 한 주기를 적분하면 어떻게 될까? 하나의 공식을 떠올려서 $\cos$과 $\sin$으로 써보면,

$$e^{i(n-m)\omega t} = \cos(n-m)\omega t + i\sin(n-m)\omega t$$

이렇게 되겠군. 그래서 이 $\cos$과 $\sin$은 0부터 T까지 적분하면 0이 된다.

$$\int_0^T e^{i(n-m)\omega t}dt = 0 + i \cdot 0 = 0$$

즉 $n \neq m$일 때의 답은 반드시 0이 되는 것이다. 다음으로 $n = m$일 경우를 볼까?

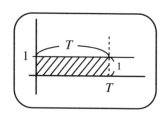

$$\int_0^T e^{i(n-m)\omega t} dt = \int_0^T e^{i0\omega t} dt$$
$$= \int_0^T e^0 dt = \int_0^T 1 dt = T$$

공식으로 돌아가자. $C_n = C_m$이므로

$$C_m = \frac{1}{T} C_n T = C_n = C_m$$

살짝 여우에 홀린 느낌도 들지만 그만큼 손쉽게 C_m을 구해냈다!

이처럼 복소수 표시의 식에서도 계수 C_n을 제대로 구할 수 있다는 게 증명되었다. 방금 계산에서 주목할 것이 있다.

푸리에 계수에서 중요한 것은 구하고 싶은 기울기만 남기고
나머지 항은 전부 0으로 만들 것!

바로 이 점이다. 나는 실제로 방금 계산을 하기 전까진 $f(t)$에 구하고픈 진폭의 파동과 같은 파동을 곱하는 것이 중요하다고 여기고 있었다. 종래의 식밖에 몰랐을 때는 눈치채지 못한 점이지만, 중요한 것은 구하고 싶은 항만을 남겨두는 것으로 그걸 위해 무얼 곱하는가는 상관없는 것이다.

게다가 이 C_n은 $f(t)$에서 직접 구한 것이다. 표를 작성하다 알아차렸

	푸리에 급수	푸리에 계수		
종래의 식	(1)	(2)	(3)	(4)
e와 i로 변환한다	(5)	(6)	(7)	(8)
$e^{in\pi t}$, $e^{-in\pi t}$으로 정리한다	(9) (13)	(10)	(11) (12)	(14) (15)
$e^{in\pi t}$으로 정리한다	(16)	(17)		

☞ 답은 575를 보세요.

는데, C_n의 식은 푸리에 계수 공식의 변환만으로 이루어진 식이다. 그러므로 a_0, a_n, b_n에서 비롯된 것이나 한 번 a_n이나 b_n을 구했기 때문이 아니라, $f(t)$에서 직접 구할 수 있었던 것은 당연하나 역시 굉장한 일이다. a_0, a_n, b_n도 한데 모아 나타낸 이런 짧은 공식은 그 계산도 분명히 짧아져있다. 또, 계수의 계산 방식은 e를 밑으로 하는 지수의 곱셈으로 되어 있으니까 지수를 더하기만 하면 되었다. 극히 간단하게 되어 있었던 것이다.

어쨌든 푸리에 급수와 계수의 복소 표현 공식을 도출하는데 성공하고, 덤으로 푸리에 계수의 중요한 점도 깨달을 수 있었다. 그러면 이 수업의 첫머리에 잠시 언급했던 수학의 감동을 계속해서 이야기하겠다.

여기서 다시 한 번, 냉정하게 n을 생각해보려 한다. 이 복소 표현 공식을 써서 실제로 C_n의 값을 구해보면 어떻게 될지, 이상하게 생각하는 사람도 있지 않을까. C_n이란 A_n에서,

$$A_n = \frac{1}{2}(a_n - i\, b_n)$$

이와 같이, 실제로 '값'을 구하는 경우에 관해서는 a_n과 b_n을 모르면 결국 구할 수 없다. 'C_n'으로는 간단히 구해졌지만 실제로 값을 '구하는' 단계까지 도달하면 전혀 쉽지 않다. 이렇게 힘들여서 cos과 sin을 함께 해왔는데 뭐가 문제인 거지? 이건 대체 무슨 조화인가?

> 구체적인 파동에 대해, C_n인 채 계산해보았으나 적분이 어려워서 구하지 못했어요. 충격이었습니다.

실은 이 부분의 강사로 입후보한 후부터 사루에게 여러 조언을 받으며 진행했기 때

> '사루'는 사루와타리 케이코 씨의 애칭으로, 제11장의 코치입니다.

문에 여기까지는 어렵지 않게 이해할 수 있었다. 그런데 e와 i, 즉 복소수로 표시함으로써 대체 어떤 이점이 있는가, 혹은 무엇이 편리해지는가를 생각하다 벽에 가로막힌 것이다.

'푸리에 급수·계수 공식을 cos, sin 이외의 함수를 써서 보다 수학적으로 아름답게 표시할 수 있다.' 그것을 안 것만으로도 굉장하다. 하지만 아름답게 나타낸 그 식이, 값을 구하기에는 오히려 애물단지가 되어버렸다. 아무리 수학적으로 아름답다 한들 이렇게 시간을 들여온 일인데 그래서야 너무 섭섭하지 않나 하는 생각이 들었다.

이점과 편리함을 추구하고 시도할 때마다 멋지게 무너져서 반쯤 오기가 생겼다. 종래의 공식을 복소수로 변환하더라도, 지금까지 우리가 알아온 한에서는

> 오기가 난 나는 '복소 표현'을 푸리에 강좌의 찌꺼기라고 비하한 적도 있습니다. 지금 생각하면 그저 부끄러울 뿐입니다.

지면이 적게 든다는 외에 아무 이점도 없었다. 편리해지는 것은 다음 번 이후, 푸리에 변환으로 식을 변환하면서부터이다.

무작정 복소수 표현의 이점을 추구하다 처음으로 깨달은 점이 있다. 그것 또한 오늘의 가장 큰 성과이기도 했다.

★ 아는 척 쓰던 '수학적으로 아름답다'라는 말의 참뜻을 이해한 것
★ '변환해도 아무 이익이 없다'는 것이 사실은 무척 중요했다는 것

이 두 가지가 핵심 포인트였다. 어째서냐고?

우리는 가장 재미있고 잘 알고 있었던 것을 완전히 잊고 있었다. 수학이란, 값을 구하는 계산을 위해서만 존재하는 게 아니었다.

무엇이 어떻게 되어있는가 하는 관계성을 찾아내고,
얼마나 간결하게 표시하는가.

이것이야말로 더할 나위 없이 수학적인 사고방식인 것이다! 예를 들면 오일러 공식도 그렇다.

$$e^{in\omega t} = \cos n\omega t + i \sin n\omega t$$

cos과 sin의 관계성을 e와 i를 써서 이렇게 간결하게 나타냈다. 그러므로 이 식은 수학적으로 아름답다! 계산을 편리하게 하기 위해서가 아니라 관계성을 아름답게 나타내는 것이야말로 '수학적'인 것이다. 우리는 지금까지 수학이란 말을 가볍게 입에 담아왔지만, 이제야 조금은 자신을 가지고 말하게 되었다고 생각한다.

복소 표현도 마찬가지이다. 결코 값을 구하기 위해 편리한 공식으로 다시 쓰고 싶었던 게 아니라, 오일러가 발견한 관계성을 사용해 좀 더 간결하게 나타내는 것, 그게 가장 중요한 일이 아니었을까. 그렇기에 바꿔

> C_n은 복합 파동 $f(t)$와 단순 파동과의 관계를 간결하게 나타내고 있지요.

쓰더라도 아무 이점도 생겨나지 않는다. 같은 의미를 보다 아름답게 표현하는, 이 수학의 마음가짐에 정말로 감동한 것이다.

그러니 C_n은 실제 계산에서는 아주 불편(나에게는)하고, a_n이나 b_n처럼 내일 당장 써먹을 수 있을 만큼 편리한 것도 아니다. 그러나 관계성을 아름답게 이야기해주는 아름다운 수학을 찾아낸 우리는, 보다 넓은 푸리에의 언어와 만난 것이다.

제3부가 시작되고 3장이 지났고 대학 노트 한 권 분량을 사용했지만, 이것은 파인먼 선생님 저서의 푸리에 장에서는 단 3줄 정도에 불과한 부분이다. 오늘은 그 작은 부분으로도 '수학의 아름다움'을 음미할 수 있었다. 이 앞에 펼쳐진 넓디넓은 푸리에의 세계를 향해 계속 나아가자!

Chapter

12

푸리에 변환과
파동의 불확정성

드디어 '주기 없는 파동'에도 통용하는 공식을 손에 넣을 때
가 찾아왔다. 전 장에서 공부했던 복소수 표현 식에서 주기를
$T \to \infty$로 함으로써 멋지게 '푸리에 변환'의 식을 이끌어내는
데 성공했으나 마지막에 '파동의 특징을 정확히 알 수는 없
다'라는 생각지도 못한 벽에 가로막힌다. 대체 이건 어떻게
된 일인가? 지금까지 해왔던 모든 것이 이 장에 집약된다.

1. 푸리에 변환

여러 난관을 만나면서도 여기까지 도달한 당신이야말로 '푸리에 변환'의 멋진 도전자이다.

어이쿠! 방심은 금물! 괴상한 전파가 들어왔다. 본 적도 없는 파형이다.

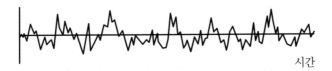

시간

뭔가 너저분하다. 만약을 위해 푸리에 계수 공식으로 해치우자. 우선, 주기 T를 정하고…. 어랍쇼? 어딜 반복해야 할까. 설마 하니 이건 반복이 없는 파동인가?

비주기 파동 괴수 출현!!

이 괴수와 싸우기 위해 e의 방패와 i의 창을 손에 넣었지만 그것만
으로는 어림도 없어 보인다. 이들 무기를 적절히 써서 쓰러뜨릴 수 있는
방법이 없을까? 조급해하지 말고, 침착하게 생각하자. 어디 익숙하면서
비주기성 파동이 없을지, 손을 가슴에 대고 잘 생각해보자. 두근, 두근.
맞아! 심장의 고동. 병원에서 심전도를 본 적 있는가? FFT와 꼭 닮은 기
계에서 나오는 파형이다. 정상일 때는 이런 느낌으로 반복하고 있다.

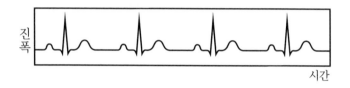

심박수는 대체로 60~70번/1분

주파수로 보면 60~70번/60 ＝1~1.2Hz

주기를 따지면 60 /60~70번＝0.86~1초

여기에서 1초 동안의 파동을 잘라내자.

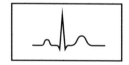

어라, 이게 주기일까? 하지만 한 주기를 잘라낸 것이니 주기가 맞지
않을까?

혹시 처음에 나온 심전도가 아니라 이 파형만 있었어도 이것이 한
주기인지 아닌지 알 수 있었을까? 아니다. 이것이 주기라는 걸 알려면
어느 정도 길게 볼 필요가 있다.

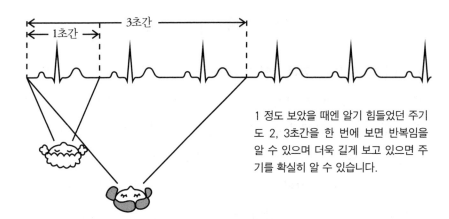

1 정도 보았을 때엔 알기 힘들었던 주기
도 2, 3초간을 한 번에 보면 반복임을
알 수 있으며 더욱 길게 보고 있으면 주
기를 확실히 알 수 있습니다.

그렇다고 더욱 길게 보겠다며 100년간의 심전도 파형을 한 번에 본
다한들…

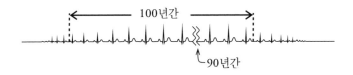

이 파형이 계속 반복하고 있다고는 말할 수 없다.

이런 식으로 주기라는 것은 인간이 필요에 의해 정하면 흡사 그 부
분이 영원히 반복되는 것처럼 여기지만 실제 파동은 사람의 인식 따위
는 아랑곳하지 않는다. 영원히 반복된다는 보장은 어디에도 없다. 그
래서 아까 등장했던 비주기 파동도, 제1부에서 연구했던 주기 파동도,
그 어느 쪽도 영원히 보고 있으면 주기가 있는지 없는지 실은 알 수
없는 것이다.

만약 무한한 시간 동안 파동을 보는 것이 가능하다면, 주기를 알 수
있을지도 모르나 이것은 허황된 가정이다. 그러면 언제 반복될지 알

수 없는 파동을 무한한 시간을 들여 반복된다고 가정한다면 어떨까? 무한한 시간을 들여 반복한다면 주기가 있는 듯 보이는 파동과 주기가 없다고 여겨지는 파동, 양쪽에 다 해당하지 않을까?

실은 이 무한한 길이(이 경우엔 시간)를 나타내는 기호가 있다.

(무한대)

이 기호는 일정한 크기의 숫자—10000이나 백억 같은—를 의미하는 것이 아니라 값이 나타낼 수 없을 만큼 크다는 것을 표시하는 것이다. 이 기호를 쓰면 주기 $T→∞$라고 쓸 수 있으니까 이것으로 여러분이 아는 푸리에 계수와 같은 개념으로 생각할 수 있다. 무한한 시간이 지나면 반복한다는 가정 하에 이제껏 익혀온 도구들을 쓸 수 있게 된 것이다.

1. 1 비주기 파동을 수식으로 – 주파수에 대한 영향

무한대 기호를 써서 푸리에 계수 공식을 다시 적어보자. 주기를 무한대로 잡은 푸리에 계수 공식을 적으면 되지만, 그것이 다가 아니다. $T→∞$로 다른 영향이 없는지를 먼저 살펴보자.

우선 떠올릴 것은 주기와 기본 주파수의 관계이다.

$$\Delta f(\text{기본 주파수}) = \frac{1}{T(\text{주기})}$$

$T \to \infty$로 두면 이렇게 된다.

$$\Delta f = \frac{1}{T} \to \frac{1}{\infty}$$

파동이 한 주기를 돌 때 무한대의 시간이 걸린다면 그 주파수는 거의 변동하지 않고 0에 가까울 것이다.

기본 주파수가 0에 가까울 때 스펙트럼상에서는 어떻게 나타날까? 스펙트럼은 항상 기본 주파수의 정수배만을 표시한다. 따라서 기본 주파수가 0에 가까울수록 스펙트럼의 주파수 간격은 점점 좁아져 아래 그림처럼 된다.

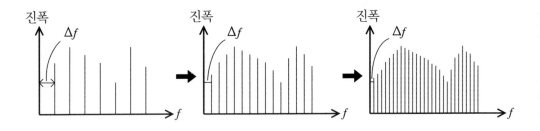

즉 주기가 길수록 스펙트럼의 주파수 간격이 짧아지며, 급기야 주기를 ∞로 둔다면 주파수 사이의 간격이 없는 연속체가 되고 만다.

푸리에 계수에서는 알 수 없었던 주파수에 대해서도 주기를 무한대로 함으로써 모두 알 수 있게 되었다.

1.2 푸리에 변환과 역변환

그러면 당장 푸리에 계수 공식을 다시 적어보자.

$$C_n = \frac{1}{T} \int_{-\frac{T}{2}}^{\frac{T}{2}} f(t) e^{-i2\pi f_n t} dt$$

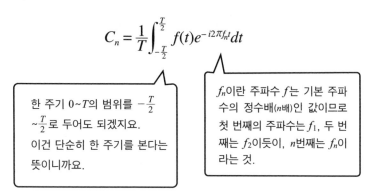

한 주기 0~T의 범위를 $-\frac{T}{2}$
~$\frac{T}{2}$로 두어도 되겠지요.
이건 단순히 한 주기를 본다는
뜻이니까요.

f_n이란 주파수 f는 기본 주파
수의 정수배(n배)인 값이므로
첫 번째의 주파수는 f_1, 두 번
째는 f_2이듯이, n번째는 f_n이
라는 것.

이것이 앞 장에서 알게 된 푸리에 계수 복소 표현 공식이다. 이 공식
에 지금까지 고찰한 것을 대입한다. 우선은 $T \to \infty$부터.

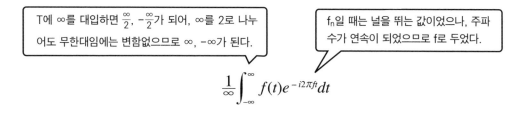

T에 ∞를 대입하면 $\frac{\infty}{2}$, $-\frac{\infty}{2}$가 되어, ∞를 2로 나누
어도 무한대임에는 변함없으므로 ∞, $-\infty$가 된다.

f_n일 때는 널을 뛰는 값이었으나, 주파
수가 연속이 되었으므로 f로 두었다.

$$\frac{1}{\infty} \int_{-\infty}^{\infty} f(t) e^{-i2\pi ft} dt$$

어라? 첫 부분이 왠지 이상하다. $\frac{1}{\infty}$이라니 이게 대체 무슨 뜻일까.
난처하게 됐다. 하지만 이 정도로 풀이 죽지는 않는다. 아직 방법이 남
아 있다. 푸리에 계수가 안 먹힌다면 푸리에 급수부터 해보자. 푸리에
급수의 복소수 표현은 이렇다.

$$f(t) = \sum_{n=-\infty}^{\infty} C_n e^{i2\pi ft}$$

C_n에 아까의 계수 공식을 대입하자. 그러면 원래의 식은 아래처럼 된다.

$$f(t) = \sum_{n=-\infty}^{\infty} \left\{ \frac{1}{T} \int_{-\infty}^{\infty} f(t)\, e^{-i2\pi ft} dt \right\} e^{i2\pi ft}$$

$T \to \infty$를 적용하면,

$$f(t) = \lim_{T \to \infty} \sum_{n=-\infty}^{\infty} \left\{ \Delta f \int_{-\infty}^{\infty} f(t)\, e^{-i2\pi ft} dt \right\} e^{i2\pi ft}$$

T를 ∞에 가깝게 할 때 미분에서도 했던 극한을 취하는 lim를 사용합니다.

$\frac{1}{T}$은 Δf로군요.

$\lim \sum$와 Δf에 주목하자. 낯익은 형태가 아닌가? 바로 적분에서 목격했다. 이 두 기호 사이에 끼인 부분은 적분 형태로 나타낼 수 있다. 다시 써보면 이렇다.

$$f(t) = \int_{-\infty}^{\infty} \left\{ \int_{-\infty}^{\infty} f(t)\, e^{-i2\pi ft} dt \right\} e^{i2\pi ft} df$$

$\lim \sum$과 Δf에서 사이에 끼인 것은 적분 형태로 쓸 수 있다. 그리고 Δf는 df가 된다.

여기에서 { } 안을 살펴보면…

e의 지수인 $-i2\pi ft$의 i와 2π는 상수이며, 지금 t로 적분한 것이므로 t의 함수도 아니다. 맞다. 이 안은 f의 함수이다. 따라서 이 { } 전체를 f의 함수로 두면 다음처럼 된다.

$$G(f) = \int_{-\infty}^{\infty} f(t)e^{-i2\pi ft}dt$$

이 공식을 다시 한 번 푸리에 급수 공식에 넣으면

$$f(t) = \int_{-\infty}^{\infty} G(f)\, e^{i2\pi ft}df$$

지금 구한 $G(f)$의 식과 $f(t)$의 식은 푸리에 변환과 푸리에 역변환이라고 불리는 식이다. 대칭적인 형태가 무척 아름답다.

주기를 무한대로 했을 때 이렇게 아름다운 대칭성을 갖는 식이 만들어졌다. 다시 말해 비주기 파동도, 이제껏 주기가 있다고 여겨졌던 파동도 이 공식 하나면 해치우게 된 것이다.

여기까지는 조금 주의를 기울여 푸리에 급수 공식을 다시 나타낸 것에 불과하나, 이 공식은 무척 재미있는 면을 가지고 있다. 어디가 재미있냐고? 그것은 아래에서 찬찬히 살펴보기로 하자.

2. 파동의 불확정성

2.1 푸리에 변환 $G(f)$의 정체를 파헤친다

앞서 우리는 푸리에 변환 공식을 손에 넣었다. 불연속 푸리에 전개와 적분에서 그랬듯 당장이라도 실제 파동을 계산해 $G(f)$의 값을 찾아내고 싶은 마음은 굴뚝같지만 그 전에 한 번 더 푸리에 변환 공식을 복습하자.

푸리에 변환 공식은 주기를 무한대로 둔 푸리에 계수 공식에서 변형되어 갑자기 나타났다. 우리는 푸리에 계수를 강화해 '주기가 없어도 괜찮은' 형태를 만들 생각이었다. 그러나 두 식을 비교해보면,

푸리에 계수 $C_n = \dfrac{1}{T}\displaystyle\int_0^T f(t)e^{-i2\pi f_n t}dt$

푸리에 변환 $G(f) = \displaystyle\int_{-\infty}^{\infty} f(t)e^{-i2\pi f t}dt$

어라!? 거의 같은 형태지만 푸리에 변환 쪽은 푸리에 계수에서 $\dfrac{1}{T}$에 해당하는 부분이 사라졌다.

$\dfrac{1}{T}$이란 뭐였지? 푸리에 계수에서는 파동의 진폭을 구할 때 전체 파동 $f(t)$에 구하고자 하는 주파수의 파동을 곱한 뒤, 면적을 내서 주기 T로 나누었다. 푸리에 변환 쪽은 그 '주기 T로 나눈다'는 과정이 없는 것이다! 이래서야 진폭을 구할 수 없다! $\dfrac{1}{T}$은 대체 어디로 가버린 것일까….

$$f(t) = \sum_{n=-\infty}^{\infty} \left\{ \left(\frac{1}{T}\right) \int_{-\frac{T}{2}}^{\frac{T}{2}} f(t)e^{-i2\pi ft}dt \right\} e^{i2\pi ft}$$

(푸리에 급수 · 계수)

$$f(t) = \int_{-\infty}^{\infty} \left\{ \int_{-\infty}^{\infty} f(t)e^{-i2\pi ft}dt \right\} e^{i2\pi ft} \, df$$

(푸리에 변환 · 역변환)

$$G(f) = \int_{-\infty}^{\infty} f(t)e^{-i2\pi ft}dt$$

(푸리에 변환)

$$f(t) = \int_{-\infty}^{\infty} G(f)e^{i2\pi ft}df$$

(푸리에 역변환)

　푸리에 변환 공식을 구할 때 푸리에 급수와 계수 공식을 하나로 뭉뚱그린 탓에, 다시 푸리에 변환과 역변환의 식으로 나누는 귀찮은 작업을 거쳤다. 그 때문에 뒤죽박죽 섞여 눈치채지 못했지만 실은 이 $\frac{1}{T}$ 은 푸리에 역변환 쪽에 붙어 있는 것이다.

　주기를 무한대로 만들기 위해 주기 T에 ∞를 대입했었다. 그때 $\frac{1}{T}$ 은 $\frac{1}{\infty}$로 두지 않고 $\frac{1}{T} = f$에서 df로 두었다. 이러면 Σ였던 부분이 훌륭히 적분 형태가 되기 때문이다. 그리고 마지막으로 푸리에 변환과 역변환, 두 가지로 분해했을 때 $\frac{1}{T}$은 역변환 쪽에 묻어간 것이다. 아마 푸리에 변환과 역변환, 두 개를 합치면 넘침도 모자람도 없이 딱 들어맞을 것이다.

　푸리에 계수와 변환만을 비교해보면 이 둘은 '다른 식'이 되어버린다. 그러나 푸리에 급수에 대한 푸리에 전개, 푸리에 변환에 대한 푸리에 역변환으로 둘씩 짝을 지어 생각하면 이들은 완전히 동등한 것을 말하고 있다는 걸 알게 된다.

다음으로 푸리에 변환 공식의 의미를 생각해보자.

$G(f)$를 구하는 식은 'T로 나눈다'는 부분이 없으므로 결국 면적을 구하기만 하고 끝난다. 구한 면적에서 어떤 힌트를 얻을 수 없을까?

여기에서 제3장 '불연속 푸리에 전개'에서 실제로 파동을 계산했을 때의 기억을 떠올려주기 바란다. 이때는 주기(T)가 10초인 파동이었으므로 a_1, a_2, $\cdots$, b_1, b_2, $\cdots$ 각 진폭을 구할 때 반드시 마지막에 $\frac{2}{T}$, 즉 10으로 나눈 뒤 2배를 했다. 푸리에 계수에서는 주기 T가 완전히 결정되므로 마지막에 나누는 수는 항상 같다. 즉 각각의 면적만 안다면 진폭 자체는 알지 못하더라도, C_1은 C_2의 2배의 진폭이라든가 C_3와 C_4의 진폭의 크기는 같다, 라는 것처럼 각 진폭의 비율은 바로 알 수 있는 것이다. 푸리에 변환 공식은 $\frac{1}{T}$이 없어 지금까지 써왔던 푸리에 급수적인 의미의 '진폭'을 구하지는 못한다. 하지만 그 대신에 전체 파동이 포함한 각 단순 파동들의 '진폭의 관계'는 분명하게 구할 수 있다.

모처럼 푸리에 변환 공식을 도출했는데 진폭은 알 수 없다니 좀 실망스럽지만 '진폭의 관계'만 알아낸다면 우리는 파동의 특징을 충분히 파악한 게 된다. 예를 들어 같은 사람이 낸 큰 소리의 '아'와 작은 소리 '아'의 푸리에 계수를 구한다면 오른쪽 그림과 같이 서로 다른 스펙트럼이 된다. 그러나 각 성분 파동의 비율은 $C_1:C_2:C_3:C_4:\cdots = 5:6:4:3:\cdots$처럼 변하지 않는다.

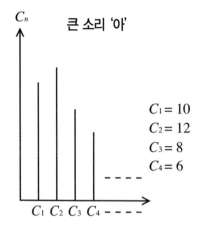

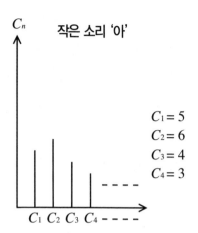

이 각 진폭의 비율이야말로 **아**의 특징이라 할 수 있지 않을까? 야
채 주스에서 혼합된 재료들의 비율이 같다면 총량이 200ml이건
500ml이건 맛이 변함없는 것과 마찬가지이다. 맛을 좌우하는 것은 어
디까지나 재료들의 비율이다.

푸리에 변환으로 얻은 스펙트럼은 단순히 푸리에 계수의 스펙트럼
의 연속으로 이루어진 것이 아니었지만 파동의 특징은 볼 수 있었다.

2.2 주기 T→∞의 파동을 어떻게 계산할까?

그럼 식의 의미도 알게 되었으니 이제 푸리에 변환 공식을 써서 계
산해보자. 우선 어떤 파동을 푸리에 변환할지 정해야 한다. 그러나 여
기에 곤란한 점이 하나 있다. 푸리에 변환에서는 주기 T를 무한대로
두었기 때문에 어떤 파동을 계산하자고 마음먹자마자 그 파동을 무한
히 지켜보아야만 한다. 무한히 파동을 관찰해야만 계산을 시작할 수

있는 것이다. 무한한 시간 동안 파동을 계속 지켜볼 수 있을까? 한 사
람이 자식을 낳고 죽을 때까지 지켜본 뒤, 또 그 아이가 죽을 때까지
지켜본다 한들 무리이다. 슈퍼맨이라도 불가능하다!

"네?! 그럼 계산할 수 없잖아요?"

하지만 포기하기에는 아직 이르다. 관찰 범위인 Δt를 지정하는 방
법이 있다.

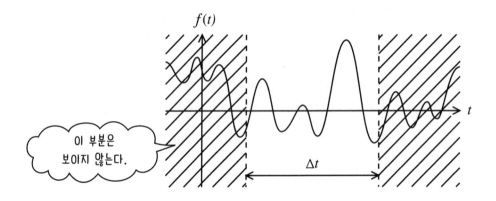

그렇게 하면 주기 T를 정했을 때와 다를 게 없지 않냐고? 하지만 Δt
와 주기 T는 근본적으로 다르다. 주기는 역시 무한대이지만 무한히
보는 것은 불가능하니까, 그 주기의 일부분만을 보고 파동 전체의 특
징을 알아내려는 것이다. 그런 방법으로 정확한 값을 알 수 있을까?
또 관찰 시간에 따라 $G(f)$의 값은 변할까?

확신이 없다고 해서 모처럼 손에 넣은 푸리에 변환 공식을 버릴 수
야 없다. 이상의 의문에 답할 수 있도록 푸리에 변환을 써서 $G(f)$를
계산해보자.

2.3 계산해보자

알기 쉽게 이런 파동을 생각해보자.

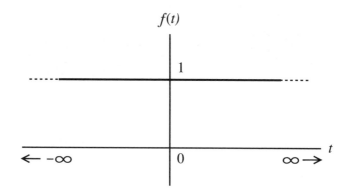

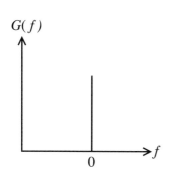

어디까지 가더라도 $f(t)=1$이라는 값을 계속 취하는 파동이다. 전혀 진동하지 않는 걸로 보아 이 파동은 주파수가 있는 파동은 포함하지 않는다. 다시 말해 $f=0$인 부분에만 값이 있는 파동이라는 뜻이다. 푸리에 변환하면 스펙트럼이 왼쪽 그림처럼 된다는 것은 쉽게 상상할 수 있다.

그럼 계산해서 확인해보자. 우선 보는 시간 Δt를 정하겠다. 알아보기 쉽게 $t=0$을 중심으로 Δt를 잡는다.

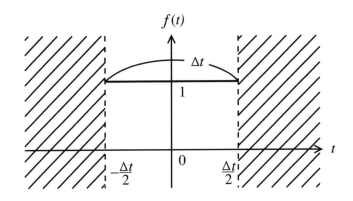

그렇게 하면 Δt의 사이만 $f(t) = 1$이 된다. 그 이외의 부분은 볼 필요가 없으니 $f(t) = 0$으로 둔다.

$$-\frac{\Delta t}{2} \le t \le \frac{\Delta t}{2} \text{ 일 때} \rightarrow f(t) = 1$$

$$t < -\frac{\Delta t}{2}, t > \frac{\Delta t}{2} \text{ 일 때} \rightarrow f(t) = 0$$

아래와 같은 그래프라고 생각하면 되겠다.

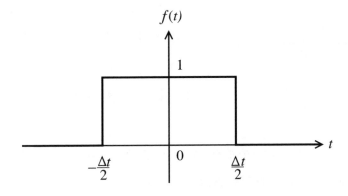

푸리에 변환 공식은 이러했다.

$$G(f) = \int_{-\infty}^{\infty} f(t)e^{-i2\pi ft}dt$$

$f(t) = 0$인 부분은 아무리 적분해도 어차피 0이 되므로 결국 $-\dfrac{\Delta t}{2}$ ~$\dfrac{\Delta t}{2}$의 범위만을 적분하면 같아진다.

$f(t) = 1$이므로,　　　　$G(f) = \int_{-\frac{\Delta t}{2}}^{\frac{\Delta t}{2}} 1 \cdot e^{-i2\pi ft}dt$

가 된다. 여기에서 $e^{i2\pi ft}$을 적분하면 된다. 어떤 식을 적분하려면 그 식을 얻기 위해 어떠한 값을 미분해야 하는지를 추정하는 것과 같은 방법으로 적분 값을 구해야 했다. e가 지수를 갖고 있으니, e의 특징을 떠올려보자.

$e^x \xrightarrow{\text{미분}} e^x$ 이고,

$e^{ax} \xrightarrow{\text{미분}} a \cdot e^{ax}$ 가 됩니다.

우리는 시간 t에 대해 적분해야 하므로 t 앞에 붙어 있는 $-i2\pi f$는 모두 단순한 계수로 위의 a에 해당한다. 그러므로 $e^{-i2\pi ft}$을 미분하면 이렇게 된다.

$e^{-i2\pi ft} \xrightarrow{\text{미분}} -i2\pi f \cdot e^{-i2\pi ft}$

e의 앞에 붙어 있는 $-i2\pi f$는 필요 없다. 따라서 원래의 공식을 이 값으로 나누면 다음과 같다.

$$\frac{-1}{i2\pi f} \cdot e^{-i2\pi ft} \underset{\text{미분}}{\longrightarrow} e^{-i2\pi ft}$$

이것으로 $e^{-i2\pi ft}$을 얻기 위해 무엇을 미분했는지 알게 되었다.
적분하는 범위는 $-\frac{\Delta t}{2} \sim \frac{\Delta t}{2}$였으므로,

$$G(f) = \left[\frac{-1}{i2\pi f} \cdot e^{-i2\pi ft} \right]_{-\frac{\Delta t}{2}}^{\frac{\Delta t}{2}}$$

가 된다. 이 내용을 이해하기 어려운 사람은 제7장 '적분'을 읽어보자(
실은 나도 잊고 있었다).

이제 뺄셈을 한다. $\frac{-1}{i2\pi f}$은 t와 관계없으므로 괄호 바깥으로 내어
둔다.

$$G(f) = \frac{-1}{i2\pi f}\left(e^{-i2\pi f\frac{\Delta t}{2}} - e^{-i2\pi f\frac{-\Delta t}{2}} \right)$$

괄호 밖의 -1을 괄호 안에 곱해 두 항의 부호를 바꾼다. 또한 e의
지수 부분에서 2와 $\frac{1}{2}$은 약분된다. 정리하자면 이렇다.

$$G(f) = \frac{1}{i2\pi f}(e^{i\pi f\Delta t} - e^{-i\pi f\Delta t})$$

이 형태를 보고 뭔가 떠올렸는가? 여러분 모두 알고 있을 것이다.

e와 i를 써서 사인과 코사인 함수를 나타낸다.

$$\boxed{\begin{array}{c} \text{첫 번째 기술} \\[4pt] \dfrac{e^{i\theta} - e^{-i\theta}}{2i} = \sin\theta \end{array}}$$

$\pi f \Delta t$를 θ라고 생각하면 된다.

$$G(f) = \frac{e^{i\pi f \Delta t} - e^{-i\pi f \Delta t}}{2i} \cdot \frac{1}{\pi f} = \frac{1}{\pi f}\sin \pi f \Delta t$$

나왔다! 이 공식을 써서 $f(t)=1$인 파동을 푸리에 변환하게 되었다!

이렇게 생각한 것도 잠시, 이대로는 실제로 f나 Δt에 값을 대입했을 때 문제가 발생한다. $G(f)$의 식을 잘 살펴보면 분모에 f가 있다. 그러면 정작 중요한 $f=0$의 값을 계산할 때 분모가 0이 되므로 보고 싶은 부분의 답을 구할 수 없는 것이다.

그래서 $\dfrac{\Delta t}{\Delta t}$ (＝1이므로 곱해도 답은 변하지 않는다)를 곱해 형태를 바꿔준다.

$$G(f) = \frac{\sin \pi f \Delta t}{\pi f \Delta t} \cdot \Delta t$$

이제 제대로 된 계산이 가능해졌다. 여기에서 두 번째 기술을 떠올리자.

$$\boxed{\begin{array}{c} \text{두 번째 기술} \\[4pt] \lim_{\theta \to 0} \dfrac{\sin\theta}{\theta} = 1 \end{array}}$$

이것을 사용해 $f=0$일 때의 $G(f)$에 대한 값을 구하자.

$\theta = \pi f \Delta t$가 한없이 0에 다가갔을 때, $G(f) = 1 \cdot \Delta t$가 되므로 결과

는 아래와 같다.

$$f = 0일\ 때 \rightarrow G(f) = \Delta t$$

2.4 그래프를 만들어 눈으로 확인하기

이제 준비는 완벽하다. 어서 수치를 넣어 그래프를 만들자. 우선 보이는 범위 Δt를 구한다. 이번에는 적당히 $\Delta t = 1, 2, 5$일 때의 세 종류를 계산해서 각각 그래프로 만들겠다.

$$G(f) = \frac{\sin \pi f \Delta t}{\pi f \Delta t} \cdot \Delta t$$

좀 전에 발견한 공식의 Δt에 1, 2, 5를, 주파수 f에는 끝에서부터 수치를 넣어가겠다.

나는 여기서 $\sin \theta (\theta = -i2\pi ft)$의 계산을 위해 '공학용 계산기'를 사용할 것이다(프로는 컴퓨터를 쓴다). 교과서의 뒤에 붙어 있는 '함수표'를 써서 스스로 계산하는 방법도 있다. 열심히 해보자!

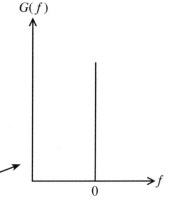

자, 그래프가 만들어졌다. 참으로 신기하게도 보는 범위 Δt에 의해 그래프가 달라진다. 예상했던 것은 이런 그래프였지만…

스스로 계산해서 그
래프를 만들고 싶다
는 분들을 위해…

$\theta = \pi f \Delta t$이므로 π에
는 3.14, Δt에는 파동
을 보는 시간(이건 자기
좋을 대로 정하자)을 넣
어서 변수는 f만으로
제한합니다.

그리고 f에는 끝에서
부터 순서대로 수를
넣으면 됩니다(이번엔
$f = 0$을 중심으로 보고 싶
으므로, −10Hz정도에서
10Hz정도까지로 하자).
이때 작은 수를 많이
넣을수록 보다 정확
한 그래프가 만들어
집니다. 그래프가 하
나 완성되면, Δt를
여러 값으로 바꾸며
많은 그래프를 만들
어봅시다!

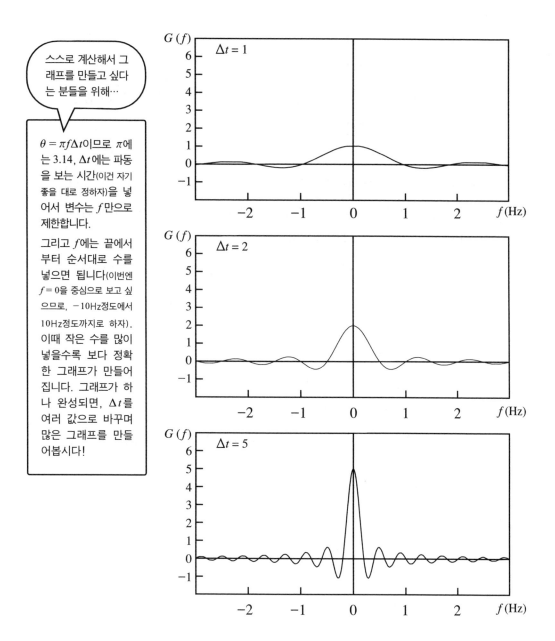

기대하고 있던 그래프와는 상당히 다른 모양이다. 으음, 모든 그래
프가 일단 $f = 0$인 때의 값이 가장 크기는 한데, 어째서 이렇게 달라

진 걸까? 같은 파동을 푸리에 변환했는데 말이다. 여기가 이 장의 포인트, 가장 재미있는 부분이다.

관찰한 구간 안에서 파동은 전혀 진동하지 않는다. 즉 $G(f)$의 값은 $f=0$인 점에서만 존재할 터이다.

그런데!!

보이지 않는 부분에 대해서 전혀 알 수 없으므로 파동 전체의 특징은 확실하게 알지 못한다. 그 정확하게 알지 못하는 부분이 이런 신기한 형상으로 그래프에 나타난 것이다.

이것이 '불확정성'이다! 말 그대로 '확실히 정해지지 않은'이란 뜻이다.

그래프를 좀 더 살펴보자.

Δt를 크게 잡을수록, 즉 보다 오랜 시간 파동을 관찰할수록 $f=0$을 중심으로 키가 커지거나, 처음 예상했던 형태에 가까워지는 듯하다. 이 키 높이는, 그 주파수의 파동이 포함되어 있다는 확신의 정도를 나타내는 것이다.

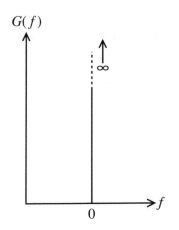

무한히 보고자 한다면 이 높이도 무한대에 가까워질 것이다.

이번엔 산의 폭에 주목하자.

$\Delta t = 1$일 때의 그래프를 보면, 다른 두 그래프에 비해 상당히 뚱뚱하다.

　　이것은 보는 시간이 극히 짧았던 탓에 '이 파동은 주파수가 0이다'라고 잘라 말할 수 없는 것이다. 이 경우엔 0.5Hz의 파동이나 −0.3Hz의 파동 등, 0에 가까운 주파수의 파동도 잔뜩 포함하고 있다는 걸 의미한다. 보고 있는 시간 Δt를 2혹은 5로 늘리면 산의 폭이 점점 좁아짐을 알 수 있다. 즉, '이 파동은 주파수가 0이다'라고 분명히 말할 수 있게 되는 것이다. 즉 이 산의 너비가 '불확정성'을 나타낸다. 우리는 그래프의 산의 너비를 보고 '불확정성'이 어느 정도인지를 가늠할 수 있다.

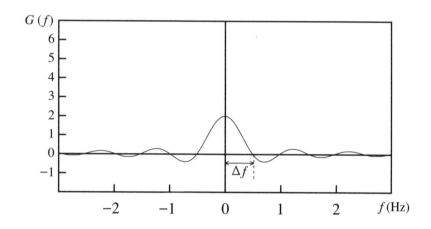

　　이 산의 너비, 즉 '불확정성'을 Δf로 두면 Δf와 보는 시간 Δt 사이에 재미있는 관계가 있다는 걸 알게 된다. Δt를 크게 잡으면 Δf는 작아지고, Δt를 작게 잡으면 Δf는 커진다.

$$\Delta t \;\rightarrow\; 大 \qquad \Delta t \;\rightarrow\; 小$$
$$\Delta f \;\rightarrow\; 小 \qquad \Delta f \;\rightarrow\; 大$$

$\Delta t \times \Delta f$는 언제나 일정한 관계에 있다. 일정하다는 건 아무리 Δt를 크게 하거나 작게 하더라도 이 값을 0으로 할 수 없다는 뜻으로, 반드시 '불확정성'이 나타난다는 의미이다.

Δt를 0으로 둔다면? 하고 생각할지도 모르겠지만 세 개의 그래프를 다시 한 번 보면 모두 비슷한 형상을 하고 있다. 거꾸로 말하자면 아무리 짧은 시간밖에 파동을 보지 못했다 해도, 우리는 그 파동의 대략적 특징을 알 수 있다. '불확정성'을 많이 포함하더라도 그 윤곽은 잡을 수 있는 것이다.

푸리에 변환 공식은 '어떤 복잡한 파동이라도(설령 주기가 없더라도) 단순 파동으로 분해할 수 있다'라는 것만이 아니라, 관찰 주기에 따라 성분 파동을 확신할 수 있는가 하는 불확정성마저도 포함한 식이었던 것이다. 전부는 알지 못하더라도 일부분만 보면 전체의 형태는 제대로 파악할 수 있다니, 우리 인간의 파악법과 정말 똑같다.

우리가 손에 넣었던 푸리에 변환 공식은 역시 근사한 것이다!

2.5 한 걸음 더…

여기에서 우리 인간에 대해 좀 더 생각해보고자 한다. 이번에 나는 이 원고를 어느 기한에 맞춰 작성했다. 즉 한정된 유한한 시간 말이다. 그리고 내가 이 불확정성의 이야기를 완전히 이해하고 있느냐 묻는다면 유감스럽게도 고개를 저을 것이다. 지금 이 시점에서 내가 이해하고 있는 한 말이다. 애초에 인간이 어떤 사정을 완전히 이해한다는 것이 가능할까? 그 시점에서 알았다고 여기더라도 시간이 지나 다시 생각해봤을 때에야 잘 이해할 수 있는 경우가 태반이다. 그리고 그러한 경험이 쌓여가는 것이 이해가 깊어진다는 뜻이 아닐런지.

우리가 사물을 파악하는 방식도, 푸리에 변환과 마찬가지로 어떤 불확정성을 내포하며 대강의 형태를 잡아간다. 시간이 흐름에 따라 불확정성이 줄어들면서 보다 정확하게 그 사물에 대해 말할 수 있게 된다. 그것이 바로 푸리에 변환의 파악법이다. 거꾸로 말하자면 인간의 파악 방식이 그러하므로 푸리에 변환도 마찬가지라는 것이다.

푸리에는 현재까지 물리학의 온갖 영역에서 활약하고 있으나 그중에서도 특히 본질적 의미를 띄는 것은 양자역학이라는 영역에서이다. 양자역학이란 원자나 전자 등의 초마이크로의 세계를 칭하는 것이지만 이것은 놀랍게도 이번에 했던 '불확정성'을 인정하지 않으면 성립하지 않는 영역이다.

이 양자역학에 따르면 전자 등의 양자는 '전자파'라는 단어가 있듯이 실은 '파동'으로도 생각할 수 있다. 그러면 거기에 지금까지 보아왔던 '파동의 불확정성'이 나타나는 것이다. 원자나 전자 등 초마이크로의 세계라 해도 세상의 온갖 것들을 무한하고 정확하게 알 수는 없다. '파동의 불확정성'이 허용하는 범위의 정확함으로만 나타낼 수 있는 것이다. 이것을 '불확정성 원리'라 하며, 저명한 물리학자이자 《부분과 전체》의 저자인 W.하이젠베르크가 정식화했다.

음성의 파동을 보고 싶어서 시작했던 '푸리에의 모험'. 어떤 복잡한 파동이라도 반복되기만 한다면 단순한 파동의 합으로 나타낼 수 있다, 라는 푸리에 급수를 시작으로 우리는 차례차례 새로운 문을 열고, 많은 열쇠를 손에 넣었다. 그리고 드디어 어떤 파동이라도(설사 주기가 없더라도) 대응할 수 있는 식에 도전해 손에 넣은 것이 이 '푸리에 변환'

의 식이다. 그렇게 우리는 아무리 생각해도 볼 수 없었던 것과 만났다. 우리가 인간인 한, 무한의 시간 동안 파동을 계속 지켜볼 수는 없다. 즉 그 파동의 특징을 100% 정확히 알 수는 없는 것이다. 나는 아무리 수식이라 해도 인간 이상의 일은 할 수 없다는 사실을 처음으로 깨우쳤다. 이것은 지금까지 '수식의 세계'라 하면 애매함 따윈 실낱만큼도 포함하지 않는 '○ 아니면 ×의 세계'라고 여기고 있던 내게는 커다란 놀라움이었다.

하지만 생각해보면 우리가 눈앞에 맞닥뜨리는 자연현상을 기술하는 데 쓰이는 것이 수식인 셈이니까 '인간 이상'의 일을 할 수 없는 것도 당연하다 하겠다.

'역시 수식도 언어로구나!' 이 푸리에 변환과 파동의 불확정성 부분을 공부하며 새삼 그렇게 느꼈다.

Chapter

13

FFT 방법

푸리에 모험의 마지막을 장식하는 건 음성의 해석에는 빠질 수 없는 FFT의 이야기이다. 어떤 파동이라도 한 순간에 푸리에 변환하는 FFT는 대체 어떤 계산을 하는 걸까? FFT가 하고 있는 놀라운 계산 단축의 기술이 이번 장에서 밝혀진다.

첫머리에

지금까지 오랜 시간, 파동에 대해 살펴보았다. 푸리에 급수에서는 '주기를 가진 복합 파동은 단순 파동의 모음'이라는 개념을 몸에 익혔고, 푸리에 계수에서는 주파수 성분을 정하는 계산법을 몸에 익혔으며, $\sum$, e, i, ⋯ 등 많은 무기를 손에 넣었다. 처음에 우리는 FFT가 어떤 식으로 인간 소리의 스펙트럼을 내보내는지 알고 싶어서 푸리에의 여정에 올랐다. 실로 다양한 적들과 만나며 정신없이 이곳까지 왔다. 그 경험과 지혜를 살려서, 음성에 도전하고자 한다.

1. 음성에 도전

당장이라도 시작하고 싶지만 우선 그 음성의 파동이 어떤 것인지 잘 관찰한 뒤 방향을 정하겠다. FFT 군이 음성의 파동을 보여준다고 하니 잘 연구해 두자.

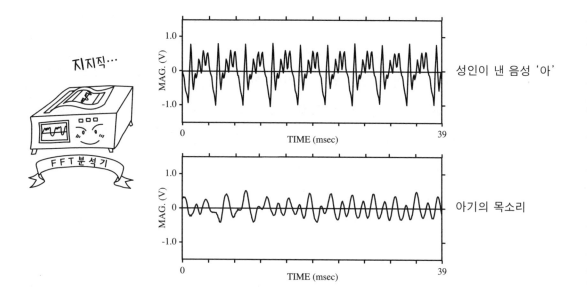

왜인지 FFT 군은 이 두 개의 파동을 보여주었다. 어른의 목소리 파동은 반복성을 분명하게 확인할 수 있지만 아기의 목소리 파동은 매우 불안정하고 반복도 확실치 않다. 이것은 무언가의 힌트일까?

일단 음성의 파동을 보았으니 그 파동의 스펙트럼은 어떻게 해야 구할 수 있는지 생각해보려 한다. 스펙트럼이란 어느 주파수가 얼마만큼 포함되어 있는가를 알기 쉽게 그래프로 나타낸 것이었다. 즉, 주파수의 성분을 구하는 도구이다.

"그렇군, 아까의 파동에 푸리에 계수를
사용하면 되겠어!"

하지만 내 외침에 FFT 군이 의미심장하
게 미소 짓는 모습을 보고 다시 찬찬히 푸
리에 계수를 짚어보기로 했다. 푸리에 계수
는 주기 파동의 한 주기를 끄집어내, 원하
는 주파수에 한한 면적을 구해 성분을 계산한
다. 즉 반복(주기)을 확실히 알아내는 것이 중
요한 것이다. 어른 음성의 파동은 반복이 확

FFT 군의 비밀

만능 같아 보였던 FFT 군에게
도 하나의 주기를 끄집어낼 수
없다는, 우리와는 또 다른 약점
이 있는 듯합니다.

그러므로 주어진 파동 전체를 한
주기로 생각하는 푸리에 변환 쪽
이 적용하기 알맞을 것입니다.

실하니 푸리에 계수를 적용할 수 있겠지만 아기의 음성 쪽은 확실치가
않다. 이것은 푸리에 계수로는 힘이 부칠 것 같다. 그리고 보니 우리가 비
주기 파동 괴수를 해치웠을 때 어떻게 했었지? 맞다. 그 파동 전체를 하
나의 주기로 간주하고, 그걸 계산할 수 있는 푸리에 변환으로 해치웠다.
어쨌든 FFT 군도 고개를 주억거리는 걸 보니 푸리에 변환을 사용하면
음성 파동의 스펙트럼을 얻을 수 있을 것 같다.

2. 음성의 파동을 푸리에 변환한다

우선, 푸리에 변환 공식을 떠올리자.

$$G(f) = \int_{-\infty}^{\infty} f(t)e^{-i2\pi ft}dt$$

푸리에 변환은 수학에서만 가능한 이야기로 보인다. 일반적인 사고
방식으로는 파동을 무한히 알려한다는 것 자체가 어이없는 발상이다.

수학 속 개념인 '푸리에 변환'을 어떻게든 음성 파동에 적용할 수 있게 만들어야 한다!

이 식 안에서 $G(f)$는 주파수 성분을 나타내고 $\int$와 dt는 적분, 즉 면적을 구하는 부호이며, $f(t)$는 짐작조차 가지 않는다. $f(t)$를 몰라서야 계산도 불가능하다. 어떻게든 $f(t)$를 식으로 나타내야 한다. 지금까지의 여행에서 힌트가 될 만한 게 없을까? $f(t)$라 하면 함수, 함수라 하면 빚어 군의 주먹밥 그래프, 그때처럼 시간과 값을 써서 나열하면 음성처럼 복잡한 파동이라도 표현할 수 있을 것이다. 한번 시도해볼까?

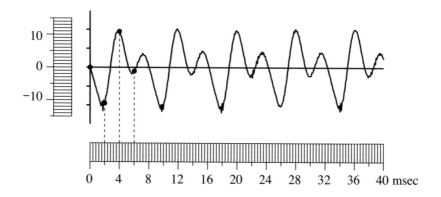

이 파동은 성인 남성의 '이'모음 파동이다. 푸리에 군의 자를 빌려왔으니까 눈금을 읽으면 된다. 2msec마다 값을 써서 나열해보자. 0msec일 때의 값은 0이며 이것을 $f(0) = 0$이라고 쓴다. 이런 방식으로 값을 나열해 간다.

$f(0)$	$f(2)$	$f(4)$	$f(6)$	$f(8)$	$f(10)$	$f(12)$	$f(14)$	$f(16)$	· · ·	$f(40)$
0	−11	11	−1	−1.5	−11	9	−1.5	−1	· · ·	3

우리가 이 음성의 파동에서 얻어낸 것은 이들 함숫값뿐이다. 그러므로 시간축의 점과 점 사이에 무엇이 있는지도 알지 못한다. 그렇다면 이들을 $f(t)$를 사용하여 시간(t)의 함수라 쓰는 것보다 첫 번째일 때, 두 번째일 때 등으로 표시하는 게 더 알맞다. 이 기호를 k라고 하자.

FFT 군의 비밀

나는 이 파동에서 2msec마다 총 21개의 값을 읽었습니다만 FFT 군은 경악스럽게도 같은 파동에서 512개, 1024개를 읽어 냈지요. 정말 꼼꼼히 작업을 하는군요.

k: 몇 번째인가

그렇더라도 이 파동이 시간의 함수임에는 변함없다. 따라서 k에 함숫값을 읽는 시간 간격(여기에서는 2msec)을 곱해준다. 값을 읽었을 때의 시간은 $2k$라고 표기하면 되는 것이다. 값을 읽은 간격은 일반적으로 τ(타우)라 부른다. $f(t) = f(k\tau)$. 그러면 $f(t)=f(2k)$가 된다. 파동을 식으로 나타내는 데 간신히 성공한 것 같다.

다음으로 푸리에 변환 공식의 적분 범위를 보자. 놀랍게도 무한대의 범위를 적분하고 있다.

무한대의 범위를 우리는 평생 걸려도 볼 수 없다. 그러다간 음성의 스펙트럼을 보기도 전에 죽을 것이다. 그러니 우리에게 주어진 파동 길이만큼의 면적을 구하기로 하자. 또, 파동이 함숫값을 띄엄띄엄 읽었기 때문에 적분은 이제 불가능하다. 원하는 부분만을 남기고 곱한 뒤 그 면적을 계산해보자.

3. 면적을 구한다

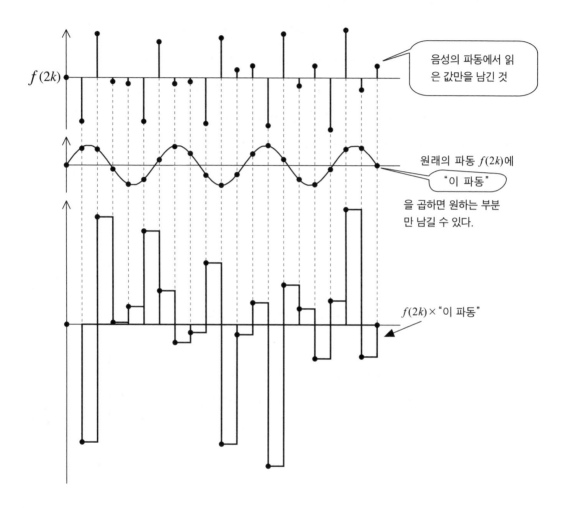

$f(2k)$

음성의 파동에서 읽은 값만을 남긴 것

원래의 파동 $f(2k)$에

"이 파동"

을 곱하면 원하는 부분 만 남길 수 있다.

$f(2k) \times$ "이 파동"

우리가 무슨 면적을 구하려는지 기억하고 있는가? 음성 파동에서 읽은 함숫값의 식 $f(2k)$에 원하는 부분만 남기는 파동을 곱한 뒤 그 결과의 면 적을 구하는 것이었다. $f(2k)$는 띄엄띄엄한 값이므로 결과 또한 띄엄띄엄 하다. 그 띄엄띄엄한 값에서 이번엔 면적을 구해야 한다. 어떻게 하면 좋 을까. 두 파동을 곱한 그래프가 마치 막대그래프 같아 보인다. 이 막대면적을 하나하나 계산해서 전부 더한다면 시간은 걸리겠지만 면적을 구할 수 있을 것이다. 힘내서 도전해보자.

우선, 첫 번째는 곱셈의 답이 0이니 면적도 없겠군. 막대의 면적은 높이×폭으로 구해진다. 아까 파동을 읽을 때의 간격이 2msec였으니까 폭은 2, 높이는 두 파동의 곱셈의 답이다. $f(2k)$에 곱해졌던 이 파동의 정체는 푸리에 변환식을 보면 알 수 있듯이 $e^{-i2\pi ft}$이다. $t = 2k$였으니까 $e^{-i2\pi f2k}$이 되겠군. 그러므로 높이는 $f(2k) \cdot e^{-i2\pi f2k}$이다.

$$\text{막대의 면적} = 2 \cdot f(2k)e^{-i2\pi f2k}$$

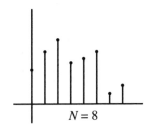

막대의 면적은 나왔다. 이제 이것을 전부 더해야만 한다.

많은 항을 더할 때는 시그마(Σ)를 사용한다. 그러나 먼저 막대의 개수와, 그들을 어떻게 공식으로 나타낼지부터 생각해야 한다. 계산해보면 파동에서 값이 N개라면 막대도 N개가 된다는 사실을 금방 알 수 있다. 이것으로 몇 개의 막대를 더해야 할지 알았다. 겨우 공식이 만들어지겠군.

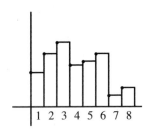

① N: 값의 숫자
② N: 막대의 숫자

값의 숫자가 N개로 0번째이니까, $N-1$까지인 것입니다.

$$면적 = \sum_{k=0}^{N-1} \left\{ 2 \cdot f(2k)e^{-i2\pi f 2k} \right\}$$

k는 몇 번째인가 하는 숫자인데 어째서 0부터인지 이제야 알게 되었습니다. k는 시간에 관계하고 있으므로 0부터 시작하는 편이 다루기 좋겠지요.

・ 푸리에 변환 ・

$$G(f) = \int_{-\infty}^{\infty} f(t)e^{-i2\pi ft}dt$$

- 함숫값의 수 N에 간격 2를 곱하면 주기입니다.
- 주기 = 그 파동에 곱해진 시간
- 주파수 = $\dfrac{T}{주기}$

겨우 공식을 만들었는데 이런 소리 하고 싶진 않지만 $e^{-i2\pi f 2k}$의 f는 주파수를 뜻하는 거였다. 이전의 푸리에 변환에서는 주기를 무한대로 두었기 때문에 f가 연속되어 있었다. 하지만 지금은 주어진 파동을 주기로 두었으니 원래의 파동에 포함된 각 파동들의 주파수를 구분할 수 있게 됐다.

주어진 파동의 주기는 $2N$이므로 기본 주파수는 $\dfrac{1}{2N}$이고 그 정수배의 주파수가 포함되어 있으니까 $\dfrac{n}{2N}$ 정수배가 된다. 기본 주파수의 1배, 2배(정수배)를 n으로 표기한다. 어서 주파수 f를 $\dfrac{n}{2N}$과 바꾸어 식을 완성하자.

$$G\left(\frac{n}{2N}\right) = \sum_{k=0}^{N-1} \left\{ 2 \cdot f(2k)e^{-i2\pi k \frac{n}{\tau N}} \right\}$$

겉모습에 당황해서는 안 된다. 잘 생각해보니 이 식은 처음에 2msec마다 값을 읽은 때의 것이었다. 우연히 2msec마다의 값을 읽었지만 좀더 꼼꼼한 사람이라면 더욱 세밀하게 값을 읽을 것이고, 느슨한 사람이

라면 더욱 성기게 읽을 것이다. 그러므로 모든 사람이 적용할 수 있는
식으로 만들어야 한다. 간격의 2msec를 누구나가 임의의 숫자를 넣을
수 있도록 문자로 바꿔두면 된다. 간단하니까 한 번 해보고 넘어가자.

$$G(\frac{n}{\tau N}) = \sum_{k=0}^{N-1} \left\{ \tau \cdot f(k\tau) e^{-i2\pi\tau k \frac{n}{\tau N}} \right\}$$

τ는 생략할 수 있다.

$$G(\frac{n}{\tau N}) = \sum_{k=0}^{N-1} \left\{ \tau \cdot f(k\tau) e^{-i2\pi k \frac{n}{N}} \right\}$$

k : 몇 번째의 값인가
τ : 값을 읽은 간격
N : 값을 읽은 숫자

이것이 바로 음성의 스펙트럼을 구해낼 수 있는 공식이다. 푸리에
변환 공식에서 값을 띄엄띄엄하게 추출한 것이므로 **불연속 푸리에
변환**이라 불리고 있다.

이 불연속 푸리에 변환의 공식을 사용하면 음성 파동의 스펙트럼을
계산할 수 있는 것이다. 어서 스펙트럼을 구해보자! 앗, 또 FFT 군이
싱글싱글 웃으며 찾아왔다. 여러분에게 알려주고 싶은 것이 있는 모양
이다.

"내가 음성에서 읽을 함숫값을 어떻게 결
정하는지 알려주러 왔어. 처음에 마유미는
임의로 2msec마다 읽기로 정했지만, 좀 더
낭비 없이 함숫값의 수를 구하는 방법이 있
거든. 다음을 봐줘!"

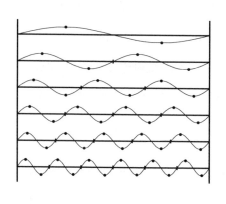

한 번 파동이 진동한다는 걸 알기 위해서 최소 몇 개의 점이 필요할까? 그렇다, 2개이다. 그럼 두 번 진동하는 파동은? 바로 4개이다.

1번 진동하는 파동 → 2개
2번 진동하는 파동 → 4개
3번 진동하는 파동 → 6개
4번 진동하는 파동 → 8개
5번 진동하는 파동 → 10개
6번 진동하는 파동 → 12개

즉 점의 개수가 N일 때, $\dfrac{N}{2}$번 진동하는 파동까지 볼 수 있다는 뜻이다.

• 진동하다 •

주파수란 초당 파동이 몇 번 진동하는지를 나타내는 단위였군요. 그리고 그것은 음성의 높이를 결정합니다. 주파수의 단위는 헤르츠(Hz)이죠.

어라!? FFT 군의 비밀에서 512점이나 1024점을 찍는다고 쓰여 있었는데 320점은 어디에서 튀어나온 숫자지?

"내가 말하고 싶은 건, 몇 번 진동하는 파동까지 알고 싶은가만 정해진다면 최소 몇 개의 점이 필요한지 알 수 있다는 사실이야. 그러니까 목소리의 스펙트럼을 얻고 싶을 때 음성이 갖는 대략적인 주파수를 알면, 점의 개수도 자동으로 정해진다는 거지. 내 경험상 성인의 음성은 대체로 4000Hz정도까지로 잡으면 문제없어. 4000Hz란 초당 4000번 물결치는 파동이라는 뜻이잖아? 4000번 진동하는 파동은 8000개의 점이 필요하지. 즉 음성의 주파수를 4000Hz까지 보고 싶다면 8000개나 되는 값을 읽어야 된다는 얘기야.

8000개의 점은 1초 내에서의 기준이고 아까 값을 열심히 읽었던 파동은 40msec, 즉 1초(1000msec)의 40/1000. 8000개 점의 40/1000은 320. 마유미는 21개의 점을 찍었는데 4000Hz까지 알고 싶다면 320개의 점을 찍어야만 해. 이건 샘플링 이론이라고 해서 파동을 해석할 때 아주 중요한 요소야."

"어어, 160번 진동하는 파동까지는 너무 모자라! 난 4000번 진동하는 파동까지 보고 싶은 거라고! FFT 군, 도와줘요~"

"자, 침착하게 생각해봐. 4000번 진동하는 건 1초 사이에서만이야. 지금까지 봐왔던 파동은 몇 초였는지 기억해? 그래, 40msec. 초당 4000번 진동하는 파동이라도 40msec밖에 없었다면 160번이 되어야겠지."

$$1000\text{msec} \rightarrow 4000\text{번}$$
$$40\text{msec} \quad \rightarrow \text{?번}$$
$$4000 \times 40/1000 = 160$$

그렇군, 왜 160번인지는 알겠다. 하지만 뭐가 160번이었지? 우리는 파동에서 320개 점의 값을 읽은 다음에 계산이 실제로 어떻게 되는지를 생각하고 있었어. 320개의 값 하나하나에 곱셈을 한 뒤 '높이'를 정하고 그것에 값을 읽은 간격을 곱해 면적을 내고, 막대의 면적 320개 전부를 더

점의 개수 $N \rightarrow \frac{N}{2}$ 번 진동한다.
이에 의해, 320개의 점 → 160번 진동하는 파동까지 볼 수 있다. 그러므로 160번의 계산이 필요하다.

해야만 하지. 이 기나긴 계산을 160번이나 해야 하는 거야. 이 계산 안

```
• 예를 들면 •

  (2 × 3) × 2  =        12
  (4 × 5) × 2  =        40
  (6 × 7) × 2  =        84
+) (7 × 8) × 2  =    +) 112
   124 × 2   =        248
```

에서 '너비(폭)'는 마지막에서 한꺼번에 곱해도 값은 같았으니 상관없고, 덧셈도 어떻게든 될 것 같아. 문제는 320개의 점 하나하나에 곱셈을 해야만 한다는 점이야. 320번의 곱셈을 160번 해야 하니 다 합치면,

$$320 \times 160 = 51200$$

51200번이나 곱셈을 해야만 하다니! 그렇게 힘들게 계산해도 얻어지는 건 단 하나의 스펙트럼. 좀 더 간단히 스펙트럼을 얻는 방법은 없을까? 하나의 스펙트럼을 얻는 데도 이렇게 시간이 걸린다면 음성의 연구를 어떻게 할 수 있을까? 기계로 계산하면 조금은 빨라지겠지만….

"그렇게 비관적이 될 건 없어. 지금까지 해온 긴 여행 속에 반드시 힌트가 있을 테니 냉정하게 뭘 줄이면 좋을지 생각해봐."

음… 우선 계산 과정에서 가장 큰 일은 각 값의 곱셈이었지. 이 곱셈을 줄일 수 있으면 좋을 텐데. 함숫값의 수는 변화시킬 수 없으니 어쩌면 좋을까. 지금까지 중에서 힌트가 있다고 해봤자 푸리에 급수에서는 파동의 곱셈 따위 다루지 않았고, 푸리에 계수에선 나오긴 했지만… 실제의 계산은 불연속 푸리에 전개에서였어. 그룹으로 나누어서 했지만 운 좋은 사람은 전부 답이 같거나 몇 갠가의 반복이거나 했었지. 답이 같은 부분을 미리 파악한다면 그곳은 계산하지 않고 답만 사용할 수 있어. 불연속 푸리에 전개 때를 더 정확히 떠올려보자!

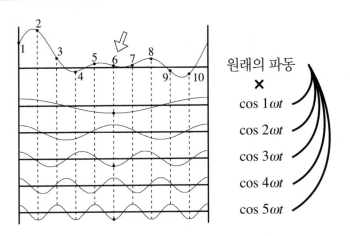

불연속 푸리에 전개 당시, 원래의 복합 파동에서 a_1을 구하고 싶은 때는 $\cos 1\omega t$를, a_2를 구하고 싶은 때는 $\cos 2\omega t$, a_3를 구하고 싶은 때는 $\cos 3\omega t$란 식으로 곱셈을 했다. 이 파동을 보더라도 알 수 있듯이 6번째의 값×$\cos 1\omega t$와 6번째의 값×$\cos 3\omega t$, 6번째의 값×$\cos 5\omega t$는 답이 같다. 따라서 이 셋은 한 번의 곱셈으로 충분하다. 여기에서 점이 너 많았다면, 값에 곱할 수 있는 파동의 수 또한 자동적으로 늘어날 테니 답이 같은 값이 잔뜩 나올 것이다. 이 특성을 이용하면 곱셈의 횟수를 줄일 수 있다.

이제껏 쭉 푸리에 변환 공식을 사용할 수 있게 만들고 싶어 여러 지혜를 짜냈다. 그런데 간신히 완성한 공식으로 스펙트럼을 구하려니 시간을 한없이 잡아먹게 생겼다. 불연속 푸리에 변환에서도 스펙트럼을 구할 수 있지만, 좀 더 빠르게 스펙트럼을 구하고 싶다. 이번엔 곱셈의 횟수를 줄이고 빠르게 스펙트럼을 구하는 방법을 FFT 군과 함께 찾으러 가자.

4. 계산 횟수를 줄인다

N: 함숫값의 총수
τ: 함숫값을 읽은 간격
k: 몇 번째의 함숫값인가
n: 기본 주파수의 몇 배인가

─ • 불연속 푸리에 변환 • ─
$$G\left(\frac{n}{\tau N}\right) = \sum_{k=0}^{N-1}\left\{\tau \cdot f(k\tau)\cdot e^{-i2\pi k\frac{n}{N}}\right\}$$

당장 곱셈의 횟수를 줄이기 위해 불연속 푸리에 변환 공식을 다시 살펴본 뒤 N의 값을 줄여 단순한 것으로 생각해보자.

우선 가장 단순하게 하기 위해서, 불연속 푸리에 변환 공식을 어떻게 개조할 수 없을까. 이 식에서 스스로 정할 수 있는 값에는 타우(τ)가 있다. 아까는 2msec 간격으로 값을 읽었지만 일단 식을 간단히 하기 위해 $\tau = 1\sec(1초)$로 정하자. $\tau = 1$로 식을 적어보자.

$$G(n/N) = \sum_{k=0}^{N-1} f(k)e^{-i2\pi k\frac{n}{N}}$$

이 공식을 사용해 실제로 계산해가면서 궁리해보려 한다. 우선 몇 개 점을 취할지 정해야겠다. FFT 군이 $N=8$이 좋겠다고 하니 그렇게 하도록 하자. N이 정해지면 저절로 정해지는 것이 있다. 바로 $e^{-i2\pi/N}$이다.

이대로는 번거로우니 한 문자로 나타내도록 한다.

$$e^{-\frac{i2\pi}{N}} = W$$

이 W는 수학의 세계에서는 회전 연산자라 하여, 흔히 쓰이는 퍽 편리한 도구라 한다.

$$G(n/N) = \sum_{k=0}^{N-1} f(k)W^{nk}$$

이제 이 식을 써서 계산해보자! 우선 $N=8$이므로,

$$G(n/8) = \sum_{k=0}^{7} f(k)W^{nk}$$

우선 파동의 상수 성분, 즉 $n=0$일 때를 계산해보자.

$$G(0/8) = \sum_{k=0}^{7} f(k)W^{0}$$

이 모습으로는 긴가민가하다면 $\sum$를 덧셈 형식으로 써보겠다.

$$
\begin{aligned}
G(0/8) \quad &= f(0)W^0 + f(1)W^0 + f(2)W^0 + f(3)W^0 + f(4)W^0 \\
&+ f(5)W^0 + f(6)W^0 + f(7)W^0
\end{aligned}
$$

8개 점의 값을 취했으니, 4번 진동하는 파동까지 볼 수 있겠군. 따라서 $n=4$일 테고. 그럼 그 부분까지 모두 써보자.

$$
\begin{aligned}
G(0/8) &= f(0)W^0 + f(1)W^0 + f(2)W^0 + f(3)W^0 + f(4)W^0 + f(5)W^0 + f(6)W^0 + f(7)W^0 \\
G(1/8) &= f(0)W^0 + f(1)W^1 + f(2)W^2 + f(3)W^3 + f(4)W^4 + f(5)W^5 + f(6)W^6 + f(7)W^7 \\
G(2/8) &= f(0)W^0 + f(1)W^2 + f(2)W^4 + f(3)W^6 + f(4)W^8 + f(5)W^{10} + f(6)W^{12} + f(7)W^{14} \\
G(3/8) &= f(0)W^0 + f(1)W^3 + f(2)W^6 + f(3)W^9 + f(4)W^{12} + f(5)W^{15} + f(6)W^{18} + f(7)W^{21} \\
G(4/8) &= f(0)W^0 + f(1)W^4 + f(2)W^8 + f(3)W^{12} + f(4)W^{16} + f(5)W^{20} + f(6)W^{24} + f(7)W^{28} \\
G(5/8) &= f(0)W^0 + f(1)W^5 + f(2)W^{10} + f(3)W^{15} + f(4)W^{20} + f(5)W^{25} + f(6)W^{30} + f(7)W^{35} \\
G(6/8) &= f(0)W^0 + f(1)W^6 + f(2)W^{12} + f(3)W^{18} + f(4)W^{24} + f(5)W^{30} + f(6)W^{36} + f(7)W^{42} \\
G(7/8) &= f(0)W^0 + f(1)W^7 + f(2)W^{14} + f(3)W^{21} + f(4)W^{28} + f(5)W^{35} + f(6)W^{42} + f(7)W^{49}
\end{aligned}
$$

여러분도 알다시피 $f(k)W^{nk}$ 하나하나가 막대 하나하나의 면적을 구하고 있는 것입니다.

처음 곱셈의
횟수는 64번

$n=4$까지인데 어째서 $n=7$까지 8개의 식을 썼느냐 하면 FFT 군이 이렇게 하는 편이 좋다고 귀띔했기 때문이다. 이유는 잘 모르겠지만 충고를 따르자.

아차, 그전에 이제부터 곱셈의 횟수를 줄이겠지만 처음 횟수가 얼마인지 세어두자. 하나의 수식당 곱셈이 8번, 그것이 8개 있으니 $8 \times 8 = 64$번이다.

이 8개의 식을 어떻게든 주물러서 곱셈의 횟수를 줄이고 싶지만, 이렇게 많은 식이 나란히 있으니 혼동이 온다. 좀 더 보기 편하게 쓸 순 없을까? 마침 $f(k)$의 k값이 가로로 같으니, 이걸 이용해서 표로 만들어보자.

	$f(0)$	$f(1)$	$f(2)$	$f(3)$	$f(4)$	$f(5)$	$f(6)$	$f(7)$
$G(0/8)$	W^0	W^0	W^0	W^0	W^0	W^0	W^0	W^0
$G(1/8)$	W^0	W^1	W^2	W^3	W^4	W^5	W^6	W^7
$G(2/8)$	W^0	W^2	W^4	W^6	W^8	W^{10}	W^{12}	W^{14}
$G(3/8)$	W^0	W^3	W^6	W^9	W^{12}	W^{15}	W^{18}	W^{21}
$G(4/8)$	W^0	W^4	W^8	W^{12}	W^{16}	W^{20}	W^{24}	W^{28}
$G(5/8)$	W^0	W^5	W^{10}	W^{15}	W^{20}	W^{25}	W^{30}	W^{35}
$G(6/8)$	W^0	W^6	W^{12}	W^{18}	W^{24}	W^{30}	W^{36}	W^{42}
$G(7/8)$	W^0	W^7	W^{14}	W^{21}	W^{28}	W^{35}	W^{42}	W^{49}

곱셈의 횟수
를 줄인다.

이렇게 많은 W가 늘어선 표에서, W의 지수가 정리되어 종류가 줄면, 동시에 곱셈의 횟수도 줄어들 듯하다. W에 대해 다시 한 번 훑어보자.

W는 $e^{-i2\pi/N}$였다. e라는 것은 전에도 했었지만 i sin, cos 으로 나타낼 수 있는 것이다. i sin, cos으로 나타낼 수 있다 는 건 그래프를 그려보면 원이 된다는 얘기다. 원… 한 곳을 빙글빙글 도는 것, 그렇군. $N=8$이었으니까 간단히 그래프 를 그려보자.

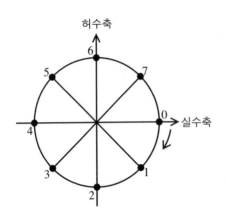

$e^{-i2\pi/N}$의 N은 8로 정 해져 있다. $2\pi/8$라는 것 은 360°를 8등분한다는 말이다. e의 지수가 '$-$' 기호를 붙이고 있으니 마 이너스 방향으로 도는 것 이다. 그리고 W^{nk}에 대해 생각해보면, n은 이 원을 몇 바퀴 돌고 있는가 하는 것이 되며, 한 바퀴 도는 시간이 기 본 주기, 즉 원래의 복합 파동의 한 주기가 된다. 그리고 한 주기를 점의 숫자로 나누어 그것에 해당하는 번호가 k인 것 이다.

이 W의 그래프에서 어떤 식으로 이용할 수 있는지 생각해보자. 빙글빙글 같은 곳을 돈다는 건 바꾸어 말해 몇 번이나 같은 값을 취한다는 얘기도 된다. 그렇기 때문에 0°와 360°는 같고, $W^0 = W^8$, $W^1 = W^9$ 이렇게 바꿔 쓰는 것이 가

$$e^{i\theta} = \cos\theta + i\sin\theta$$
$$e^{-i\theta} = \cos\theta - i\sin\theta$$

2π라디안 = 360°
N: 몇 개의 점을 취했는가
n: 기본 주파수의 몇 배인가
k: 몇 번째의 함숫값인가

능하다. 아무리 W의 지수가 커진다 해도, 같은 원의 위를 돌고 있는 한 $W^{0,1,2,3,4,5,6,7}$의 숫자로 전부가 표현되는 것이다.

이런 편리함 때문에 수학의 세계에서 널리 쓰이는 것이었군. 어쩌면 아까의 표도 훨씬 산뜻하게 바꿔줄지도 모르겠다. 다시 나타내보자.

	$f(0)$	$f(1)$	$f(2)$	$f(3)$	$f(4)$	$f(5)$	$f(6)$	$f(7)$
$G(0/8)$	W^0	W^0	W^0	W^0	W^0	W^0	W^0	W^0
$G(1/8)$	W^0	W^1	W^2	W^3	W^4	W^5	W^6	W^7
$G(2/8)$	W^0	W^2	W^4	W^6	W^0	W^2	W^4	W^6
$G(3/8)$	W^0	W^3	W^6	W^1	W^4	W^7	W^2	W^5
$G(4/8)$	W^0	W^4	W^0	W^4	W^0	W^4	W^0	W^4
$G(5/8)$	W^0	W^5	W^2	W^7	W^4	W^1	W^6	W^3
$G(6/8)$	W^0	W^6	W^4	W^2	W^0	W^6	W^4	W^2
$G(7/8)$	W^0	W^7	W^6	W^5	W^4	W^3	W^2	W^1

> 곱셈의 횟수를 줄인다.

아주 깔끔해졌다. 여러 종류이던 지수가 0~7의 여덟 그룹으로 나뉘어졌으니, 곱셈의 횟수도 줄 것 같다. 하지만 여기에서 어떻게 나아가면 좋을까? 여덟 그룹으로 나눴다 한들 법칙 같은 건 전혀 알 수 없고….

힌트 홀수와 짝수
from. FFT 군

FFT 군이 우리에게 힌트를 주었다. 그는 언제나 친절하다. 그건 그렇고 홀수와 짝수라니 무슨 얘기일까? 표 안에 있는 숫자라면 k와 n

과 W의 지수, 이 3개뿐이다. 먼저 W의 지수는
홀수, 짝수로 나누어봐야 별 의미가 없어 보이
니 제외하자. n을 홀수, 짝수로 나눈다 해도
n은 주파수를 나타내며, 곱셈의 횟수를 줄이는

k : 몇 번째의 값인가

n : 기본 주파수의 몇 배인가

것과는 그다지 상관없어 보인다. 그렇다면 k일까? k의 짝수와 홀수로
나눈다면 W의 지수는 어떻게 되는 걸까? 한번 살펴보자. k가 0, 2, 4,
6일 때, W의 지수는 역시 짝수 0, 2, 4, 6밖에 없다!

k가 1, 3, 5, 7일 때는? 모두 0, 1, 2, 3, 4, 5, 6, 7의 숫자가 포함되
어 있다. 그리 깔끔한 분류법은 아닌 듯하지만, 개중 k로 나눈다는 설
이 가장 가능성 있어 보인다.

짝수	$f(0)$	$f(2)$	$f(4)$	$f(6)$
$G(0/8)$	W^0	W^0	W^0	W^0
$G(1/8)$	W^0	W^2	W^4	W^6
$G(2/8)$	W^0	W^4	W^0	W^4
$G(3/8)$	W^0	W^6	W^4	W^2
$G(4/8)$	W^0	W^0	W^0	W^0
$G(5/8)$	W^0	W^2	W^4	W^6
$G(6/8)$	W^0	W^4	W^0	W^4
$G(7/8)$	W^0	W^6	W^4	W^2

홀수	$f(1)$	$f(3)$	$f(5)$	$f(7)$
$G(0/8)$	W^0	W^0	W^0	W^0
$G(1/8)$	W^1	W^3	W^5	W^7
$G(2/8)$	W^2	W^6	W^2	W^6
$G(3/8)$	W^3	W^1	W^7	W^5
$G(4/8)$	W^4	W^4	W^4	W^4
$G(5/8)$	W^5	W^7	W^1	W^3
$G(6/8)$	W^6	W^2	W^6	W^2
$G(7/8)$	W^7	W^5	W^3	W^1

홀수와 짝수로 나누어보았으나 별 특별한 것
이 없어 보인다. 짝수 그룹과 홀수 그룹의 W
의 지수가 딱 맞아떨어진다면 곱셈이 반으로

$$G(n/N) = \sum_{k=0}^{N-1} f(k)W^{nk}$$

줄 텐데 말이다. 역시 쉬운 일이 없다. 하지만 짝수 그룹만 보면 정말

아름답게도 윗부분과 아랫부분이 똑같다!! 이건 어떻게든 홀수 그룹을 짝수 그룹에 맞추면 횟수가 줄 것 같다. 방법은 아직 짐작조차 가지 않지만, 어쨌든 이렇게 짝수와 홀수로 나눈 것을 수식으로 나타내보자.

짝수와 홀수로 나눈 것은 k였으니 아래처럼 나타내면 되겠지.

$$짝수 \rightarrow 2k \ (k = 0, 1, 2, 3, \cdots)$$
$$홀수 \rightarrow 2k+1 \ (k = 0, 1, 2, 3, \cdots)$$

곱셈의 횟수를 줄인다.

$$G(n/8) = \sum_{k=0}^{N-1} f(k)W^{nk}$$

$$= \sum_{k=0}^{\frac{N}{2}-1} f(2k)W^{n2k} + \sum_{k=0}^{\frac{N}{2}-1} f(2k+1)W^{n(2k+1)}$$

$f(2k)$나 $f(2k+1)$는 계산하기 성가시니

$$짝수 \ 그룹 = f(2k) = p(k)$$
$$홀수 \ 그룹 = f(2k+1) = q(k) \ 라 \ 부르기로 \ 하자.$$

$W^{2nk+n} = W^{2nk} \cdot W^n$ 으로 쓸 수 있다. n은 Σ에서 변하는 수가 아니므로 Σ의 밖으로 이동할 수 있다.

ex) $2^{2+3} = 2^5 = 32$
$2^2 \cdot 2^3 = 4 \cdot 8 = 32$

$$G(n/8) = \sum_{k=0}^{\frac{N}{2}-1} p(k)W^{2nk} + \sum_{k=0}^{\frac{N}{2}-1} q(k)W^{2nk+n}$$

$$= \sum_{k=0}^{\frac{N}{2}-1} p(k)W^{2nk} + \sum_{k=0}^{\frac{N}{2}-1} q(k)W^{2nk} \cdot W^n$$

$$= \sum_{k=0}^{\frac{N}{2}-1} p(k)W^{2nk} + W^n \cdot \sum_{k=0}^{\frac{N}{2}-1} q(k)W^{2nk}$$

식으로 표현되었다. 표여서 나눴던 때와 조금 상태가 다르다. 아마도 W^n이 Σ의 바깥으로 빠지는 걸 표에서는 염두에 두지 않았기 때문일 것이다. 하지만 W^n을 Σ의 앞으로 옮김으로써 짝수, 홀수 그룹

모두 W^{2nk}과 같아진다. 그렇다면 표에서도 W^n의 이동을 고려하면 짝수 그룹과 같아질지도 모르겠다. W^{2nk}을 $\sum$ 앞으로 이동할 수 있게 각 W의 지수에서 n을 빼자.

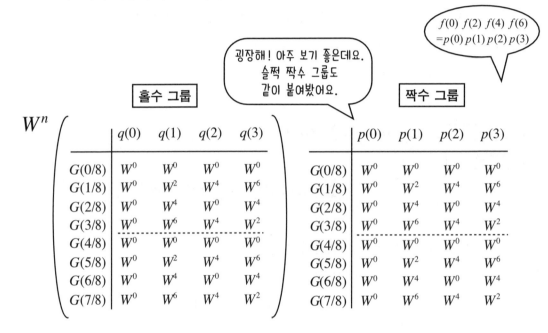

짝수 그룹과 홀수 그룹이 모두 똑같아졌다. 각각 윗부분과 아랫부분도 같다. 그렇다는 것은 윗부분만 곱셈을 하면 되고, 아랫부분은 그 답만을 사용하면 될 것이다. 횟수를 조금 줄이는 데 성공했다! 곱셈 횟수가 얼마가 되었는지 세어보자.

짝수 그룹   16번

홀수 그룹   +) 16번 + 4번(W^n을 곱하는 횟수)

                36번

64번에서 36번으로 줄어들었다!

이건 파동에서 생각하면 어떤 것을 의미할까?

W^n은 평범한 숫자가 아니지요. W^n는 대각선 행렬이라는 방법을 써서 나타낼 수 있습니다. 그건 '가로 한 줄당 1번 계산하면 된다'는 뜻으로, W의 윗부분과 아랫부분이 같으면 계산을 생략할 수 있게 됩니다. 그러므로 W^n을 곱하는 횟수는 4번입니다.

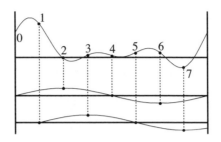

어떻게 이런 파동이 그려지냐 하면, W의 지수에서 n을 뺐기 때문이다. 지금 그린 파동은 n이 1이므로 그 W의 지수에서 1을 빼면 0에서 시작하게 된다. 그래서 홀수 그룹에도 짝수 그룹과 완전히 같은 파동의 값을 곱해도 된다는 것이다.

그리고 식으로 생각했던 때와 표만으로 생각했을 때의 W의 지수가 다르다. 즉, W^{nk}과 W^{2nk}이다. W^{2nk}이 되었을 때 홀수와 짝수를 같게 할 수 있었다.

$$\begin{aligned} W^{nk} &= e^{(-\frac{i2\pi}{N})nk} \\ W^{2nk} &= e^{2(-\frac{i2\pi}{N})nk} \\ &= e^{\left(\frac{-i2\pi}{\frac{N}{2}}\right)nk} \end{aligned}$$

이 식을 보면, W^{nk}에 비해 W^{2nk}은 e의 지수의 N을 2로 나누고 있다. 그렇다는 건 지금까지 원을 8등분 해왔는데 W^{2nk}에 따르면 4등분이 된다는 소리겠군.

W^{nk}일 때는 k에 대해 값이 8개 있었지만, W^{2nk}이 되면서 k에 대해 곱하는 값이 4개가 되는 것이 다. 이것은 시작점이 45° 어긋난 것과 같은 현상으로 파동으로 그려봤을 때와 같은 것을 의미한다. W일 때의 0, 2, 4, 6이 남는 것이 아니라 0,

곱셈의 횟수를 줄인다.

1, 2, 3으로 고쳐 쓴 것은, 1이었던 것을 p, q로 두고 W^1으로 바꿔치기 했기 때문이다.

자, 한 번 짝수와 홀수로 나누었더니 곱셈 횟수가 절반(64번→32번)이 되었다. 그리고 $p(k), q(k)$의 k로 한 번 더 짝수와 홀수로 나눌 수 있다. 또 나눠주면 횟수가 더 줄지도 모른다!

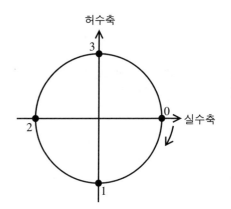

W^n

	$p(0)$	$p(2)$	$p(1)$	$p(3)$
$G(0/8)$	W'^0	W'^0	W'^0	W'^0
$G(1/8)$	W'^0	W'^2	W'^1	W'^3
$G(2/8)$	W'^0	W'^0	W'^2	W'^2
$G(3/8)$	W'^0	W'^2	W'^3	W'^1
$G(4/8)$	W'^0	W'^0	W'^0	W'^0
$G(5/8)$	W'^0	W'^2	W'^1	W'^3
$G(6/8)$	W'^0	W'^0	W'^2	W'^2
$G(7/8)$	W'^0	W'^2	W'^3	W'^1

	$q(0)$	$q(2)$	$q(1)$	$q(3)$
$G(0/8)$	W'^0	W'^0	W'^0	W'^0
$G(1/8)$	W'^0	W'^2	W'^1	W'^3
$G(2/8)$	W'^0	W'^0	W'^2	W'^2
$G(3/8)$	W'^0	W^2	W'^3	W'^1
$G(4/8)$	W'^0	W'^0	W'^0	W'^0
$G(5/8)$	W'^0	W'^2	W'^1	W'^3
$G(6/8)$	W'^0	W'^0	W'^2	W'^2
$G(7/8)$	W'^0	W'^2	W'^3	W'^1

좀 전에 이 공식을 써서 좋은 결과를 얻었다.

$$G(n/8) = \sum_{k=0}^{N-1} g(k)W^{nk}$$

$$= \sum_{k=0}^{\frac{N}{2}-1} p(k)W^{2nk} + W^n \cdot \sum_{k=0}^{\frac{N}{2}-1} q(k)W^{2nk}$$

$$= \sum_{k=0}^{\frac{N}{2}-1} p(k)W'^{nk} + W^n \cdot \sum_{k=0}^{\frac{N}{2}-1} q(k)W'^{nk}$$

$$= \sum_{k=0}^{\frac{N}{4}-1} p(2k)W'^{n2k} + \sum_{k=0}^{\frac{N}{4}-1} p(2k+1)W'^{n(2k+1)}$$

$$+ W^n \left\{ \sum_{k=0}^{\frac{N}{4}-1} q(2k)W'^{n2k} + \sum_{k=0}^{\frac{N}{4}-1} q(2k+1)W'^{n(2k+1)} \right\}$$

> 여기에선 W^{nk}이 W^{2nk}으로 되었습니다. 지수의 2는 귀찮으니 $W^{2nk}=W'^{nk}$이라 표기합시다. 그러므로 W'이라 표기하려면 지금까지의 nk를 2로 나눠야만 합니다.

아까와 마찬가지로 $W'^{2nk+n} = W'^{2nk} \cdot W'^n$

함수들을 더 쉬운 이름으로 정한다.

$p(2k) = a(k)$
$p(2k+1) = b(k)$
$q(2k) = c(k)$
$q(2k+1) = d(k)$

$$= \sum_{k=0}^{\frac{N}{4}-1} a(k)W^{2nk} + W'^n \sum_{k=0}^{\frac{N}{4}-1} b(k)W'^{2nk}$$

$$+ W^n\left\{ \sum_{k=0}^{\frac{N}{4}-1} c(k)W'^{2nk} + W'^n \sum_{k=0}^{\frac{N}{4}-1} d(k)W'^{2nk} \right\}$$

깔끔한 형태로 정리되었다. 이것을 다시 표로 만들면 어떻게 될까?

W'^n이 $\sum$ 앞으로 왔으니, 다시 n을 각각 빼주면 되겠지.

	$a(0)$	$a(1)$	W'^n	$b(0)$	$b(1)$
$G(0/8)$	W'^0	W'^0		W'^0	W'^0
$G(1/8)$	W'^0	W'^2		W'^0	W'^2
$G(2/8)$	W'^0	W'^0		W'^0	W'^0
$G(3/8)$	W'^0	W'^2		W'^0	W'^2
$G(4/8)$	W'^0	W'^0		W'^0	W'^0
$G(5/8)$	W'^0	W'^2		W'^0	W'^2
$G(6/8)$	W'^0	W'^0		W'^0	W'^0
$G(7/8)$	W'^0	W'^2		W'^0	W'^2

W^n

	$c(0)$	$c(1)$	W'^n	$d(0)$	$d(1)$
$G(0/8)$	W'^0	W'^0		W'^0	W'^0
$G(1/8)$	W'^0	W'^2		W'^0	W'^2
$G(2/8)$	W'^0	W'^0		W'^0	W'^0
$G(3/8)$	W'^0	W'^2		W'^0	W'^2
$G(4/8)$	W'^0	W'^0		W'^0	W'^0
$G(5/8)$	W'^0	W'^2		W'^0	W'^2
$G(6/8)$	W'^0	W'^0		W'^0	W'^0
$G(7/8)$	W'^0	W'^2		W'^0	W'^2

모든 윗부분과 아랫부분이 같아졌다. 횟수가 단번에 줄어든 기분이다.

파동과 W의 원에서는 어떻게 되어 있는지 살짝 확인해보자. a, b, c, d인 채로는 알기 힘드니까 f에서 무엇이었는지 떠올려보자.

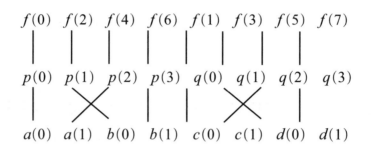

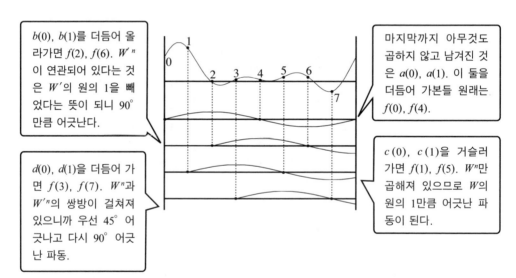

$b(0)$, $b(1)$를 더듬어 올라가면 $f(2)$, $f(6)$. W^n이 연관되어 있다는 것은 W'의 원의 1을 빼었다는 뜻이 되니 90°만큼 어긋난다.

$d(0)$, $d(1)$을 더듬어 가면 $f(3)$, $f(7)$. W^n과 W'^n의 쌍방이 걸쳐져 있으니까 우선 45° 어긋나고 다시 90° 어긋난 파동.

실제로 곱할 때는 파동을 움직이며 횟수를 줄이지만, 그 움직인 만큼을 되돌리는 작업이 Σ 앞으로 나간 W^n이나 W'^n이다.

마지막까지 아무것도 곱하지 않고 남겨진 것은 $a(0)$, $a(1)$. 이 둘을 더듬어 가본들 원래는 $f(0)$, $f(4)$.

$c(0)$, $c(1)$을 거슬러 가면 $f(1)$, $f(5)$. W^n만 곱해져 있으므로 W의 원의 1만큼 어긋난 파동이 된다.

W의 원으로 생각해보면 이번엔 W'^{2nk}이 되었을 때 전부 같게 하는 것이 가능했었다.

W'^{2nk}이란

$$W'^{2nk} = e^{2\left\{-\frac{i2\pi}{\frac{N}{2}}\right\}nk}$$
$$= e^{\left\{-\frac{i2\pi}{\frac{N}{4}}\right\}nk}$$

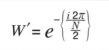

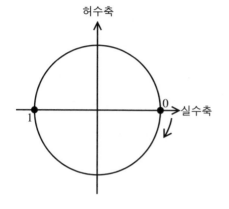

$N=8$이었으니 이번엔 원을 2등분하면 된다. 원을 8등분, 4등분, 2등분한다는 것은 그 수만큼 값을 곱하면 된다는 얘기다. 따라서 처음은 8개의 점 전부 곱셈을 해야 했지만 마지막에는 2개의 점에만 곱셈을 하면 되게 된 것이다.

이야기를 원점으로 되돌려보자. 표에서 모든 윗부분과 아랫부분이 같아졌다. 계산 횟수가 제법 줄지 않았을까? 어디 한 번 세어보자.

$a(0), a(1)$ →4번

$W'^n(b(0), b(1))$ → 4번＋2번(W'^n을 곱하는 횟수)

$W^n(c(0), c(1))$ → 4번＋2번(W^n을 곱하는 횟수)

$W^n\{W'^n(d(0), d(1))\}$ → 4번＋2번(W'^n을 곱하는 횟수)

＋2번(W^n을 곱하는 횟수)

24번

시작할 땐 64번 있던 곱셈이 24번까지 줄어들었다. 실제로 곱셈을 하는 횟수는 줄었지만, 곱셈의 수는 전혀 줄어들지 않았다. 나온 답을 활용할 수 있게 된 것이다.

오로지 반씩 나누다 보니 계산 횟수를 줄일 수 있었다. 계속 반으로 나눌 수 있는 숫자가 무엇이라고 생각하는가? 짝수일까? 혹은 100? 100을 반으로 나누면 50, 다시 반으로 나누면 25, 또 그 반은⋯ 이런,

더는 불가능하군. 짝수라는 것만으로는 조건이 부족해 보인다. 2로 끝없이 쪼개어지는 수는, 2를 끝없이 곱한 수이다. 그 숫자를 우리는 2^n(2의 n제곱)이라 칭한다.

아까 인간 음성은 4000Hz이니 한 화면(40msec)에 320개의 점이라는 사실을 알았을 때 FFT 군이 "사실 나는 512나 1024점을 취하곤 해"라는 말을 했다. 512, 1024라는 수 쪽이 더욱 크지만, 320개의 점으로 불연속 푸리에 변환을 하는 것보다 512, 1024라는 2^n의 숫자로 FFT하는 쪽이 훨씬 빠르게 스펙트럼을 구할 수 있는 것이다.

$$512 = 2^9 = 2 \times 2 \times 2 \times 2 \times 2 \times 2 \times 2 \times 2 \times 2$$
$$1024 = 2^{10} = 2 \times 2 \times 2 \times 2 \times 2 \times 2 \times 2 \times 2 \times 2 \times 2$$

> $8 = 2^3$이다.

그 때문에 FFT 군은 '$N=8$이 어떨까?', '식을 8개까지 쓰는 편이 좋을 거예요' 등의 조언을 한 것이로군.

이런 과정을 통해 눈 깜짝할 새에 FFT 군은 스펙트럼을 보여주는 것이다. 그 방식은 FFT Fast Fourier Transform 방법이란 명칭이 붙어 있으며, 매우 자주 사용된다. 실제로 FFT 군이 내어준 스펙트럼을 살펴보자.

오른쪽의 실제 스펙트럼을 살펴보니, 하나하나가 막대그래프 형상을 보이지는 않는다. FFT 군은 한 주기만 끄집어내진 못하기 때문에 이 한 화면, 즉 주어진 파동 전부를 하나의 주기로 간주하고 계산했다. 그렇기에 이 파동 이외의 부분은 전부 0으로 여기는 것이다. 맞다! 파동의 무한 관찰이 불가능한 인간의 불확정성이 이 하나하나의 폭에 드러나고 있는 것이다. 대단하다! 수학 속에서만 존재하는 이야기라고 여기던 사실이 이렇게 우리의 목소리를 성분별로 나누려 할 때 나타나다니….

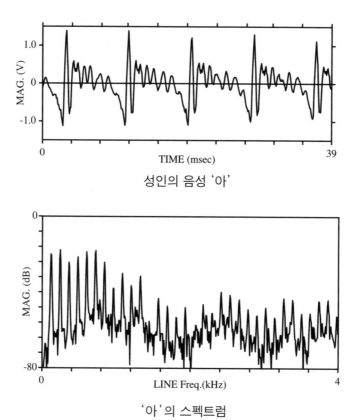

성인의 음성 '아'

'아'의 스펙트럼

전에 2msec마다 값을 읽어 곱한 뒤, 면적을 구했던 적이 있다. 양의 값과 음의 값 쌍방에 막대가 있었다. 정확한 수치로써의 면적은 구하지 못했지만 총면적이 음의 값이 될 때도 있을지 모른다. 하지만 FFT 계산에서라면 그 점은 염두에 두지 않아도 괜찮다. 왜냐면 FFT 군이 스펙트럼을 표시하기 전에 항상 면적에 제곱을 하기 때문이다.

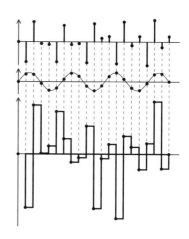

끝맺으며

긴 여정이었다. 수학적으로는 충만한 푸리에 변환 공식도 실제로 음성의 스펙트럼을 얻고 싶을 때, 그것도 빠르게 얻고 싶을 때에는 그대로 적용할 수가 없었다. 아무튼 무슨 수를 써서라도 알맞게 변형하고 싶어서 불연속 전개를 해보거나, 주기를 한 면적으로 정하는 등의 여러 수를 써보았다. 지금 생각해보면 그때 식의 변화 방법은 조금 억지스러울 정도였다. 이야기 속에서의 개념이었을 때보다도 무언가를 실현하려 수학을 사용한다는 건 그만큼 어려운 일이라는 증거이다.

그렇게 버둥대는 과정에서 불연속 푸리에 변환에서는 51200번이나 되었던 곱셈의 횟수를 줄일 수 있게 되었다. 파동에서 8개 점의 값을 읽었을 때는 64번의 계산 횟수를 24번까지 줄일 수 있었다. 그게 무슨 큰 차이냐 하는 사람들이 있을지도 모르지만, 8은 작은 수이기 때문에 눈에 띄지 않을 뿐이다. 예를 들자면 1024개 점의 값을 읽어 계산해야 하는 횟수가 1048576번에서 10240번으로 줄어드는 것이다. 10240번으로 줄여도 손으로 계산하는 건 큰일이지만 그것을 계산해주는 기계가 바로 FFT 군(Fast Fourier Transform Analyzer)인 것이다. FFT 군은 계산 횟수를 확 줄인 후, 재빠른 계산으로 스펙트럼을 한 순간에 우리에게 보여준다.

이제까지의 긴 모험에서 FFT 군이 어떠한 생각을 바탕으로 계산을 해서 음성을 스펙트럼으로 만드는지 알았으리라 생각한다. FFT 군에 대해서 모르는 점은 아직 많지만, 앞으로 그 점에 대해 깨닫게 될 날이 벌써부터 기대된다.

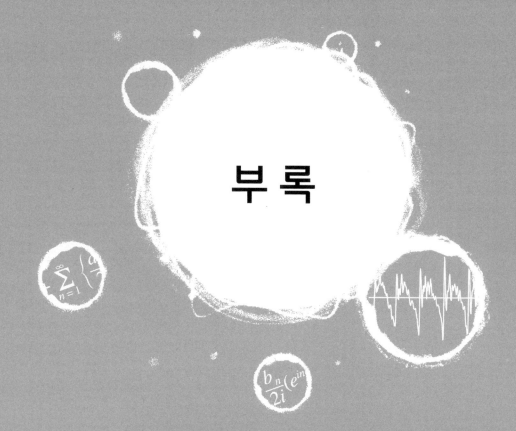

부록

오리고 붙이며

 재미있는

푸리에 급수의 부록

다 함께 해보자!

삐약~!

부록의 친구들

가위

색깔 있는 필기구
(사인펜 or 색연필)

있으면 편리하다!!

붙이고 떼는 게 자유자재!

스프레이 타입 접착제

없다면

일반 풀도 괜찮다.

첫 번째 ⟶

파동의 합(27쪽)

좋아하는 색으로 칠하자!

 ① ②　③　⑤　⑦ ⑧

단, ①과 ②, ⑦과 ⑧은 같은 색으로 칠할 것!
또한 ④와 ⑥은 칠하지 말 것!

 하나씩 오려낸다! ⟶ 번호를 헷갈리지 마라!

27쪽에 붙인다. ④ ⑥

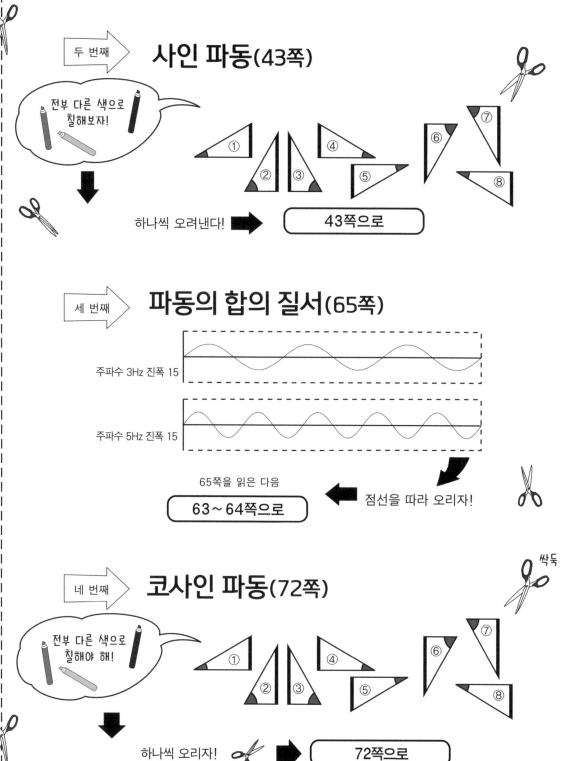

다섯 번째 ⟹ **라디안(88쪽)**

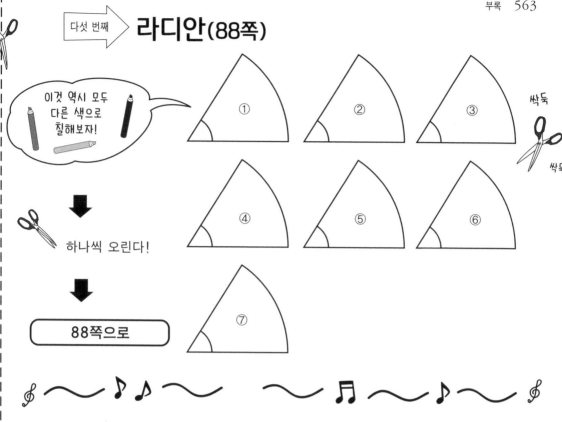

이것 역시 모두 다른 색으로 칠해보자!

① ② ③

싹둑 / 싹둑

④ ⑤ ⑥

하나씩 오린다!

88쪽으로

⑦

특별부록

'푸리에 급수 대모험'을 마친
당신만이 달 수 있는
『푸리에 급수왕 배지』
직접 만들 것!

이게 바로 **전설의**

푸리에 급수왕 배지다!

$$\sin$$
$$\theta \quad f(t) \quad \Sigma \quad \cos$$
$$\omega \infty$$

급수왕

이토 류우토 군(초등학교 5학년) 작품

〈만드는 법〉

예쁘게 색칠한다.

⟹ 오린다. ⟹ 뒷면에 두꺼운 종이를 댄다. ⟹ 셀로판테이프로 안전핀을 붙인다.

요건 덤.

이것이 푸리에 전개의 부록이다!

부록의 친구들

가위

색깔 있는 필기구
(사인펜 or 색연필)

스프레이 타입 접착제

있으면 편리하다!!

붙이고 떼는 게 자유자재!

없다면

일반 풀도 괜찮다.

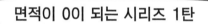

면적이 0이 되는 시리즈 1탄

〈부록 1~5〉

부록 1~5의 놀이 방법

① 좋아하는 색을 칠한다.
　(부록 1은 부록 1끼리, 부록 2는 부록 2끼리
　각기 통일된 색깔을 쓸 것. 부록마다 다른
　색을 쓰는 게 보기 좋다.)

② 실선을 따라 오려낸다.

③ 뒷면에 접착제를 뿌린다.

④ 각 쪽의 플러스 면적에 붙인다.
　(딱 맞을 것이다!)

⑤ 그것을 벗겨 이번에는 마이너스 부
　분에 붙여보자.
　(이번에도 딱 들어맞을 것이다!)

'면적은 0'이란 뜻

부록 1
P.115

부록 2
P.125

부록 3
P.126

부록 4
P.127

부록 5
P.128

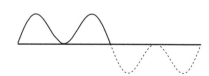

$a_n \times \dfrac{T}{2}$ 사각형을 만드는 시리즈 〈부록 6~9〉

부록 6~9의 놀이 방법

①~③은 '부록 1~5'와 같다.

부록 6
P.131

④ 각 파동의 올록볼록한 부분을 메운 뒤, $a_n \times \dfrac{T}{2}$의 사각형을 붙이며 만들어보자! 정확히 일치할 것이다.

부록 7
P.133

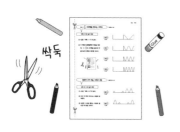

싹둑

부록 8
P.133

부록 9
P.133

면적이 0이 되는 시리즈 2탄 〈부록 10~11〉

부록 10~11의 놀이 방법

①~③은 '부록 1~5'와 같다.

부록 10
P.139
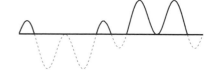

④ 우선 각 쪽의 마이너스 부분에 붙여본다.

⑤ 이번엔 그것을 플러스 부분에 붙이면 딱 맞을 것이다!

부록 11
P.139
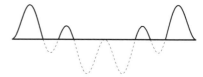

$b_n \times \dfrac{T}{2}$ 의 사각형을 만드는 시리즈 〈부록 12~15〉

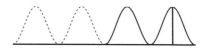

부록 12~15의 놀이 방법

①~③은 '부록 1~5'와 같다.

④ 각 파동의 올록볼록한 부분을
   메워보자. $b_n \times \dfrac{T}{2}$의 사각형이 나타
   날 것이다.

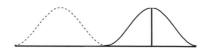

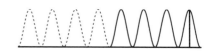

해 답

1장 **33쪽**

그럼 3시간 동안은 몇 개가 만들어질까?

300 개

30분 동안은 몇 개가 만들어질까?

50 개

1장 **52쪽**

t	$\frac{1}{3}$	$\frac{1}{2}$	1	2	3
f	3	2	1	$\frac{1}{2}$	$\frac{1}{3}$

1장 **54쪽**

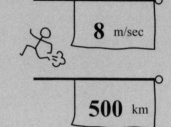

8 m/sec

500 km

1장 **55쪽**

9 °/sec

1장 **56쪽**

15 °/hour

1장 **57쪽**

ω \ t		1 sec	2 sec	3 sec	4 sec	5 sec
90°/sec	θ	90°	180°	270°	360°	450°
180°/sec	θ	180°	360°	540°	720°	900°
360°/sec	θ	360°	720°	1080°	1440°	1800°

1장 (58쪽)

t (sec)	$\frac{1}{4}$	⑤ $\frac{1}{3}$	$\frac{1}{2}$	① 1	③ 2	3
f (Hz)	4	3	⑦ 2	1	$\frac{1}{2}$	⑨ $\frac{1}{3}$
ω (°/sec)	1440	⑥ 1080	⑧ 720	② 360	④ 180	⑩ 120

1장 (61쪽)

A의 파동 $\rightarrow f_A(t) = 20 \sin 360t$

B의 파동 $\rightarrow f_B(t) = 25 \sin 720t$

C의 파동 $\rightarrow f_C(t) = 13 \sin 1440t$

D의 파동 $\rightarrow f_D(t) = 16 \sin 2880t$

1장 (80쪽)

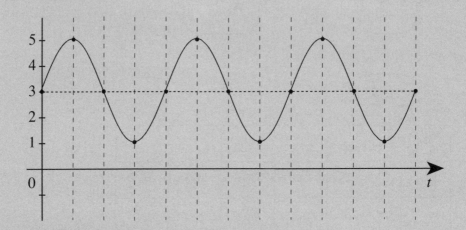

① $A = (W - 1) + (W - 2) + (W - 3)$

$$A = \sum_{n=1}^{3} (W - n)$$

③ $C = (1 \times 5) + (2 \times 5) + (3 \times 5)$

$$C = \sum_{n=1}^{3} (n \times 5) \text{ or } \sum_{n=1}^{3} 5n$$

② $B = (Z + 1) + (2Z + 2) + (3Z + 3)$

$$B = \sum_{n=1}^{3} (nZ + n) \text{ or } \sum_{n=1}^{3} n(Z + 1)$$

④ $f(t) = a_0 + a_1 \cos \omega t + b_1 \sin \omega t$
$+ a_2 \cos 2\omega t + b_2 \sin 2\omega t$
$+ a_3 \cos 3\omega t + b_3 \sin 3\omega t$
$+ \cdots$

$$f(t) = a_0 + \sum_{n=1}^{\infty} (a_n \cos n\omega t + b_n \sin n\omega t)$$

3장 177쪽

n	a_n \ t	0	1	2	3	4	5	6	7	8	9
0	8	8	8	8	8	8	8	8	8	8	8
1	3	3	2.43	0.93	-0.93	-2.43	-3	-2.43	-0.93	0.93	2.43
2	2	2	0.62	-1.62	-1.62	0.62	2	0.62	-1.62	-1.62	0.62
3	1	1	-0.31	-0.81	0.81	0.31	-1	0.31	0.81	-0.81	-0.31
4	0	0	0	0	0	0	0	0	0	0	0
5	0	0	0	0	0	0	0	0	0	0	0
	b_n										
1	2	0	1.18	1.90	1.90	1.18	0	-1.18	-1.90	-1.90	-1.18
2	4	0	3.80	2.35	-2.35	-3.80	0	3.80	2.35	-2.35	-3.80
3	3	0	2.85	-1.76	-1.76	2.85	0	-2.85	1.76	1.76	-2.85
4	0	0	0	0	0	0	0	0	0	0	0
5	0	0	0	0	0	0	0	0	0	0	0

$f(t)$	14	18.6	8.99	4.05	6.73	6	6.27	8.47	4.01	2.91

3장  178쪽

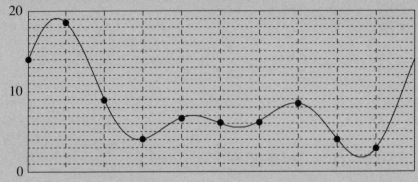

7장 300쪽

세로	가로	면적
4.9	0.5	2.45
9.8	0.5	4.9
14.7	0.5	7.35
19.6	0.5	9.8
24.5	0.5	12.25
29.4	0.5	14.7
34.3	0.5	17.15
39.2	0.5	19.6
막대의 총면적		88.2

7장 302쪽

세로	가로	면적
2.45	0.25	0.6125
4.9	0.25	1.225
7.35	0.25	1.8375
9.8	0.25	2.45
12.25	0.25	3.0625
14.7	0.25	3.675
17.15	0.25	4.2875
19.6	0.25	4.9
22.05	0.25	5.5125
24.5	0.25	6.125
26.95	0.25	6.7375
29.4	0.25	7.35
31.85	0.25	7.9625
34.3	0.25	8.575
36.75	0.25	9.1875
39.2	0.25	9.8
막대의 총면적		83.3

푸리에 급수	푸리에 계수		
① 종래의 식			
(1) $f(t)=a_0+\sum_{n=1}^{\infty}(a_n\cos n\omega t+b_n\sin n\omega t)$	(2) $a_0=\dfrac{1}{T}\displaystyle\int_0^T f(t)dt$	(3) $a_n=\dfrac{2}{T}\displaystyle\int_0^T f(t)\cos n\omega t\,dt$	(4) $b_n=\dfrac{2}{T}\displaystyle\int_0^T f(t)\sin n\omega t\,dt$
② e와 i로 변환한다			
(5) $f(t)=a_0+\sum_{n=1}^{\infty}\left\{\dfrac{a_n}{2}(e^{in\omega t}+e^{-in\omega t})+\dfrac{b_n}{2i}(e^{in\omega t}-e^{-in\omega t})\right\}$	(6) $a_0=\dfrac{1}{T}\displaystyle\int_0^T f(t)dt$	(7) $a_n=\dfrac{2}{T}\displaystyle\int_0^T f(t)\dfrac{1}{2}(e^{in\omega t}+e^{-in\omega t})dt$	(8) $b_n=\dfrac{2}{T}\displaystyle\int_0^T f(t)\dfrac{1}{2i}(e^{in\omega t}-e^{-in\omega t})dt$
③ $e^{in\omega t}$, $e^{-in\omega t}$으로 정리한다			
(9) $f(t)=a_0+\sum_{n=1}^{\infty}\left\{\dfrac{1}{2}(a_n-ib_n)e^{in\omega t}+\dfrac{1}{2}(a_n+ib_n)e^{-in\omega t}\right\}$	(10) $a_0=\dfrac{1}{T}\displaystyle\int_0^T f(t)dt$	(11) $\dfrac{1}{2}(a_n-ib_n)=\dfrac{1}{T}\displaystyle\int_0^T f(t)e^{-in\omega t}dt$ (12) $\dfrac{1}{2}(a_n+ib_n)=\dfrac{1}{T}\displaystyle\int_0^T f(t)e^{in\omega t}dt$	
(13) $f(t)=a_0+\sum_{n=1}^{\infty}(A_n e^{in\omega t}+B_n e^{-in\omega t})$		(14) $A_n=\dfrac{1}{T}\displaystyle\int_0^T f(t)e^{-in\omega t}dt$	(15) $B_n=\dfrac{1}{T}\displaystyle\int_0^T f(t)e^{in\omega t}dt$
④ $e^{in\omega t}$, $e^{-in\omega t}$으로 정리한다			
(16) $f(t)=\sum_{n=-\infty}^{\infty}C_n e^{in\omega t}$	(17) $C_n=\dfrac{1}{T}\displaystyle\int_0^T f(t)e^{-in\omega t}dt$		

책을 마치며

푸리에 강좌의 강사

1987년 9월,《푸리에의 모험》초판이 컴퓨터의 수식 프로그램과 함께 완성되었다. 이 책은 그 개정판이다.

우리는 수학이라는 '또 다른 언어'를 이해함으로써 자연을 보는 시야가 단번에 넓어졌음을 느꼈고, 다른 많은 이들도 이러한 체험을 접하기를 바랐다. 그러나 첫 책이 나왔을 때는 이 책을 그저 개인이 읽는 것만으로, 수식이나 물리 세계의 즐거움을 발견할 수 있을까 불안했다. 우리 트래칼리(Transnational College of LEX)생들은 수학에 조금 능한 사람과, 그때까지 수학엔 전혀 자신이 없던 사람들이 함께 이야기하며 한 발씩 수식이라는 '새로운 또 하나의 언어'를 이해해갔던 것이다.

고심 끝에 우리는 '푸리에의 모험' 모니터 강좌를 열기로 했다. 히포 패밀리 클럽 회원들을 모아, 트래칼리생이 수학어를 이해해간 과정의 이야기를 들려주거나 실제로 컴퓨터를 다루어보게끔 말이다. 모니터 요원으로는 중학생 이상의 남녀회원 50여명이 참가했다. 푸리에는 커녕 수학과는 전혀 연관 없는 이들이 태반이었다.

각 장에는 트래칼리생들이 교대로 강사를 맡기로 했다. 마흔 명의 트래칼리생 거의 전원이 어떤 부분을 담당하는 강사로 입후보했다. 개중에는 강사가 되어 그때까지 충분히 이해하지 못했던 점을 완전히 정복하려는 야심가도 있었다. 그러다 보니 한 장당 서너 명의 강사 희망

자가 속출하는 사태가 벌어졌다. 강사를 누구로 할 것인가 선거를 열기도 했으나 결국 뽑지 못하였다. 물론 전원의 가능성을 잘라내고 싶지 않았기 때문이다. 고심 끝에 장마다 그 부분의 수학을 잘 이해한 사람을 코치로 두고서 각 장의 강의연습 발표를 주고받으며 강사를 정하기로 했다. 그때까지는 개개의 그룹으로 협력해서 진행한다. 그룹 멤버가 딱히 이렇다 할 의견을 나누지 못하면, 그 장은 코치가 책임지고 강사를 맡기로 했다. 따라서 어떤 장의 강사를 코치가 맡게 된다면 그 장의 입후보자들도 코치도 체면이 말이 아니니, 입후보자들과 코치들도 최선을 다해 연습에 임했다.

수차 의 연습으로 강사가 결정되기도 했다. 정식 강의 전날까지 연습이 이어져 아슬아슬하게 결정된 그룹도 있었다. 혼자서 일곱 차례나 강의 연습을 한 이도 있는가 하면 첫 연습에서 10분을 못 버티고 울며 분필을 내려놓은 이도 있었다. 이처럼 연습단계에서도 다양한 드라마가 있었으나 전체적으로 좋았던 점은, 전혀 이해하지 못했던 사람이 연습 강의로 조금씩 알아가는 과정을 지켜봄으로써 그 발견을 모두가 공유하고 즐겼다는 점이다. 한 명의 탈락자도 없이 연습을 진행했으며 정식 강의까지는 어느 그룹이나 누가 강사를 하더라도 즐거운 이야기를 할 수 있었다. 그날 자신이 강사를 맡지 못해 억울해한 사람은 없었고 오히려 동료 중 한 사람은, 좋은 이야기를 나눈 것을 크게 만족하였다.

강좌가 시작된 뒤

첫 번째 강의 날, 도쿄의 트래칼리 교실에는 트래칼리생도 포함해 100명에 가까운 사람들이 모였다. 첫 도전에 코치진은 물론 그날의 강사나 모니터 요원들도 무척 긴장하고 있었다. 강좌가 처음 시작했을 즈음에는 강사가 질문을 던져도 대답이 없거나 지명되어도 조심

스레 답하던 사람들도 하나 대답할 때마다 모두가 일제히 환성을 지르며 박수를 치는 바람에 고무가 되어 어느샌가 스스로 손을 들게 되었다. 수학만은 안 된다든가 수식을 보기만 해도 오한이 든다는 사람들도 많아, 처음엔 당황스러웠지만 강좌가 시작된 후 모니터 요원에게서 나온 첫마디는 '어쨌든 이해가 쉽다'란 것이었다. '내가 이렇게 잘 이해하다니 뭔가 잘못됐다. 분명 이해했다는 착각에 빠져 있을 뿐이다'라고 말하는 사람마저 있었다.

고등학교 이후 오랜만에 수식을 접한 어머님. 수학은 특기였으나 이런 즐거운 수학은 처음이시라던 아버님. 이 강좌에 참가해서 수학만이 아니라 사회나 다른 과목까지 재미있어졌다는 초등학생. 학교 생물수업의 연구발표를 트래칼리 강좌 식으로 해서 선생님을 놀라게 한 고교생. 전혀 예측하지 못했던 반향에 강좌를 진행하던 우리 자신이 큰 계시를 얻은 것 같았다.

모니터는 원칙적으로 중학생 이상으로 정해져 있었다. 하지만 강좌는 밤에 이루어졌기 때문에 집에 혼자 둘 수 없는 초등학생이나 꼬마들을 데려오는 가족들도 있었다. 실은 그 아이들에 의해 '푸리에의 모험'은 생각지도 못한 방향으로 발전했다. 방안을 뛰어다니거나 방석으로 장난치며 전혀 강좌를 듣고 있지 않던 아이들에게, 어머니들의 이야기에 따르면 굉장한 일이 일어난 것이다. 이를테면 초등학교 2학년인 N양의 경우, 학교 수업에서 선생님이 직각삼각형의 이야기를 했을 때 "선생님, 거기 각도는 세타(θ)라고 하지요?"라는 말로 선생님을 놀라게 했다. 또 수업이 끝난 뒤 선생님께 총총 걸어가 이렇게 말했다는 것이다. "선생님, 오늘 수업하신 거 잘 알겠어요. 공부는 재미있네요." 깜짝 놀란 선생님은 학부모 면담 때 N양한테 무슨 일이 있었는지 물었다고 한다. 또 세살배기 M양은 부모님과 한 살 남동생과 함께 매주 강좌에 따라왔다. M

양은 언제나 주변 사람들이 "푸리에"를 연발하는 것을 듣고 단어를 기억하고는 어느 날 모래밭에서 놀다가 친구들에게 "푸리에라고 알아? 오늘 우리 엄마, 아빠는 공부하는 날이야"라고 말했다는 것이다.

　각자의 나이에 맞춰가며 아이들 중에서도 푸리에를 즐기는 모습이 엿보였다. 가족이 함께 배우는, 요즘에는 거의 볼 수 없게 된 광경이다. 언어 활동에서도 가족끼리 테이프를 듣거나 패밀리에 참가하여 집 안에서도 '언어'를 주고받는 것이 가능해진다. 가족과 함께 함으로써 혼자서는 생각해낼 수 없는 발견이 가능한 것이다. 이 강좌에 가족끼리 참가하는 사람들은 귀가하는 전철 안에서 아이와 함께 푸리에 파동 이야기를 하면서 집으로 돌아간 이야기 등을 생생하게 들려주었다. 그러한 이야기가 모니터 요원 사이에서 떠돌 즈음, 모두가 이 강좌를 '푸리에 패밀리'라고 부르게 되었다.

　조금 늦게 나고야와 오사카에서도 푸리에 패밀리가 시작되었다. 대부분 가족 참가였다. 도쿄의 이야기를 들은 그곳 사람들에게는 가족끼리의 참가가 당연하게 여겨졌던 것이다. 미에현三重縣 츠시津市에서 참가했던 H씨는 10주간의 강좌에 초등학교 2학년인 T군을 데리고 나고야까지 왕복 3시간인 거리를 한 번도 빠짐없이 출석했다. 세 살과 다섯 살 아이가 있는 T씨는 둘째아이가 열이 나 부득이하게 쉬게 된 날에도 집에서 다섯 살 K군과 푸리에 이야기에 정신없었다고 한다. 저녁식사 때 "푸리에의 마음가짐으로 먹자"라고 말하는 K군은 "나도 푸리에 가고 싶었는데, 종이 연극은 없지만 재미있어"라며 파동의 그림을 그리며 설명해주었다고 한다. 가족끼리 즐기는 7개 국어의 생활이 어느샌가 8번째 언어 '수학'을 동료로 맞았다. 어쨌든 가족끼리 수학 놀이를 즐기게 된 것이다.

　'푸리에 패밀리'는 많은 화제를 낳으며 1988년 3월에 첫 단계를 마쳤다. 책도 프로그램도 어디까지나 새로운 것을 만들기 위한 모니터였다. 이 강좌의 경험을 바탕으로 개정된 것이 이 새로운《푸리에의 모험》이다. 이 것을 바탕으로 하루라도 빨리 즐거운 '푸리에 패밀리'를 재개하고 싶다.

원고에 대해

실은 모두가 썼던 원고는 여기에 기재된 분량의 최소 3배는 된다. 전부 손 글씨였으며 하나같이 개성이 있었다. 예를 들어 나카무라 쥰코 씨의 '할머니의 푸리에'처럼, 수학책이라는 사실을 잊게 해줄 정도로 감동적인 원고가 셀 수 없었다.

같은 장에 복수의 필자가 있으며 어느 원고도 우열을 가릴 수 없게 유일무이했다. 당초 예정으로는 모든 원고를 집대성하려 했으나, 훗날 여러 활동 중 이 책을 사용할 때 쓰기 편하도록 각 장을 하나의 원고로 정리하기로 했다. 여기에 소개하지는 못했지만 근사한 모험의 드라마가 있었다는 것을 알아주기 바란다.

다음으로 각 장의 필자를 소개하려 한다.

제1장 푸리에 급수

하쓰시바 리에初芝理恵　와타베 가쓰코渡部克子　와타나베 유꼬渡辺裕子

제2장 푸리에 계수

세키구치 키요미関口清美　후지이 쥰藤井 潤　와키 야스코脇 康子

제3장 불연속 푸리에 전개

다시로 요코田代 洋子　쵸사 나오코帖佐 直子　안도 케이토安藤 圭人

제4장 음성과 스펙트럼

시이키 토모코椎 伴子

제5장 미분

하나다 유키코花田 由紀子   카지와라 토시코梶原 敏子

나카무라 쥰코中村 純子   권 점미權 鮎美

제6장 sin θ의 미분

미즈노 카오루水野 かおる   사카이 지에코坂井 知恵子

제7장 적분

사카키바라 미레이榊原 未礼   이타가키 타미코板垣 民子

후루타 츠토무古田 務

제8장 정사영과 직교

코카와 타마미粉川 珠美   카와타 마유키川田 真由紀

제9장 e와 i

오타케 아키히로大竹 章裕   아라카와 카기쿠荒川 香菊

제10장 오일러 공식

후쿠시마 슈이치福島 秀一   마쓰모토 스미에松本 純枝

히와타시 치즈코樋渡 千鶴子

제11장 푸리에 급수 전개의 복소 표현

다카노 에이코高野 英子   코시자와 야스테루越沢 康

제12장 푸리에 변환과 파동의 불확정성

토미타 사유리富田 さゆり   반 타카시伴 隆志   와키 류지脇 隆二

이와이 치즈코岩井 智津子   키타무라 마리에北村 まりえ

사토 카나코佐藤 加奈子

제13장 FFT 방법

카타오카 마유미片岡 眞由美

앞으로

이 책을 읽고 이해가 안 간다고 해서 '역시 난 수학은 안 돼'라고 생각한 사람은 부디 히포의 테이프를 듣기 시작했던 시절을 떠올리기 바란다. 누구나 집에서 외국어 테이프를 틀어놓아도 그게 무슨 언어인지, 어떤 상황인지 알지 못했던 시기가 있지 않은가. 그러나 거듭해서 테이프를 듣고, 히포 패밀리 활동 속에서 언어를 주고받는 와중에 어느 나라 말인지 조차 분간하지 못했던 스페인어나 중국어 등을 어느샌가 중얼거리는 자신을 발견하게 되는 것이다. 그러니 부디 '푸리에의 모험'을 처음엔 전혀 이해하지 못했더라도 반드시 되풀이해서 읽어보기 바란다. 그럼으로써 어디에서나 그 누구와도 '푸리에 패밀리'를 시작할 수 있게 될 것이다.

이 책을 쓴 트래칼리 학생들의 태반도 트래칼리에 입학했던 때엔 '푸리에'란 단어조차 알지 못했다. 동료와 이야기하고 몇 번이나 듣고,

스스로도 이야기하게 된 사이에 점점 이해하게 된 것이다. 그리고 마침내 '푸리에 패밀리'의 강사로, 많은 사람들 앞에서 '푸리에'의 이야기를 하기에 이르렀다. 그리고 지금에 와서는 지난번까지 얘기를 듣기만 하던 사람들이 강사를 맡아, 다시 새로운 푸리에의 모험이 전국 각지의 히포 패밀리 안에서 퍼져가기 시작했다. 이번엔 누구의 손으로 자아낸 푸리에의 모험을 만나게 될까?

1989년 4월

Transnational College of LEX

제작자 일동

참고 문헌

· 베르너 하이젠베르크Werner Heisenberg《부분과 전체部分と全体》みすず書房

· 리처드 파인먼Richard Feynman《파인먼 물리학 전5권ファインマン物理学全5巻》岩波書店

· 도다 모리가즈戸田盛和《역학(물리학입문 코스1)力学(物理学入門コース1)》岩波書店

· 나카지마 사다오中嶋貞雄《양자역학(물리입문 코스5)量子力学(物理入門コース5)》岩波書店

· 와다치 미키和達三樹
《물리를 위한 수학(물리입문 코스10)物理のための数学(物理入門コース10)》岩波書店

· 사카키바라 요우榊原陽
《아이들이여, 언어를 노래하라!ことばを歌え！こどもたち》筑摩書房

· 아구이 타케시安居院猛, 나카지마 마사유키中嶋正之
《FFT의 사용법 FFTの使い方》秋葉出版

· 길버트 스트랭Gilbert Strang《선형대수와 그 응용 形代数とその応用》産報出版

· 히노 미키오日野幹雄《스펙트럼 해석スペクトル解析》朝倉書店

· C. R. 와일리《미분적분학 微分積分学》ブレイン図書出版

· 머리 R. 스피겔Murray R. Spiegel
《수학공식 · 숫자표 핸드북 数学公式·数表ハンドブック》マグロウヒル

· Transnational College of LEXトランスショル　カレッジオブレックス
《ARTCL '84》《ARTCL '85》《ARTCL '86》《ARTCL '87》